Informatik aktuell

Herausgeber: W. Brauer
im Auftrag der Gesellschaft für Informatik (GI)

Springer-Verlag Berlin Heidelberg GmbH

Paul Levi   Michael Schanz (Hrsg.)

Autonome Mobile Systeme 2001

17. Fachgespräch
Stuttgart, 11./12. Oktober 2001

Springer

Herausgeber

Paul Levi
Michael Schanz
Abteilung Bildverstehen
Institut für Parallele
und Verteilte Höchstleistungsrechner (IPVR)
Fakultät Informatik, Universität Stuttgart
Breitwiesenstraße 20 – 22, 70565 Stuttgart

Die Deutsche Bibliothek - CIP-Einheitsaufnahme

Autonome mobile Systeme : ... Fachgespräch. - 10. 1994 [?]-. - Berlin ;
Heidelberg ; New York ; Barcelona ; Hongkong ; London ; Mailand ; Paris ;
Tokio : Springer, 1994 [?]-
  Erscheint jährl. - Bibliographische Deskription nach 17.2001
  (Informatik aktuell)
17. 2001. Stuttgart, 11./12. Oktober 2001. - (2001)
ISBN 978-3-540-42552-6   ISBN 978-3-642-56787-2 (eBook)
DOI 10.1007/978-3-642-56787-2

CR Subject Classification (2001): I.2.9, I.2.10, I.2.11, I.4.8, I.4.9, I.5.4

ISSN 1431-472-X
ISBN 978-3-540-42552-6

Vorwort

Das 17. Fachgespräch **A**utonome **M**obile **S**ysteme (**AMS 2001**) findet am 11. und 12. Oktober 2001 in Stuttgart statt und wird zum dritten Mal von der Abteilung Bildverstehen des Instituts für Parallele und Verteilte Höchstleistungsrechner (IPVR) der Universität Stuttgart organisiert.

Die Technische Universität München (Lehrstuhl für Steuerungs- und Regelungstechnik LSR), die Universität Karlsruhe (Institut für Prozessrechentechnik, Automation und Robotik IPR) sowie die Universität Stuttgart (Institut für Parallele und Verteilte Höchstleistungsrechner IPVR) übernehmen die Organisation dieses wissenschaftlichen Fachgesprächs in regelmäßigem Turnus.

Ein Ziel dieser Fachgespräche ist es, Wissenschaftlerinnen und Wissenschaftlern aus Forschung und Industrie, die auf dem Gebiet der autonomen mobilen Systeme arbeiten, eine Basis für den Gedanken- und Ideenaustausch zu bieten und wissenschaftliche Diskussionen sowie Kooperationen auf diesem Forschungsgebiet zu fördern beziehungsweise zu initiieren.

Die stetige Weiterentwicklung von Methoden und Konzepten der Sensorfusion, der künstlichen und verteilten künstlichen Intelligenz sowie die Innovationen auf dem Gebiet der Sensorik und Aktorik und die kontinuierlich zunehmende Performanz und Miniaturisierung der Rechnersysteme führen zu immer neuen Einsatzfeldern autonomer mobiler Systeme. Daher werden solche Systeme nicht nur in den mittlerweile traditionellen Bereichen wie Konstruktion, Fertigung, Logistik, Service und Behindertenunterstützung eingesetzt, sondern auch in relativ neuen Bereichen, beispielsweise auf dem Gebiet der autonomen Fahrzeuge oder der autonomen Spielzeuge.

Von den 38 eingereichten Kurzfassungen wurden vom erweiterten Fachgesprächsbeirat 26 Beiträge aufgrund ihrer Qualität beziehungsweise Originalität angenommen. Der thematische Schwerpunkt der eingereichten Beiträge liegt in diesem Jahr auf dem Gebiet der Anwendungen autonomer mobiler Systeme. Zum ersten Mal findet in diesem Jahr auch eine Sitzung zum Thema *RoboCup* mit anschließender Demonstration statt.

Die Veranstalter danken dem erweiterten Fachgesprächsbeirat für die Auswahl der Beiträge. Bei den Autoren bedanken wir uns für die termingerechte Einreichung ihrer Beiträge und die darin investierte wissenschaftliche Arbeit. Unser Dank gilt auch Herrn Prof. Dr. Brauer, dem Herausgeber der Buchreihe „Informatik Aktuell" und dem Springer-Verlag für die Herstellung dieses Bandes. Besonders bedanken möchten wir uns bei Frau Georgiadis vom Springer-Verlag für die freundliche Zusammenarbeit. Allen Teilnehmerinnen und Teilnehmern wünschen wir einen erfolgreichen wissenschaftlichen Gedanken- und Erfahrungsaustausch auf dem 17. Fachgespräch Autonome Mobile Systeme und einen angenehmen Aufenthalt in Stuttgart.

Die Herausgeber:
Paul Levi, Michael Schanz   Stuttgart, im Juli 2001

Organisation

Herausgeber und wissenschaftliche Tagungsleitung

Paul Levi
Michael Schanz
Abteilung Bildverstehen
Institut für Parallele und Verteilte Höchstleistungsrechner (IPVR)
Fakultät Informatik, Universität Stuttgart
Breitwiesenstraße 20 – 22, D-70565 Stuttgart
http://www.informatik.uni-stuttgart.de/ipvr/bv/

Tagungsbüro

Michael Schanz
Reinhard Lafrenz
Moritz Schulé
Abteilung Bildverstehen
Institut für Parallele und Verteilte Höchstleistungsrechner (IPVR)
Fakultät Informatik, Universität Stuttgart
Breitwiesenstraße 20 – 22, D-70565 Stuttgart
http://www.informatik.uni-stuttgart.de/ipvr/bv/

Ständiger Fachgesprächsbeirat

Prof. Dr.-Ing. habil. R. Dillmann	(Universität Karlsruhe)
Prof. Dr.-Ing. G. Färber	(TU München)
Prof. Dr. rer. nat. habil. P. Levi	(Universität Stuttgart)
Prof. Dr.-Ing. Dr.-Ing. E.h. G. Schmidt	(TU München)
Prof. Dr.-Ing. H. Wörn	(Universität Karlsruhe)

Erweiterter Fachgesprächsbeirat

Prof. Dr.-Ing. habil. R. Dillmann	(Universität Karlsruhe)
Prof. Dr.-Ing. G. Färber	(TU München)
Prof. Dr.-Ing. habil. D. Fritsch	(Universität Stuttgart)
Prof. Dr. rer. nat. habil. P. Levi	(Universität Stuttgart)
Prof. Dr.-Ing. Dr.-Ing. E.h. G. Schmidt	(TU München)
Prof. Dr.-Ing .Dr. h.c. mult. R. D. Schraft	(Universität Stuttgart)
Prof. Dr.-Ing. H. Wörn	(Universität Karlsruhe)

Inhaltsverzeichnis

Object Recognition and Estimation of Camera Orientation for Walking Machines

Robert Cupec, Oliver Lorch, and Günther Schmidt

Institute of Automatic Control Engineering,
Technische Universität München, 80290 Munich
`cupec@lsr.ei.tum.de`

Abstract. In this article, techniques in design of a vision system for walking machines are considered and solutions to some problems particularly connected to walking are proposed. Unlike a wheeled robot, a walking robot represents a rather long kinematic chain connecting its camera system to the ground. The camera orientation obtained by internal sensors is not sufficiently accurate, because of the variable kinematics of a walking robot and the vibrations caused by walking. However, this information is very useful for efficient scene interpretation. The algorithm proposed in this article estimates the orientation of the camera system using the pose of recognized objects. Since the information of the camera orientation is not available prior to object recognition, the objects have to be recognized by certain features invariant to rotations and translations in 6 DoF.

1   Introduction

Robots with the ability to walk are capable of performing tasks more efficiently than wheeled robots particulary in environments designed for humans. They can climb stairs or step over obstacles. In order to exploit the walking abilities of a robot to full extent, a high degree of coordination between perception and locomotion is necessary. Although the perception based interaction between robot and environment is one of the most popular subjects of research in robotics, only a few studies are reported dealing with this topic from the aspect of biped walking robots [5, 8, 9].

The sensor system of a walking machine has to provide information critical for walking. This includes a fast and precise determination of type, pose and dimensions of objects appearing in the operating environment of the robot. In this article, a vision-based perception concept for walking machines is presented based on object recognition.

Recognition of stairs, as potential parts of a path, is critical for a walking robot. A method particularly designed for recognizing stairs, proposed in [8] is based on alignment of model edges with edges detected in image. In this article, another approach is applied which performs staircase recognition in a more general framework of indexing-based object recognition. The proposed hierarchical algorithm recognizes single steps as separate objects and then connects the steps belonging to the same staircase.

Another very important topic addressed by this article is estimation of the camera system orientation. In case of a highly dynamical walking machine, the vision system needs information about the orientation of the camera system relative to the gravity axis, in order to accurately determine the pose of the robot relative to its environment. Also, that information can be used to classify line features detected in a scene as horizontal, vertical or oblique. By extending the set of descriptive parameters using the angle of line features relative to the gravity axis and the vertical positions of features, the number of object hypotheses can be reduced and object localization can be efficiently performed in 3 DoF [2].

However, in case of a walking robot, determining the camera system orientation is not a trivial problem. Unlike a wheeled robot, a walking robot represents a rather long kinematic chain connecting its camera system to the ground. In some situations, especially during single support phase, internal sensors are not sufficient to provide very accurate determination of the camera orientation, because of the variable kinematics of a walking robot and vibrations caused by walking.

As a solution to this problem, we propose a two-stage scene interpretation strategy. First, object recognition is performed using object features invariant to rotation and translation in 6 DoF. The pose of the recognized objects is then used to estimate the camera system orientation. The second stage of scene interpretation is performed using the estimated camera system orientation.

The article is organized as follows. In Section 2 the concept of scene analysis for walking machines is proposed. The object recognition applied in the discussed scene analysis system is described in Section 3. In this section, a hierarchical strategy for recognition of staircases and an algorithm for recognition of cuboid objects are presented. In Section 4, a method for estimation of the camera system orientation using pose of recognized objects is described.

2 Scene Analysis for Walking Machines

2.1 Task of Scene Analysis System

The task of the scene analysis system of a walking machine is to recognize objects in a scene and to determine their pose relative to a reference coordinate system of the robot and their parameters important for walking. According to the way they are handled by the recognition algorithm, the objects in the environment of the robot can be divided in two groups: *memorized objects* whose exact models are stored in the model database of the vision system, and members of *object classes* characterized by their geometrical properties important for walking.

Objects which the robot is supposed to step on, such as stairs or platforms, should be recognized very reliably. Thus, they are recognized using their exact models stored in the model database. Because their location is usually fixed in the environment, such objects could be used for robot localization and estimation of the camera orientation.

However, exact modeling of all objects which are expected to appear in the environment of a robot is very impractical. Thus, the vision system must be able to deal also with more abstract classes of objects whose exact descriptions are not stored in the model database. The scene analysis algorithm should extract the properties of a certain class of objects critical for walking, such as pose and size, and classify them according to those properties. For the vision system of a walking machine, it is very important to be capable of estimating the dimensions of objects. If the height and the width of an object are less then some predefined values, the object is classified as an obstacle which can be overcome by stepping over it. Otherwise, it is classified as an obstacle which should be detoured.

2.2   Concept of Scene Analysis

The architecture of the scene analysis system is shown in Fig. 1. It is based on 2D straight line segments, obtained by edge detection and segmentation of edge contours, and reconstructed 3D straight line segments obtained by stereo vision system. 2D and 3D line segments are grouped according to their properties and relations between them. Perceptual grouping methods are used based on the properties of parallelism and co-termination, as proposed in [7]. The parameters extracted from the groups of line segments, are used in object recognition.

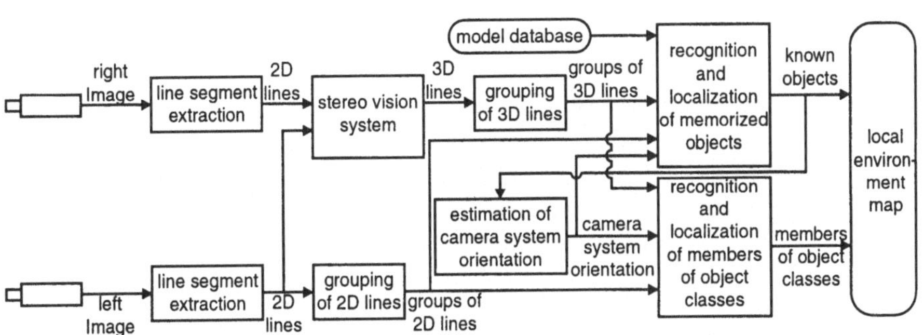

Fig. 1. Architecture of the stereo scene analysis system.

Scene interpretation is performed in two stages. First, memorized objects are recognized by matching features detected in a scene to the features of models stored in the model database. In this stage, the camera system orientation is considered unreliable, so the recognition is based on feature groups described by parameters which are invariant to rotation and translation in 6 DoF. Poses of the recognized objects are used to estimate orientation of the camera system as described in Section 4. The estimated camera system orientation provides a context for the second stage of scene interpretation. This information is used to determine the angles of detected lines relative to the gravity axis and their vertical positions. Using this additional descriptive parameters, the number of false object hypotheses can be significantly reduced.

The feature groups which are not assigned to any memorized object, are used to generate the hypotheses about members of object classes. The object hypotheses are verified by matching the projection of the hypothetical objects to the detected features. Each confirmed hypothesis is classified according to its geometrical properties. The current implementation of the scene analysis system includes an algorithm for recognition of cuboid objects described in Section 3.3.

The output of the scene analysis system is a *local environment map* consisting of descriptions of objects detected in the local environment of the robot and their poses relative to the reference coordinate system of the robot. This data is used in step sequence planning [6] and view direction control [3] of an active vision system.

3 Object Recognition

Inspired by the human vision system, our goal is to design a scene analysis algorithm which uses experience together with stereo vision to provide efficient interpretation of the environment. The knowledge of the environment is implemented as a database containing models of objects critical for walking which are expected to appear in the environment and the rules for recognizing cuboid objects.

The recognition algorithm is based on 2D and 3D straight lines, thus its application is restricted to a class of objects with certain properties. Shape of an object should consist of planar surfaces with straight edges. Objects with curved edges must have sufficient straight edges to be recognized. Objects must have surface that doesn't produce artifacts, which could be interpreted as object edges. Furthermore, the contrast to the background should be strong enough for the edge detection algorithm to be able to extract significant edges.

3.1 Recognition Using Exact Models

Object hypotheses are generated by *indexing technique* [1]. Feature groups are extracted from models of objects offline and stored in the model database. During runtime, feature groups detected in a scene are matched to the model features. Each match contribute to a hypothesis that an instance of a particular model is present in the scene in a particular pose.

In order to obtain robust recognition, a redundant strategy is applied. The hypotheses generated by the two cooperative indexing algorithms, one based on 2D features and the other on 3D features, are merged in a single hypothesis set. The poses of the recognized objects are determined by fitting the corresponding 3D model to features detected in the scene using a non iterative procedure based on quaternion representation of rotation and translation, described in [4].

3.2 Recognition of Stairs

Recognition of stairs, as potential parts of path, is critical for a walking machine. The structure of staircase representing a set of identical steps, imposes a hierarchical approach to recognition. A step by itself is a simple object which can easily be mismatched with other objects of similar shape. By grouping detected steps in a staircase, the probability of false matches is reduced. Also, the larger number of features obtained by grouping stairs in staircases provides a more accurate pose estimation. The discussed scene analysis system uses object recognition concept described in Section 3.1 to recognize single steps. Then, at a higher level, the neighboring steps are grouped in the staircases. The grouping is performed in two phases.

In the *first phase*, for each hypothetical step, search for the next step in descending direction is performed. A connection is established between a current step and a candidate for the next step if one of the following two criteria is satisfied:

1. *Prediction criterion.* The prediction of the pose of the next step in descending direction is calculated using the parameters of the frame (O_i, x_i, y_i, z_i) of the current step, cf. Fig. 2. The connection is established if the pose of the candidate step corresponds to the predicted frame $(O_{i+1}, x_{i+1}, y_{i+1}, z_{i+1})$ of the next step.
2. *Overlapping segment criterion.* A connection between the current and a candidate step is established if the bottom edge of the current step and the top edge of the candidate step correspond to the same line segment detected in the scene, cf. Fig. 2.

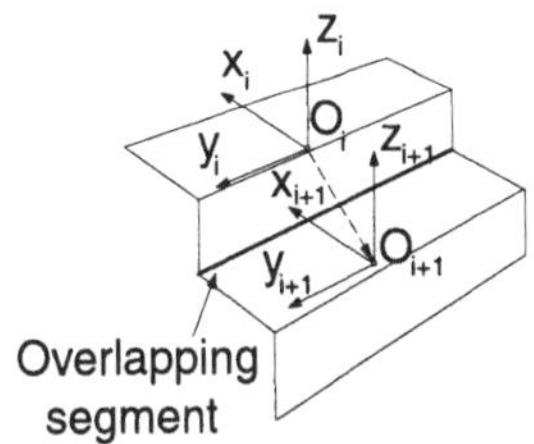

Fig. 2. Relation between two succeeding steps.

These two criteria are used to reduce the number of possible connections between detected steps, making the search for possible staircases more efficient.

In the *second phase*, chains of connected steps are formed representing hypothetical staircases. The frame of a staircase, is estimated by fitting the corresponding 3D model of staircase to features of detected steps.

As the result, all detected steps grouped in a staircase are represented as a single complex object.

3.3 Recognition of Cuboid Objects

Current implementation of cuboid recognition algorithm can recognize separate cuboid objects using line segments extracted from a single image and the information of camera system orientation. Hypotheses about cuboid objects being present in a scene are initiated by 3-line chains. Some of the feature groups used as indicators for cuboid objects are shown in Fig. 3. Each hypothesis is verified by projection of the reconstructed object that corresponds to the indicator. If at least five line segments are detected close to the projected edges of hypothetical object, the hypothesis is confirmed. Pairs of parallel lines with similar intensity are used as indicators for objects of small cross section area, cf. Fig. 3

The position of objects and the parameters h, w_1 and w_2, shown in Fig. 3, are determined using stereo vision. If the position of an object determined by stereo vision indicates that the object lies on the ground, a more precise position is determined using the vertical pose of the camera system relative to the ground plane.

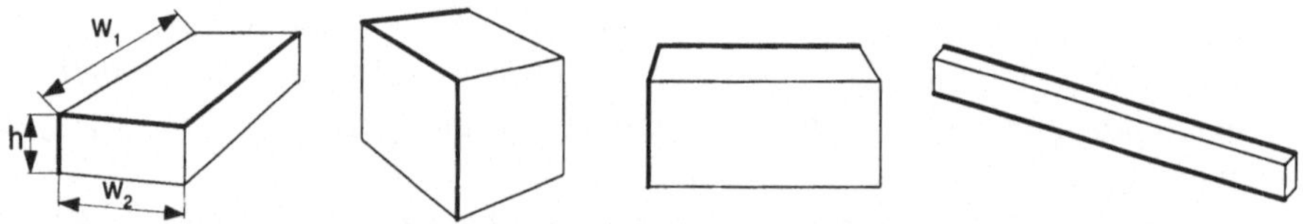

Fig. 3. Feature groups used as indicators for recognition of cuboid objects.

4 Estimation of Camera System Orientation

The orientation of the camera system S_C, cf. Fig. 4a, relative to a world coordinate system S_0 can be described by 6 parameters: the coordinates x, y and z describing the position of the system, the angle α describing the rotation around the gravity axis z_0 and the angles β and θ describing the orientation relative to the gravity axis. Determining the parameters x and y which describe the horizontal position of the camera system and the angle α is considered a classic robot localization problem and is not discussed in this article. We address the problem of estimating angles β and θ, which describe the orientation of the camera system relative to the gravity axis.

In this section, a concept of estimating the camera orientation relative to the gravity axis using the visual information is proposed.

4.1 Estimation of Camera System Orientation Using the Pose of Recognized Objects

Let S_G be the coordinate system, shown in Fig. 4b, obtained by rotating S_C around z_C-axis by the angle θ and then by rotating the obtained system around

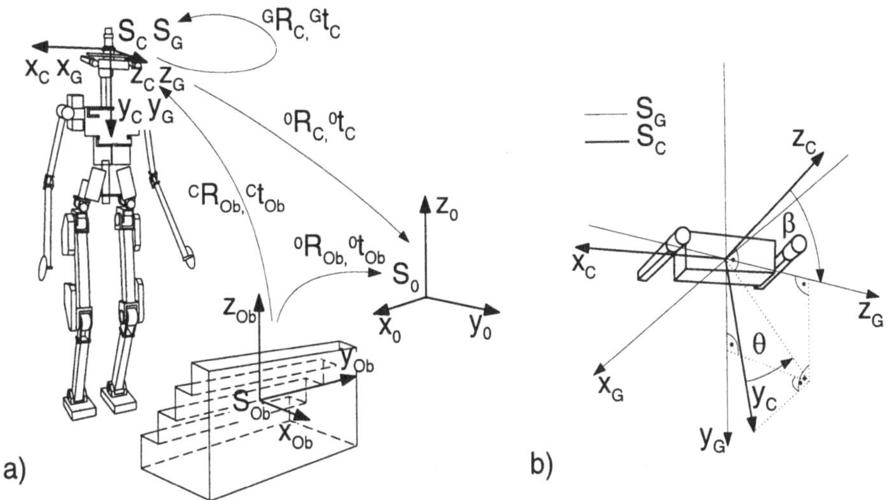

Fig. 4. (a) Walking machine in the operating environment; (b) Orientation of the camera coordinate system S_C relative to the gravity axis. Axis y_G is parallel to the gravity axis.

its x-axis by the angle β, so that y_G-axis is parallel to the gravity axis. The camera system orientation relative to the gravity axis can be described by rotation matrix $^GR_C(\beta,\theta)$.

When forming the model database of the recognition algorithm, model templates can be defined so that the z-axis of the coordinate frame of a model is parallel to the gravity axis when an instance of the model is in a "standard" pose. If such an object is recognized in a scene, the camera system orientation relative to the gravity axis can be estimated using the pose of the object.

Since y_G-axis of the coordinate system S_G and z_{Ob}-axis of the reference coordinate system of the object S_{Ob} are parallel to the gravity axis, the orientation of the object relative to the coordinate system S_G can be represented by the rotation matrix $^GR_{Ob}(\alpha_{Ob})$, where α_{Ob} is the angle describing the rotation around the axis z_{Ob}.

Orientation of the object relative to the camera system can be described by the rotation matrix

$$^CR_{Ob}(\alpha_{Ob},\beta,\theta) = {}^GR_C^{-1}(\beta,\theta){}^GR_{Ob}(\alpha_{Ob}) = {}^C\hat{R}_{Ob} \; . \tag{1}$$

Equation (1) shows that the elements of $^CR_{Ob}$ can be expressed as functions of the angles β and θ. Since the values of the elements of $^C\hat{R}_{Ob}$ are provided by the object recognition algorithm, they can be used to calculate β and θ.

4.2 Estimation of Camera System Orientation Using its Vertical Position and the Poses of Recognized Objects

In case of regular walking, the vertical position of the camera system changes in a range of few centimeters. Thus, the estimation error for the vertical position of the camera system is bounded and it is small enough not to influence the performance of the vision system significantly. Assuming that the vertical position of the camera system is known, a more precise estimation of the angle β can be obtained.

Let the vector $^{C}t_{Ob}$ be the origin of the reference coordinate frame of an object represented in the coordinate system S_C, obtained by the object recognition algorithm. The representation of this vector in the coordinate system S_G is given by

$$^{G}t_{Ob} = {}^{G}R_C(\beta,\theta)^{C}t_{Ob} \; . \tag{2}$$

The angle θ can be calculated directly from the matrix $^{C}R_{Ob}$, provided by the object recognition algorithm. The estimation of θ using the orientation of the recognized object is more accurate then the estimation of angles α_{Ob} and β. The angle θ represents the rotation around optical axis of the camera system, and the imprecision of the stereo measurement is largest in direction of the optical axis. The y component of $^{G}t_{Ob}$ is the difference between the vertical position of the object and the vertical position of the camera system, which is assumed to be known. The angle β can be obtained from (2) using θ, the y component of $^{G}t_{Ob}$, and the vector $^{C}t_{Ob}$.

5 Experimental Results

The performance of the discussed scene analysis system is tested in an emulation environment of a **vision-guided virtual walking machine** — ViGWaM described in [6]. Staircase recognition is tested on a series of 165 images of a staircase consisting of four steps. The images are taken from different distances using different pan, tilt and roll angles of the camera system. Figure 5a shows one result of staircase recognition.

The poses of the recognized staircase are used to estimate the camera system orientation. Experiments are performed for different distances between the object and the camera system, by setting the pan angle α and roll angle θ of the camera system to the values shown in Table 1 and changing the tilt angle β in steps of 2°. The results are shown in Table 1.

Estimation of the angle θ is performed using the orientation of the recognized staircase relative to the camera system. Estimation of the angle β is performed using two discussed approaches: estimation using the orientation of the staircase ($e_{\beta}^{(1)}$) and estimation using information about the vertical position of the camera system ($e_{\beta}^{(2)}$).

The experimental results show that recognized objects can provide enough information to obtain a good estimation of the camera system orientation based on vision.

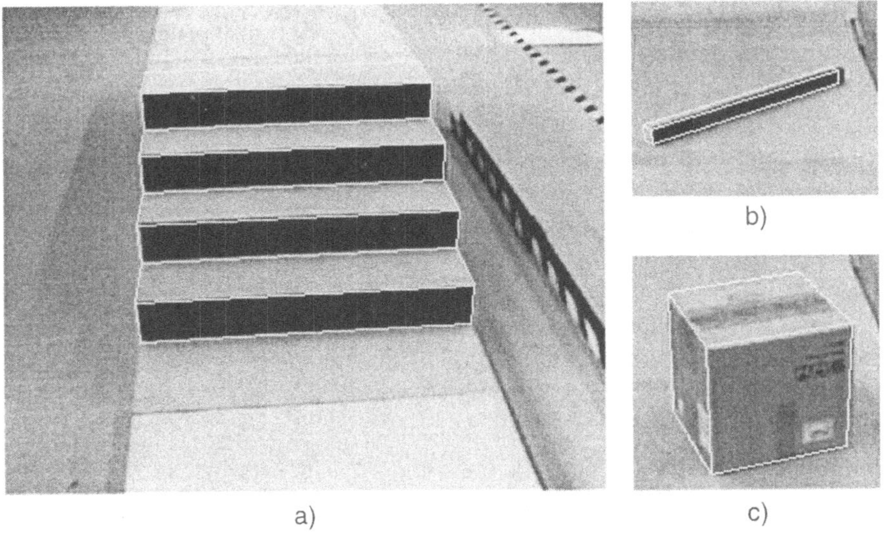

a)

b)

c)

Fig. 5. Results of object recognition. Projections of recognized objects are shown by the white lines. The staircase (a) is recognized using the staircase recognition algorithm. The bar (b) and the box (c) are recognized using the cuboid recognition algorithm.

The cuboid recognition algorithm is tested on several different cuboid objects. Figures 5b and 5c show two results of cuboid recognition. Positive recognition is obtained for the large majority of test objects with uniform surface and strong enough contrast to the background. In some cases, the patterns on the object surface caused false estimation of object parameters or, sometimes, the effect that a single object is recognized as two or more objects in the same location. However, in most cases, the resultant local environment map reflected the real situation good enough to be used for step sequence planning.

Table 1. Experimental results: estimation of the camera system orientation.

experiment parameters				mean absolute estimation error [°]		
distance[mm]	$\beta[°]$	$\alpha[°]$	$\theta[°]$	$e_\beta^{(1)}$	$e_\beta^{(2)}$	e_θ
2400	0-20	-15, 0, 15	-6.5, 0, 6.5	0.56	0.21	0.51
3400	4-24	-15, 0, 15	-6.5, 0, 6.5	1.32	0.24	0.94
4400	10-30	-15, 0, 15	-6.5, 0, 6.5	2.60	0.21	1.26
			Average	1.49	0.22	0.90

6 Conclusion and Future Work

This article presents a scene analysis concept for walking machines based on object recognition. The object recognition system consisting of a hierarchical indexing-based staircase recognition algorithm and a cuboid recognition algorithm is described. Problem of estimating the camera system orientation, specific for highly dynamical walking robots, is outlined. As a solution, a strategy that employs the poses of recognized objects to estimate the camera system orientation is proposed. The discussed methods are tested on a series of real-world images.

Future work will focus on extending the scene analysis algorithms to other classes of objects and improving the robustness of the image processing, especially according to the properties of object surfaces.

Acknowledgements. This work was supported in part by the German Research Foundation (DFG) within the "Autonomous Walking" Priority Research Program.

References

1. A. Califano and R. Mohan. Multidimensional Indexing for Recognizing Visual Shapes. *IEEE Trans. on PAMI*, pages 373–392, April 1994.
2. C. Eberst, M. Barth, K. Lutz, A. Mair, S. Schmidt, and G. Färber. Robust Video-Based Object Recognition Integrating Highly Redundant Cues for Indexing and Verification. In *Proceedings of the IEEE Int. Conf. on Robotics and Automation*, pages 3757–3763, San Francisco, California, 2000.
3. J. F. Seara, G. Schmidt, and O. Lorch. ViGWaM Active Vision System— Gaze Control for Goal-Oriented Walking. In *Proc. of the Intl. Conf. on Climbing and Walking Robots (CLAWAR)*, Karlsruhe, Germany, September 2001.
4. O. D. Faugeras and M. Hebert. The Representation, Recognition, and Locating of 3-D Objects. *The Int. Journal of Robotics Research*, 5(3):27–52, Fall 1986.
5. S. Kagami, J. J. Kuffner Jr., K. Nishiwaki, T. Sugihara, T. Michikata, T. Aoyama, M. Inaba, and H. Inoue. Design and Implementation of Remotely Operation Interface for Humanoid Robot. In *Proceedings of the IEEE Int. Conf. on Robotics and Automation*, pages 401–406, Seoul, Korea, 2001.
6. O. Lorch, M. Buss, F. Freyberger, and G. Schmidt. Aspekte der bildverarbeitungsgestützten Lokomotion humanoider Laufmaschinen. In G. Schmidt, U. Hanebeck, and F. Freyberger, Editors, *Tagungsband zum 15. Fachgespräch AMS*, pages 22–32, München, Germany, November 1999. Springer Verlag.
7. D. G. Lowe. *Perceptual Organization and Visual Recognition*. Kluwer Academic Publishers, Boston/Dordrecht/Lancaster, 1 edition, 1995.
8. D. J. Pack. Perception-Based Control for a Quadruped Walking Robot. In *Proceedings of the IEEE Int. Conf. on Robotics and Automation*, pages 2994–3001, Minneapolis, Minnesota, 1996.
9. D. Shin, A. Takanishi, T. Yoshigahara, T. Takeya, S. Ohteru, and I. Kato. Realization of Obstacle Avoidance by Biped Walking Robot Equiped with Vision System. In *Proceedings of the IEEE/RSJ Int. Conf. Intelligent Robots and Systems*, pages 268–275, Tsukuba, Japan, 1989.

3D-Kartierung durch fortlaufende Registrierung und Verschmelzung hochgradig reduzierter Teilkarten

Peter Kohlhepp, Daniel Fischer

Forschungszentrum Karlsruhe - Technik und Umwelt
Institut für Angewandte Informatik, 76021 Karlsruhe
kohlhepp@iai.fzk.de

Zusammenfassung Autonome Fahrzeuge, die im Untertagebau, in verfahrenstechnischen Anlagen oder im Freien eingesetzt werden, benötigen dreidimensionale, gleichwohl kompakte und für die Navigation und Aktionsplanung aussagefähige Geometriemodelle. Wir zeigen, wie explorative Kartierung bei gleichzeitiger Selbstlokalisierung durch fortlaufende Zuordnung, Registrierung und Verschmelzung überlappender Flächenmodelle erfolgen kann. Es handelt sich um attributierte Graphen auf der Grundlage segmentierter Laserscannerdaten. Für die gemeinsame Zuordnung und Lageschätzung stellen wir ein neues und schritthaltendes Verfahren vor, das die Gesamtähnlichkeit auf der Basis von Neuro-Fuzzy-Flächenähnlichkeitsmaßen auf drei zeitlich voneinander entkoppelten Ebenen optimiert. Unbekannte Überlappung, beliebige Zuordnungsrelationen und grobe Segmentierungsfehler werden dabei toleriert.

1 Einführung

Die Zukunftsvision von teilautonomen Servicerobotern, welche verfahrenstechnische Anlagen im Rahmen einer zustandsabhängigen Instandhaltung von außen mit Distanzsensoren inspizieren, verlangt grundlegende Erweiterungen in der Umweltrepräsentation und Perzeption etwa gegenüber Kanalrobotern in "1D"- oder Reinigungsrobotern in 2D-Arbeitsräumen. Die Fahrzeuge sollen auf mehreren Ebenen einer Anlage frei navigieren können, um die Temperaturverteilung an isolierten Rohrleitungen, Kesseln, Öfen oder Pumpen mit einer Wärmebildkamera zu messen, oder an Flanschen oder Ventilen auf Undichtigkeiten mit der Elektronischen Nase [6] zu schnüffeln. Nicht geometrische Signale wie Temperaturen und Gaskonzentrationen sind mit 3D-Informationen zu Aussage wie *Hot Spot* oder *Leck* zu verknüpfen.

Es sprechen gute Gründe dafür, die *aufgabenbezogene* 3D-Kartierung der Anlage durch die Inspektionsfahrzeuge selbst erledigen zu lassen. Dazu dienen optische Sensoren wie Laserscanner, Stereokamera oder Infrarotkamera. Bei der Erkundung, ob autonom oder zunächst bedienergeführt, sind viele *Teilansichten* mit unsicheren Positionen lagerichtig zuzuordnen. Das Ziel lautet, zunächst den Grundzyklus *Zuordnen→Lokalisieren→Verschmelzen* für Teilansichten autonom, zuverlässig, zeitlich schritthaltend und auf einem angemessenen Detaillierungsgrad zu realisieren. Er bildet den Schlüssel für alle geometriebezogenen Fahrzeugfunktionen: gleichzeitige Kartierung und Selbstlokalisation, Wegplanung, Inspektion und Objekterkennung.

2 Grundansatz

Die fortlaufende Positionsbestimmung durch ein AMS, mit oder ohne gleichzeitige Kartierung der Einsatzumgebung, wird oft als Zustandsschätzung aus unsicheren geometrischen Messsignalen modelliert. Dazu bieten sich rekursive Schätzverfahren wie etwa erweiterte Kalman-Filter [8] an - sofern das grundlegende *Strukturproblem* gelöst ist: die Anlagengeometrie durch eine unbekannte Zahl von Komponenten zu modellieren, aktuelle Messwerte richtig zuzuordnen (Messgleichungen), also zu entscheiden, ob der Sensor bekannte oder neue Komponenten sieht, und ob neue Messwerte Bekanntes bestärken oder ihm widersprechen.

Als geometrische Repräsentationen für AMS herrschen Belegungswahrscheinlich-keits-Gitter [12], 2D Liniengraphen, Punktwolken sowie Dreiecksnetze [1,3,11] vor. Wir verwenden *attributierte Graphen* mit stark reduzierten Flächenstücken als Knoten. Neu und entscheidend ist, dass Zuordnung, Lageschätzung und Verschmelzung alle mit den bereits reduzierten Oberflächenmodellen arbeiten ("*Späte Fusion*", Abb.1), statt mit einer wachsenden Menge von Punktwolken. So steht mit der ersten Teilansicht ein symbolisches Modell zur Planung von Aktionen wie Exploration, Navigation und Inspektion bereit, welches fortlaufend erweitert wird. Durch die Vor-verarbeitung verursachte Fehler und Informationsverluste müssen bei diesem Ansatz aber toleriert werden, und ein numerisch genaues, photorealistisch glattes CAD-ge-rechtes Modell kann ohne eine aufwendige, interaktive Nachbearbeitung [1] nicht erwartet werden.

Im Gegensatz zu früheren Arbeiten [4,5], in denen wir für die Zuordnung und die Lageschätzung Verfahren mit unvorhersehbarem Zeitverhalten, insbesondere Evolu-tionäre Algorithmen, einsetzten, stellen wir hier ein neues und schritthaltendes Ver-fahren vor, das verschiedene Techniken auf drei zeitlich voneinander entkoppelten Ebenen sinnvoll kombiniert.

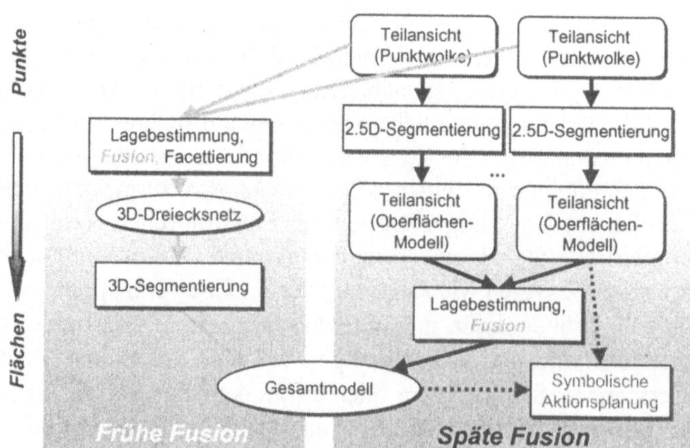

Abb. 1. Zwei Wege zur Gewinnung von Oberflächenmodellen aus Teilansichten

3 Geometriemodell

Die kleinste Teilansicht (TA) entspricht der Punktmenge, die ein profilgebender Laserscanner bei konstanter Orientierung entlang einer gewissen Fahrstrecke, oder die ein bildgebender Lasersensor oder ein Stereokamerakopf von einem festen Blickpunkt aus erfasst. Nach geeigneter Datenreduktion, Merkmalsextraktion und Segmentierung entsteht ein Oberflächenmodell mit endlich vielen Flächenstücken und Flächenrelationen (Abb. 2). Jede Fläche ist durch 3D-Polygon(e) berandet (**äußere** und ggf. **innere Berandungen**). Ihr Inneres wird durch eine planare oder quadratische **Approximationsfläche** angenähert und durch die Verteilung der Vorzeichen Gaußscher und Mittlerer Krümmung charakterisiert (**Krümmungshistogramm**); der dominante Krümmungstyp bestimmt die **Klasse** der Fläche, z.B. FLAT, RIDGE,... **Schwerpunkt-** und **Richtungsvektor** (gemittelter Normalenvektor), **Flächeninhalt** und **Ausdehnung** sind weitere wichtige Attribute. Das aus Punktanzahl und Punktdichte gebildete **Gewicht** einer Fläche misst ihre Bedeutung und Qualität (Sichtbarkeit). **Relationen** kennzeichnen Paare oder Tupel im Sensorfenster benachbarter Flächenstücke durch die Art der Unstetigkeit, z.B. Sprung-, Schnitt- oder Krümmungskante, und ein entsprechendes Distanzmaß, sowie durch eine sie trennende Raumkante.

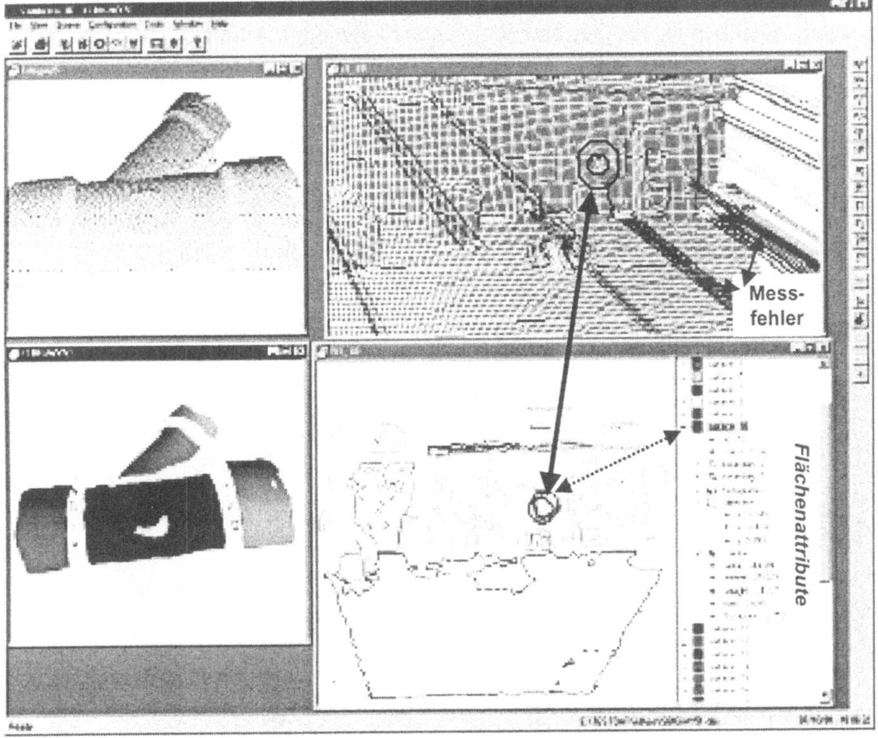

Abb. 2. Beispiele von Tiefenbildern (Quelle: http://www.eecs.wsu.edu:80/IRL/RID/ (links), http://marathon.csee.usf.edu/range/icons/Odet-cam-mot.html (rechts) und Oberflächenmodellen

Zu den geometrischen Attributen kommen nicht geometrische hinzu, etwa die Bedeutung einer Fläche für die Inspektion, der hierfür verwendete Sensor (z.B. Infrarotkamera) und das Inspektionsergebnis (z.B. Temperaturverteilung).

Auf den Segmentierungsalgorithmus kommt es nur in so weit an, als dieser parametrierte Oberflächenmodelle, zumindest berandete Flächenstücke mit Richtungsvektoren und Schwerpunkten, und nicht nur eine Zuordnung von Pixeln zu Flächen liefert. Segmentierungsfehler wie über- oder unter-segmentierte Flächen oder grobe Ungenauigkeiten der Berandungen müssen toleriert werden. Vor allem wird nicht erwartet, dass eine Ansicht durch angrenzende Flächenstücke lückenlos überdeckt ist; die Segmentierung kann sich auf gut sichtbare "Inselflächen" beschränken und sollte dies in bestimmten Fällen sogar tun, also etwa annähernd parallel zur optischen Achse liegende 'mixed-point'-Flächen aussparen. Wir verwenden ein von uns weiter entwickeltes Split-and-Merge Verfahren für 2.5D-Bilder; ebenso wäre ein zeilenweise arbeitender region-growing-Algorithmus wie der von Jiang und Bunke denkbar [10].

Die Aufgabe besteht darin, eine beliebige Anzahl solcher, in gewissen Merkmalen überlappender, Teilmodelle redundanzfrei zu verschmelzen. Hier beschränken wir uns auf die paarweise Verarbeitung. Vor der Verschmelzung muss die unbekannte oder grob geschätzte Lagetransformation zwischen den TA sowie die Zuordnungsrelation aller verschmelzbaren Flächen bestimmt werden. Die Lagetransformation zwischen einer mit dem Fahrzeug-Koordinatensystem verknüpften aktuellen Ansicht und einer zweiten Ansicht oder Karte liefert zugleich die Fahrzeugposition.

4 Verfahren zur Lokalisierung und Kartierung

Zuordnung und Lage werden gemeinsam so bestimmt, dass die Gesamtähnlichkeit zweier TA maximal wird. Dies erfolgt auf drei zeitlich entkoppelten Ebenen (Abb. 3).

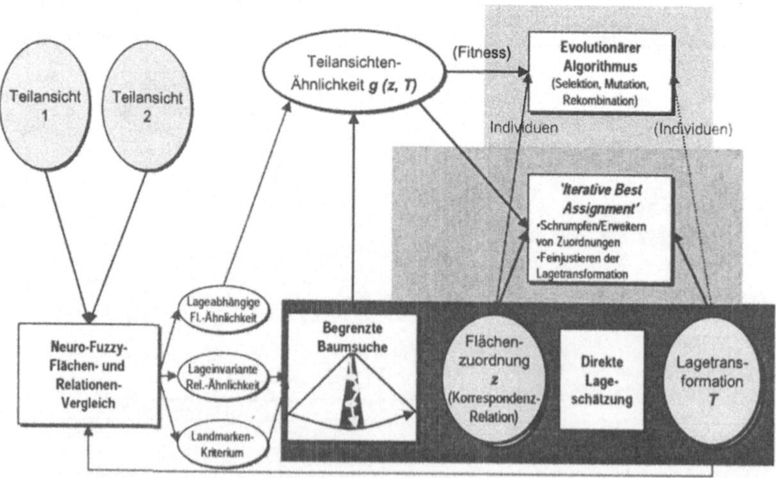

Abb. 3. Drei-Ebenen-Architektur für die Zuordnung und Lagebestimmung der Teilkarten

Die unterste Ebene 1 paart Flächen durch tiefenbegrenzte, inkrementelle Baumsuche, so dass die lageinvariante Gesamtähnlichkeit maximal wird. Die mittlere Ebene 2 optimiert die besten Zuordnungen und daraus geschätzte Lagetransformationen gemeinsam im Hinblick auf maximale lageabhängige Gesamtähnlichkeit. Die oberste Ebene 3, ein Evolutionärer Algorithmus, formt aus Teil-Zuordnungen durch Selektion, Mutation und Rekombination neue Lösungen. Alle Ebenen kooperieren, und 1 und 3 konkurrieren gleichzeitig um die beste Lösung in vorgegebener Zeit.

4.1 Ähnlichkeit zwischen Flächen und Teilansichten

Das Fundament für die Zuordnung und Lageschätzung dreidimensionaler Teilansichten bilden *Ähnlichkeitsmaße* zwischen Flächen und Flächentupeln, welche Verdeckung, begrenzte Sicht sowie Segmentierungsfehler in einem hohen Maße tolerieren und gleichwohl unterscheidungsfähig bleiben. Drei solcher Maße wurden als Neuro-Fuzzy-Regelbasen entwickelt: die lageinvariante Ähnlichkeit *ssim1*, die lageabhängige Ähnlichkeit *ssim2*, und die Relationenähnlichkeit *rsim*. Normierte Differenzen oder Anteile von Flächen- oder Relationenattributen bilden jeweils den Eingabevektor, ein Wert in [0,1] das Ausgangssignal. Die Verknüpfung ist durch eine Fuzzy-Regel-Basis (FRB) gegeben; die Parameter der Zugehörigkeitsfunktonen und die Regelgewichte werden trainiert, nachem die FRB in ein äquivalentes Neuronales Netz (backpropagation-Netz) transformiert wurde; dazu wird ein kommerzielles Entwicklungswerkzeug FuzzyTech eingesetzt [4].

Die Eingangsgrößen für *ssim1* sind das Verhältnis der Flächeninhalte V_A, die Differenz der Krümmungsverteilungen Δkh und die Differenz der Formeigenschaften Kompaktheit und Trägheitsmoment Δs. Ein weiteres Eingangsmerkmal "Erklärtheit" xpl_{min} (minimaler Anteil der Berandungen beider Flächenstücke, der durch Nachbarschaftsbeziehungen zu räumlich nahegelegenen Flächen erklärt ist) dient als Unsicherheitsfaktor: je weniger erklärt, umso geringer der Einfluss von V_A und Δs.

Eingabemerkmale für *ssim2* sind der normierte eingeschlossene Winkel der Richtungsvektoren Δn, der mit der Flächenausdehnung normierte wechselseitige Lotabstand des Schwerpunktes Δc bzw. der Berandung Δf zur Partneroberfläche (Approximationsfläche), der Überlappungsgrad der Volumina (Bounding Boxes der Berandungen) O_B, und schließlich - als Metamerkmale - die minimale Ebenheit $flat_{min}$ und Erklärtheit xpl_{min} der Flächen. Die Merkmale sind wieder nichtlinear verknüpft: ist die Ebenheit hoch, so bestimmen Δn und Δc, andernfalls bestimmt Δf, wie gut beide Flächenstücke auf einer gemeinsamen, geometrisch homogenen Oberfläche liegen. Ist diese wichtige Eigenschaft gegeben, so wird das Ausgangssignal *ssim2* durch den Überlappungsgrad O_B bestimmt; andernfalls ist *ssim2* niedrig. Solche Regeln bewirken, dass korrespondierende Flächenstücke immer erst normal zu einer gemeinsamen, homogenen Oberfläche ausgerichtet und dann unter Erhalt dieser Eigenschaft soweit verschoben werden, dass die Berandungen auch möglichst gut übereinander liegen, was für ihre Verschmelzbarkeit wichtig ist. Die Berandungen sind von Segmentierungsfehlern und Verdeckung viel stärker betroffen als etwa die Richtungsvektoren oder Approximationsflächen.

In analoger Weise wird die Ähnlichkeit *rsim* zwischen Flächenpaaren und Tripeln verschiedener Teilansichten bewertet. Hervorzuheben ist, dass diese Flächen nicht im Sinne der Segmentierung benachbart oder angrenzend sein müssen.

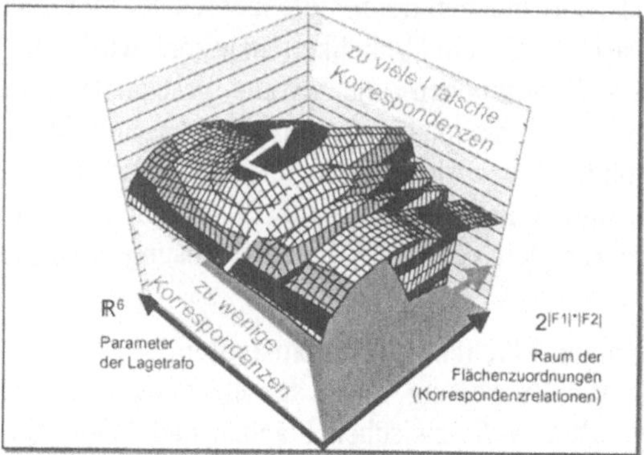

Abb. 4. Ähnlichkeit zweier Teilansichten als Funktion der Lage und der Korrespondenz

Um die optimale Zuordnung z und Lagetransformation T zu bestimmen, definieren wir die Gesamtähnlichkeit g zwischen Teilansichten als gewichtete mittlere Ähnlichkeit aller Flächen und Relationen in z multipliziert mit deren "Größe" $CSIZE$:

$$g(z,T) := \left(w_{F1}\, SSIM_1(z) + w_{F2}\, SSIM_2(z,T) + w_R\, RSIM(z)\right) \cdot CSIZE(z) \qquad (1)$$

$$g: 2^{F_1 \times F_2} \times \Re^6 \rightarrow [0,1] \qquad\qquad \left(w_{F1} + w_{F2} + w_R = 1\right)$$

Die mittleren Ähnlichkeitswerte, beispielhaft für $SSIM_2$,

$$SSIM_2(z,T) := \frac{1}{|z|} \sum_{(F_i,F_j) \in z} ssim2\left(F_i, T(F_j)\right) - \alpha_{cut} \qquad (2)$$

sind um Schwellwerte α_{cut} vermindert, die aus der Verteilung aller Ähnlichkeiten durch Clusteranalyse (Varianzminimierung) automatisch berechnet werden können. Sie wirken als "Strafterme" und lassen g bei Aufnahme schlecht korrespondierender Elemente sinken. Die Größe $CSIZE$ der Zuordnuung ergibt sich als der Gewichtsanteil aller zugeordneter Flächen bezogen auf das Gesamtgewicht aller Flächen.

Bei fester Transformation T wird g maximal für größtmögliche Zuordnungen, in denen alle Flächenpaare zumindest *akzeptable* Ähnlichkeiten ($>\alpha_{cut}$) besitzen. Bei gleichen Mengen zugeordneter Flächen (gleichem $CSIZE$) erzielt die maximal "ausgedünnte" Zuordnung, welche nur die ähnlichsten Flächen verknüpft, die größte Gesamtähnlichkeit. Bei fester Zuordnung z bewertet g den Lagefehler der Transformation T. Abb. 4 zeigt den Verlauf von g für zwei reale, segmentierte Teilansichten in der Nähe eines Optimums, vereinfacht als Funktion nur eines Koeffizienten von T und der Anzahl zugeordneter Flächen in z. Zu wenige Korrespondenten bedeuten ungenaue Lageschätzung ("flache" Seite des Gebirges), zu viele oder falsche Korrespondenten wachsende Gefahr lokaler Lageminima ("zerklüftete" Flanke).

4.2 Zuordnung nach Landmarkenkriterium

Ein *Suchbaum* [7, 10] begrenzter Tiefe ermittelt Zuordnungen von 6 bis 12 Flächenpaaren, die die Ähnlichkeit (1) zunächst ohne Lageterm $SSIM_2$ maximieren. Der Baum wird inkrementell nach Sektoren begerenzter Knotenzahl abgearbeitet. Die Expansion des Baums endet an einem Knoten N, sobald

1. die Ähnlichkeit **g** durch Hinzufügen von N zum aktuellen Suchpfad *sinkt*, oder
2. die *Knotenähnlichkeit* (Minimum von *ssim1* und *rsim* auf dem Pfad von N zur Wurzel) unter dem automatischen Schwellwert (2) liegt, oder
3. das bisher erzielte Maximum **g*** vom aktuellen Knoten N aus *uneinholbar* ist.

Kandidatenflächen werden vertikal nach absteigender *Landmarkeneigenschaft* aufgegriffen. Zum aktuellen Suchpfad wird die Menge aller Paare mit akzeptabler Knotenähnlichkeit dynamisch geführt (*Forward Checking* [10]). Neben dem Effizienzgewinn, dieselben Beschränkungen nicht immer wieder überprüfen zu müssen, bietet *FC* für uns den speziellen Vorteil, Kandidatenflächen neu ordnen zu können, etwa nach relationaler Verträglichkeit mit zukünftig zuzuordnenden Flächen. Dies vermeidet die Leerzuweisung (*Wildcard* [7]) mit ihrer kombinatorischen Aufblähung, die bei starrer Reihenfolge notwendig ist, wenn Flächen ohne Korrespondenten vorkommen. Die Wildcard macht jede Komplexitätsreduktion, die für die echten Zuordnungen durch Beschränkungen erzielt wurde, wieder zunichte.

Als natürliche Landmarken werden solche Flächen ausgezeichnet, die mit der höchsten Wahrscheinlichkeit Korrespondenten in einer benachbarten Teilansicht besitzen und für die der richtige Korrespondent auch noch schnell und zuverlässig ausgewählt werden kann. Mehrere Kriterien, die von Eigenschaften der Flächen einer oder beider Teilansichten abhängen, finden Verwendung. Eine gute Landmarke F

1. ist vorzugsweise **eben** (hat einen hohen planaren Anteil *flat*)
2. ist **unverdeckt** (hat einen hohen Anteil erklärter Berandungen *xpl*)
3. hat **viele Nachbarflächen**, die in Relation zu F stehen
4. ist **gut sichtbar** (nahe am Sensor, dem Sensor zugewandt, hohe Punktdichte)
5. ist **markant**: wenige Flächen der Vergleichsansicht, aber mindestens eine, haben ähnliche Merkmale wie F, die Varianz der Flächenähnlichkeiten ist hoch
6. ist **verträglich**: für mindestens eine zuordbare Fläche F' der Vergleichsansicht ist die mittlere relationale Ähnlichkeit *rsim ((F,G), (F',G'))* (über alle G, G') hoch
7. hat eine **zumindest mittlere Größe**
8. liegt **zentral**, nahe dem Schwerpunkt der Teilansicht, und **nicht** am **Rand des Sensorblickfeldes**
9. hat (möglicherweise) eine **invariante Richtung** im Sensorkoordinatensystem
10. besitzt eine gewisse **Stetigkeit** (war in angrenzenden Teilansichten bereits korrespondierend).

4.3 Pulsieren der Zuordnung und Justieren der Lage

Die besten Suchpfade - maximal einer pro Sektor - liefern korrespondierende Merkmale und erlauben es, orthogonale Transformationen in *geschlossener* Form zu schätzen [9], die ein Euklidisches Distanzmaß (<u>nicht</u> *ssim2*) minimieren. Richtungs- oder Achsvektorpaare $(\underline{n}_i, \underline{n}'_i)$ legen zunächst nur die Rotation **R** fest:

$$\mathbf{R}^* = \underset{\mathbf{R}}{\arg\min}\left(\frac{1}{k}\sum_{i=1}^{k} w_i \cdot \left\|\underline{n}_i - \mathbf{R}\cdot\underline{n}'_i\right\|^2\right) \qquad \left(k = |\mathbf{z}|,\quad w_i\ \textit{Gewichte}\right) \tag{3}$$

Die Bestimmung der Translation **t** erfordert zusätzlich korrespondierende Punkte wie Flächenschwerpunkte oder Kontrollpunkte der Berandungen. Wegen Verdeckung, Blickwinkelabhängigkeit und Segmentur-Rauschen wäre es jedoch unzulässig, etwa die Abstände zwischen Schwerpunkten direkt als Kriterium minimieren. An

Stelle von Punkt-zu-Punkt- verwenden wir nur Punkt-zu-Flächen-Korrespondenzen: die Abstände der Punkte zu den korrespondierenden Partnerflächen werden minimiert. Für den Spezialfall annähernd planarer Flächen mit Schwerpunkten $\underline{c}_i$ und Normalen $\underline{n}_i$ erhält man:

$$R^*, t^* = \arg\min_{R,\,t} \left(\frac{1}{k} \sum_{i=1}^{k} \left(\left(\underline{c}_i - R \cdot \underline{c}_i' - t \right)^T \cdot \underline{n}_i \right)^2 \right) \tag{4}$$

Selbst die einfache Minimierung der Lotabstände (4) planarer Flächen führt nicht ohne weiteres auf eine geschlossene Lösung für R und t gemeinsam. Daher werden die Bestimmung von R und von t entkoppelt:

1. Zuerst wird die Rotation R^* bestimmt, welche die gewichteten Vektordistanzen (3) minimiert (Verfahren: Horn-Algorithmus [9] - dieser verwendet die äquivalente Quaternionendarstellung für Rotationen - oder Singular Value Decomposition).
2. Sodann wird für festes R^* nur noch die Translation t^* ermittelt, die den Fehler

$$E_P(t) = \frac{1}{k} \sum_{i=1}^{k} \left(\underbrace{\left(\underline{c}_i - R^* \underline{c}_i' \right)^T \cdot \underline{n}_i - t^T \cdot \underline{n}_i}_{b_i} \right)^2 \tag{5}$$

minimiert; t^* ergibt sich als Lösung des linearen Gleichungssystems

$$\left(N^T N \right) \cdot t^* = N^T \cdot b, \quad N = \left(\underline{n}_i \right)_{i=1..k} \in \Re^{k\times 3}, \quad b = \left(b_i \right)_{i=1..k} \in \Re^{k} \tag{6}$$

Da die Baumsuche lageinvariante Beschränkungen einsetzt, ist nicht garantiert, dass alle Flächen durch eine einzige orthogonale Transformation aufeinander abbildbar sind, noch dass die Zuordnung maximal ist. Die weitere Aufgabe besteht also darin, diese Zuordnung und die daraus geschätzte Lage zu verbessern, bis g maximal ist. Dabei wird abwechselnd die Lage fest gehalten, während die Zuordnung schrumpft und wächst, und dann die Lage anhand der modifizierten Zuordnung durch erneute Anwendung von (3), (5) und (6) verfeinert (*Iterative Best Assignment*, in Analogie zum verwandten *Iterative Closest Point* - Algorithmus [2], bei dem aber die *Menge* der korrespondierenden Merkmale konstant ist). Mit zunehmender Annäherung an die optimale Lage werden auch Punktkorrespondenzen ('closest points') hinzu gezogen, die aus den *erklärten* Teilen der Berandungspolygone berechnet sind.

Eine monoton wachsende Folge von Ähnlichkeitswerten (g_i), und damit Konvergenz des Algorithmus ist garantiert, wenn sinkende Distanzen (3), (4) in dem Lageschätz-Schritt wachsende Ähnlichkeit *ssim2* für jedes Flächenpaar, also auch wachsende Gesamtähnlichkeit g zur Folge haben.

Relative Lagebestimmung: Grundsätzlich funktioniert das Verfahren ohne Vorwissen über die Lage der Teilkarten (absolute Lokalisierung). Es kann aber Odometrie und Koppelnavigation auch zur fortlaufenden relativen Lokalisierung nutzen. Durch Integration der Positions- und Orientierungsänderungen zwischen zwei Teilansichten werde zunächst eine Transformation geschätzt. Aus einer bekannten Verteilung oder bekannten oberen Schranken für die Schätzfehler dieser Transformation kann ein Ähnlichkeitsmaß konstruiert werden. Entsprechend der Distanz zwischen prädizierten Merkmalen der ersten und beobachteten Merkmalen der zweiten TA liefert dieses einen Wert zwischen 0 und 1. Mit den übrigen Beschränkungen der Baumsuche "und"-verknüpft, schließt dieses lageabhängige Element Merkmalszuordnungen außerhalb des zu erwartenden Unsicherheitsbereiches aus.

4.4 Verschmelzung der Teilansichten

Es werden alle Flächenstücke miteinander verschmolzen, die in derselben Zusammenhangskomponente der Relation z liegen. Zur Fusionierung der Berandungspolygone registrierter Flächenpaare dient ein neuer Algorithmus, der "redundante" Konturstücke mit geringer Haussdorff-Distanz mittelt und der an Verzweigungspunkten den "lokal erweiternden" der beiden divergenten Abschnitte erkennt und verfolgt [5]. Die übrigen Attribute der Flächen werden nach dem Flächengewicht gemittelt; hier können rekursive Schätzverfahren [8] gute Dienste leisten.

Flächen ohne Korrespondenten oder solche, deren Verschmelzung scheitert, werden der Resultatbeschreibung hinzugefügt, falls keine Sichtbarkeitskonflikte mit weiteren Flächen bestehen, andernfalls gelöscht. Zur Prüfung der Sichtbarkeit werden Überlappungen in einem gemeinsamen sphärischen Koordinatensystem festgestellt.

5 Beispiele

Die in Visual C++ 6.0 realisierten neuen Algorithmen zur Rekonstruktion von Objekten und Innenräumen wurden zunächst off-line an mehreren Bildserien erprobt. In diesem Beitrag werden segmentierte Tiefenbilder (128x128 Pixel) untersucht, die in einer Laborumgebung an *unbekannten* Positionen von einem realen AMS aufgenommen und von der University of South Florida zur Verfügung gestellt wurden (http://marathon.csee.usf.edu/range/icons/Odet-cam-mot.html).

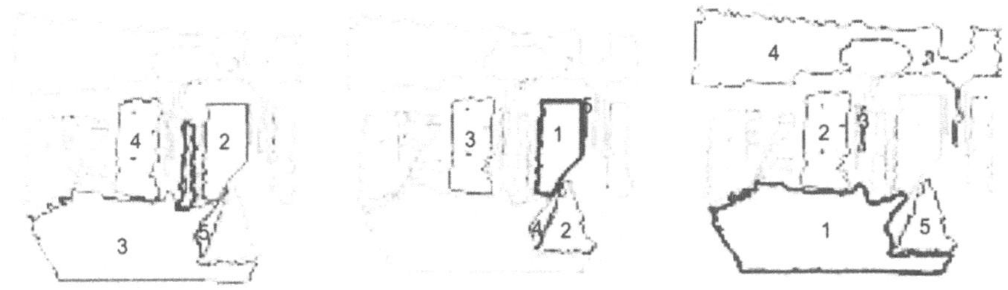

Abb. 5. Die fünf besten Landmarken-Flächen einer Teilansicht nach drei Kriterien

Abb. 5 illustriert die Auswahl von Landmarken in einer Teilansicht (Nr. 9) bezogen auf die Nachbaransicht (Nr. 8). Dabei wurden jeweils unterschiedliche Kriterien bevorzugt: links die Korrespondenz-Wahrscheinlichkeit (Kriterien 5 und 6 in Abschnitt 4.2), in der Mitte Lage und Sichtbarkeit (Kriterien 2, 3, 4 und 8), rechts die gleiche Orientierung zum Sensor (Kriterium 9). Die fünf besten Landmarken sind schwarz (die beste dick umrandet), die übrigen Flächen grau dargestellt.

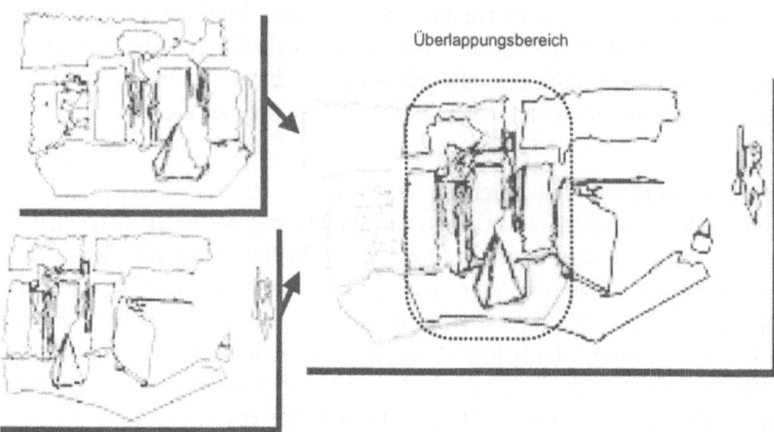

Abb. 6. Registrierung zweier Teilkarten mit Punkt-Flächen-Zuordnungen

Abb. 6 zeigt die Überlagerung registrierter Teilkarten, die selbst durch Verschmelzung zweier (Nr. 9, 10, oben) bzw. dreier (Nr. 11, 12, 13: unten) Ansichten hervorgingen. Eine stationäre, korrekte und (nach visueller Prüfung) auch maximale Zuordnung von 19 Flächenpaaren wurde bereits nach 2 Iterationen erreicht. Die Baumsuche lieferte hier zwei Fehlzuordnungen, die entfernt wurden. Die Registrierung verwendet hier nur **Punkt-Flächen-, und keine Punkt-Punkt-Korrespondenzen.**

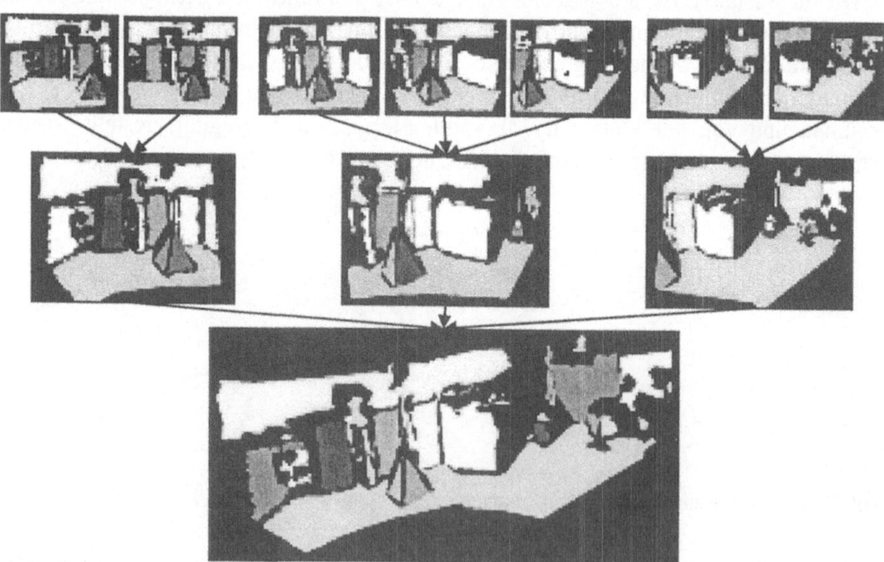

Abb. 7. Verschmelzung von sieben Teilansichten

In Abb. 7 sind die Verschmelzungsergebnisse für sieben Teilansichten (Nr. 9-15) als schattierte Oberflächenmodelle dargestellt. Letztlich beruhen alle auf Ergebnissen aus dem *ersten* Sektor des Suchbaums (max. 500 Knoten). Die Laufzeiten für paarweise Zuordnung und Registrierung sind damit auf 300-800msec begrenzt (auf einem 650MHz-PC, die eigentliche Verschmelzung hat einen ähnlichen Zeitbedarf).

6 Schlussfolgerungen und Ausblick

In diesem Beitrag wurden neue Algorithmen für die Zuordnung und Registrierung reduzierter Oberflächenmodelle auf drei Ebenen (Baumsuche, Iterative Verfeinerung, Evolutionärer Algorithmus) vorgestellt. Während bei großer Überlappung der Teilansichten und "eindeutiger" Zuordnung die Ebenen 1 und 2 zuerst erfolgreich sind, findet Ebene 3 in schwierigen Fällen von geringer Überlappung und vielen lokalen Lageminima schneller das globale Optimum, sofern insgesamt mehr Zeit zur Verfügung steht. Vor der Portierung auf ein Fahrzeug wird das Gesamtsystem einer Evaluierung unter quantitativen, formalisierten Leistungskriterien unterzogen, die alle Detailverfahren einbezieht.

Für rotationssymmetrische Körper, also generalisierte Zylinder, sollen speziellere Methoden zur Segmentierung, Erkennung, Registrierung und Verschmelzung untersucht werden, als sie allgemein für quadratische Flächen bekannt sind. Die Simultan-Registrierung von $n>2$ überlappenden Teilansichten durch elastische Graphen ist ein weiteres Zukunftsthema.

Literatur

1. A.D. Bailey, C. Fröhlich, *Reverse Engineering a process plant to produce a 3D CAD model*, In: Numerisation 3D '99, Paris, France, 19-20 May 1999
2. P.J.Besl, D.N.McKay, *A Method for Registration of 3-D Shapes*, IEEE Trans. PAMI 14(2), 1992, 239-256
3. M. v. Ehr, S. Vogt, R. Dillmann, *Planung von Messpositionen zur automatischen und autonomen Oberflächenvermessung*, Autonome Mobile Systeme AMS'99, München, 262-271
4. D. Fischer, *Rekonstruktion dreidimensionaler Oberflächenmodelle aus Sequenzen segmenturverrauschter Tiefenbilder*, Dissertation, FernUniversität Hagen, August 1999
5. D. Fischer, P. Kohlhepp, *Towards Reliable Fusion of Segmented Surface Descriptions*, IEEE Conference CVPR'2000, Hilton Head, USA, 13-15 June 2000, 405-412
6. J. Goschnik, *KAMINA - Gassensorik für Massenprodukte durch die Karlsruher Mikronase*, Forschungszentrum Karksruhe, http://irchsurf5.fzk.de/mox-sensors/Default_Ger.htm
7. W.E.L. Grimson, T. Lozano-Perez, *Localizing Overlapping Parts by Searching the Interpretation Tree*, IEEE PAMI 9(4), July 1987
8. U.D. Hanebeck, *Zustandsschätzung im Fall simultan auftretender mengenbasierter und stochastischer Unsicherheiten*, at-Automatisierungstechnik 48(6), 2000, 265-272
9. B.K.P. Horn, *Closed-form solution of absolute orientation using unit quaternions*, J. Opt. Soc. Am. 4(4), 1987, pp. 629-642
10. X. Jiang, H. Bunke, *Dreidimensionales Computersehen*, Springer Verlag 1997
11. A.E. Johnson, *Surface Landmark Selection and Matching in Natural Terrain*, IEEE Conference CVPR'2000, Hilton Head, USA, 13-15 June 2000, 413-420
12. S. Thrun et.al., *MINERVA: A Second-Generation Museum Tour-Guide Robot*, Proceedings of the International Conference on Robotics and Automation (ICRA), 1999

3D-Visual Servoing zur autonomen Navigation einer nichtholonomen mobilen Plattform

Thorsten Lietmann, Boris Lohmann

Institut für Automatisierungstechnik (IAT), Universität Bremen
Kufsteiner Str. NW1, 28359 Bremen, Germany
E-mail: {lietmann, bl}@iat.uni-bremen.de

Kurzfassung: Ein neuartiger visueller Regler zur autonomen, bildbasierten Navigation einer mobilen Plattform (Rollstuhl) wird vorgestellt. Ziel ist es, den Rollstuhl mittels Image-Based Visual Servoing in eine relative Lage bezüglich einer Landmarke autonom zu navigieren. Dies wird mit Hilfe des in diesem Artikel vorgestellten 3D-Visual Servoing erreicht, welches eine Erweiterung des herkömmlichen 2D-Visual Servoing darstellt, indem die Entfernung zwischen Kamera und Landmarke mit in die bildbasierte Regelung einbezogen wird. Der visuelle Regler wird dabei durch eine unterlagerte Trajektorienfolgeregelung unterstützt, welche die Fahrt der Plattform überwacht. Am Beispiel eines Docking-Manövers wird dieses neuartige Verfahren am realen System überprüft und die Vorteile gegenüber dem herkömmlichen 2D-Visual Servoing werden aufgezeigt.

1 Einleitung

Um Aktionen von mobilen Robotern in einer dynamisch veränderlichen Umgebung zu ermöglichen, müssen sie die Fähigkeit haben, ihre Umwelt sensorisch zu erkennen. Als interne Sensoren können Inkrementalgeber benutzt werden, welche die Radumdrehungen erfassen (Odometrie) und so eine Lagebestimmung ermöglichen. Durch den Schlupf der Räder entsteht dabei jedoch ein Fehler, der mit der zurückgelegten Strecke anwächst, weshalb zusätzlich externe Sensoren eingesetzt werden. Im hier vorliegenden Anwendungsbeispiel wird eine CCD-Kamera starr am Rollstuhl montiert, mit deren Hilfe es möglich wird, den Rollstuhl in eine relative Lage zu einem Objekt im Raum zu navigieren. Allerdings ergibt sich bei der Regelung eines nichtholonomen mobilen Roboters das Problem, daß die Anzahl seiner Zustandsgrößen höher ist, als die Anzahl seiner Stellgrößen. Deshalb ist es nicht möglich, den Ansatz der visuellen Regelung mit fest montierter Kamera direkt zur Navigation der Plattform zu benutzen [1]. Verwandte Problemstellungen werden in [2], [3] durch die Verwendung einer beweglich an der Plattform angebrachten Kamera gelöst. In diesem Beitrag wird zusätzlich zur visuellen Regelung eine unterlagerte Trajektorienfolgeregelung benutzt, um die Bewegung der Plattform zu planen und zu überwachen. Es werden zwei verschiedene Verfahren der visuellen Regelung vorgestellt, mit deren Hilfe Ziellagen für den Rollstuhl ermittelt werden können. Dabei handelt es sich um das herkömmliche 2D-Visual Servoing und um ein neuartiges, sogenanntes 3D-Visual Servoing. Die Erweiterung des 3D-Visual Servoing besteht darin, daß die Entfernung zwischen Kamera und Landmarke mit in die Regelung einbezogen wird. Beide Ansätze werden in diesem Artikel detailliert beschrieben und am Beispiel eines Docking-Manövers am realen System überprüft.

2 Mobile Plattform und Fahrtregler

Der verwendete Rollstuhl besitzt zwei unabhängig voneinander angetriebene Hinterräder zur Steuerung und zwei nichtangetriebene Vorderräder zur Stützung des Rollstuhls. Das System hat eine begrenzte kinematische Bewegungsfreiheit, da es sich nicht quer zur Fahrtrichtung bewegen kann (nichtholonome Eigenschaft). Um die visuelle Regelung zu ermöglichen, wird eine CCD-Kamera im Drehpunkt des Rollstuhls befestigt, die in Fahrtrichtung „blickt". Mit Hilfe der Kamera soll eine Ziellage für den Rollstuhl ermittelt werden, um den Rollstuhl aus seiner aktuellen Startlage in diese Ziellage fahren zu lassen. Dazu muß die mobile Plattform die Fähigkeit erhalten, einer vorgegebenen Trajektorie zu folgen (Fahrtregler). Die zu fahrende Trajektorie wird mittels einer übergeordneten Software generiert [4], welche eine für den Rollstuhl fahrbare Trajektorie mit „weichem" Verlauf zwischen der Start- und Ziellage erzeugt. Weiterhin ermöglicht eine Trajektorienfolgeregelung, den Rollstuhl auf der vorgegebenen Trajektorie zu führen [4]. Dazu werden mit Drehgebern an den Antriebsrädern die Radpositionen zu äquidistanten Zeitpunkten ermittelt, so daß die aktuelle Lage des Rollstuhls jederzeit berechnet werden kann. Ein Entkopplungsregler generiert aus einem Vergleich zwischen der Sollage auf der Trajektorie und der Istlage aus der Odometrie entsprechende Stellgrößen [5]. Es entsteht der in Bild 1 dargestellte Regelkreis.

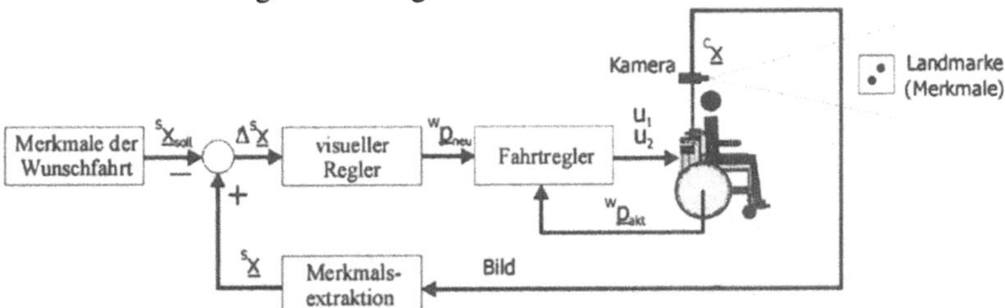

Bild 1: Visual Servoing des Rollstuhls

3 2D-Visual Servoing

Unter *Visual Servoing* wird die allgemeine Aufgabe verstanden, einen Roboter aufgrund von visuellen Informationen einer Kamera zu bewegen [6]. Im geschlossenen Regelkreis berechnet der Regler aus einem Vergleich zwischen momentanen und gewünschten Merkmalen eine Änderung der Kameralage. Wird die Stellgröße für den Roboter allein aus Bildinformationen berechnet, handelt es sich um eine sogenannte *Image-Based Visual Servoing (IBVS)* Struktur, welche im folgenden zur visuellen Regelung des Rollstuhls verwendet wird. Bild 2a zeigt das verwendete Lochkameramodell und Bild 2b die verwendete Landmarke.

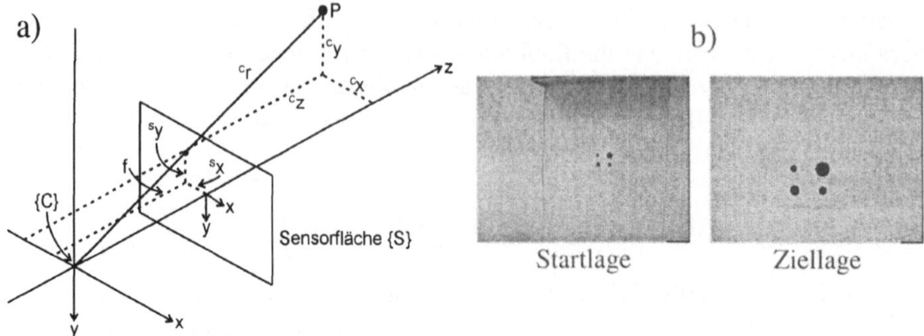

Bild 2: a) Kameramodell

b) Kamerabild der verwendeten Landmarke (vier Blobs)

Nur mit Hilfe der visuellen Informationen einer konventionellen CCD-Kamera soll ein Fahrmanöver des Rollstuhls in eine Lage relativ zu einer Landmarke erzeugt werden. Dazu werden dem Regler eindeutige Merkmale aus dem Kamerabild durch die Bildverarbeitung zur Verfügung gestellt. Diese Bildmerkmale sind die Mittelpunktkoordinaten von vier Blobs (siehe Bild 2b), die durch eine Blobanalyse aus dem Kamerabild extrahiert werden. Die Mittelpunktkoordinaten $^{S}x_i$ und $^{S}y_i$ (i = 1...4) werden im Sensorkoordinatensystem {S} angegeben, welches sich auf den CCD-Chip der Kamera bezieht (siehe Bild 2a). Für einen Blob (zwei Merkmale) zeigt Gleichung (1) den Merkmalvektor, welcher abhängig von der Kameralage $^{C}\underline{p}$ ist:

$$^{S}\underline{x}_{2D} = {}^{S}\underline{x}(^{C}\underline{p}) = \begin{bmatrix} ^{S}x \\ ^{S}y \end{bmatrix} \tag{1}$$

Durch zeitliche Ableitung dieser Gleichung ergibt sich eine Beziehung zwischen der Ableitung des Merkmalvektors und dem Geschwindigkeitsvektor der Kamerabewegung:

$$^{S}\underline{\dot{x}} = J(^{C}\underline{p}) \cdot {}^{C}\underline{\dot{p}} \tag{2}$$

Die Matrix $J(^{C}\underline{p})$ wird Bild-Jacobi-Matrix genannt und liefert einen Zusammenhang zwischen einer Änderung der Kameralage und der entsprechenden Änderung der Position der Bildmerkmale. Aus einem Vergleich zwischen momentanen und gewünschten Merkmalen (Bild 2b) berechnet der Regler eine Änderung der Kameralage. Die neue Kameralage läßt sich durch Koordinatentransformation in die zugehörige Rollstuhllage umrechnen. Die gewünschten Merkmale $^{S}\underline{x}_{soll}$ in der Ziellage müssen vorab definiert werden, was durch „zeigen" (*teaching-by-showing*, [6]) geschieht. Dazu wird der Rollstuhl in die Ziellage (z. B. eine relative Lage zu einem Tisch) gefahren, das zugehörige Bild aufgenommen, die Merkmale extrahiert und als Sollwerte gespeichert. Während der Regelung werden die momentanen Bildmerkmale in die Sollbildmerkmale überführt. Ist dies geschehen, befindet sich der Rollstuhl in derselben relativen Lage zum Objekt wie beim *teachen*. Um eine Bewegung der Kamera berechnen zu können, hat der Regler die Aufgabe, aus einer Regelabweichung im zweidimensionalen Sensorkoordinatensystem {S} Bewegungen im Kamerakoordinatensystem {C} zu erzeugen. Diese Transformation wird mit Hilfe der Bild-Jacobi-Matrix J durchgeführt, die bereits in (2) eingeführt wurde und nun in (3) detailliert für einen Blob und die drei Freiheitsgrade des Rollstuhls gezeigt ist:

$$\underbrace{\begin{bmatrix} {}^{S}\dot{x} \\ {}^{S}\dot{y} \end{bmatrix}}_{{}^{S}\underline{\dot{x}}} = \underbrace{\begin{bmatrix} \dfrac{-f}{{}^{C}z} & \dfrac{{}^{S}x}{{}^{C}z} & \dfrac{-f^2 - {}^{S}x^2}{f} \\[2ex] 0 & \dfrac{{}^{S}y}{{}^{C}z} & \dfrac{-{}^{S}x\,{}^{S}y}{f} \end{bmatrix}}_{J} \cdot \underbrace{\begin{bmatrix} t_x \\ t_z \\ \omega_y \end{bmatrix}}_{{}^{C}\underline{\dot{p}}} \tag{3}$$

Die Bild-Jacobi-Matrix J ist eine Funktion der momentanen Brennweite f der Kamera, der aktuellen Sensorparameter ${}^{S}x$ und ${}^{S}y$, sowie der momentanen Entfernung ${}^{C}z$ zwischen den Blobs und der x-Achse des Kamerakoordinatensystems {C}, siehe Bild 2a. Beim herkömmlichen 2D-Visual Servoing besteht das Problem, daß ${}^{C}z$ unbekannt ist. Es ist möglich, dieses Problem zu umgehen, indem eine *konstante* Bild-Jacobi-Matrix verwendet wird, welche die Werte aus der Ziellage benutzt, was zur Folge hat, daß der Visual Servoing Algorithmus nur in einem relativ kleinen Bereich um die Ziellage herum zufriedenstellend arbeitet [6]. Befindet sich die Startlage weit von der Ziellage entfernt, ist es möglich, daß die Bildmerkmale während der visuellen Regelung aus dem Kamerabild herauslaufen und es so zum Versagen der Regelung kommt. Alternativ kann mit einer *adaptiven* Bild-Jacobi-Matrix gearbeitet werden, in der die Entfernung ${}^{C}z$ regelmäßig ermittelt wird, so daß in der Bild-Jacobi-Matrix stets mit den aktuellen Blobkoordinaten (${}^{S}x_i$, ${}^{S}y_i$ *und* ${}^{C}z_i$) gerechnet werden kann.

4 3D-Visual Servoing

In dieser Arbeit wird ein erweitertes 3D-Visual Servoing Verfahren vorgestellt, bei dem die Entfernung zwischen Kamera und Landmarke in der Bild-Jacobi-Matrix berücksichtigt wird und *zusätzlich* mit in die Regelung eingeht. Bei Verwendung einer CCD-Kamera müssen die Entfernungen aus dem Bild heraus geschätzt, also indirekt ermittelt werden. Dies geschieht über einen Vergleich der aktuellen Objektgröße im Bild mit einer Referenzgröße bei bekannter Kameralage [7]. Bei dieser Schätzung ergibt sich ein einziger Entfernungswert ${}^{C}z$ für alle vier Blobs. Durch Verwendung einer speziellen 3D-Laserkamera ist es auch möglich, die Entfernungen zu Objekten im Kamerabild direkt zu messen [8]. Wird der Abstand ${}^{C}z$ als weitere Meßgröße aufgefaßt, so liegt es nahe, die Bild-Jacobi-Matrix um eine Zeile pro Blob zu erweitern und so einen Zusammenhang zwischen der Änderung der Kameralage und der entsprechenden Entfernungsänderung herzustellen. Dies hat unmittelbar zur Folge, daß die Entfernung als weitere Regelgröße in den Algorithmus eingeht, da ${}^{C}z$ auch als drittes Element dem Merkmalvektor (4) hinzugefügt wird.

$$ {}^{S}\underline{x}_{3D} = {}^{S}\underline{x}({}^{C}\underline{p}) = \begin{bmatrix} {}^{S}x \\ {}^{S}y \\ {}^{C}z \end{bmatrix} \tag{4}$$

Gleichung (5) zeigt die *erweiterte* Bild-Jacobi-Matrix für einen Blob und die drei Freiheitsgrade der Kamera bzw. des Rollstuhls:

$$
\underbrace{\begin{bmatrix} {}^S\dot{x} \\ {}^S\dot{y} \\ {}^C\dot{z} \end{bmatrix}}_{{}^S\underline{\dot{x}}} = \underbrace{\begin{bmatrix} \dfrac{-f}{{}^Cz} & \dfrac{{}^Sx}{{}^Cz} & \dfrac{-f^2-{}^Sx^2}{f} \\[2ex] 0 & \dfrac{{}^Sy}{{}^Cz} & \dfrac{-{}^Sx\,{}^Sy}{f} \\[2ex] 0 & -1 & \dfrac{{}^Sx\,{}^Cz}{f} \end{bmatrix}}_{J} \cdot \underbrace{\begin{bmatrix} t_x \\ t_z \\ \omega_y \end{bmatrix}}_{{}^C\underline{\dot{p}}} \tag{5}
$$

Auf Basis der Gleichungen (3) bzw. (5) wird ein zeitdiskretes Regelgesetz zur Durchführung des Visual Servoing aufgestellt. Die Aufgabe lautet dann, folgende Fehlerfunktion zu minimieren:

$$
\underline{e} = \Delta\,{}^S\underline{x} = {}^S\underline{x} - {}^S\underline{x}_{soll} \tag{6}
$$

Es ergibt sich das zeitdiskrete Regelgesetz (7). Durch angemessene Wahl der diagonalen Verstärkungsmatrix K_f wird ein exponentieller Verlauf des Regelfehlers gegen null für $t \to \infty$ erreicht.

$$
\Delta\,{}^C\underline{p} = -J^+ \cdot K_f \cdot T_a \cdot \Delta\,{}^S\underline{x} \tag{7}
$$

Dieses Regelgesetz ist sowohl für den Ansatz des herkömmlichen 2D-Visual Servoing, als auch für das 3D-Visual Servoing geeignet und wird zur Durchführung eines Docking-Manövers mit dem Rollstuhl verwendet. Durch die Erweiterungen des 3D-Visual Servoing wird die Entfernungsinformation nicht nur zum Aktualisieren der Bild-Jacobi-Matrix benutzt, sondern geht erstmals beim IBVS auch als Regelgröße ein. Die Ergebnisse der Versuche am realen System sind in Kapitel 5 dargestellt.

5   Experimentelle Ergebnisse

In der Startlage des Rollstuhls wird vom visuellen Regler eine Ziellage für die Kamera berechnet. Nach der Koordinatentransformation in {W} kann die Trajektorienplanung Stellgrößen für den Rollstuhl generieren [5]. Kombination von Visual Servoing und Trajektorienfolgeregelung ermöglicht die autonome Navigation des Rollstuhls. Zuerst wird die Ziellage durch Visual Servoing ermittelt, dann plant und überwacht die Trajektorienfolgeregelung die Fahrt des Rollstuhls. Während der Fahrt werden die Sollgrößen des jeweils aktuellen Trajektorienabschnitts an den Trajektorienfolgeregler übergeben, der den Rollstuhl auf der momentanen Trajektorie hält. Wird eine neue Ziellage durch Visual Servoing berechnet, wird die aktuelle Trajektorie korrigiert. Während dieses Verfahrens werden alle gerade aktuellen Trajektorienabschnitte zusammengefügt und es entsteht eine resultierende Trajektorie, die den Rollstuhl in seine Ziellage führt. Bild 3 zeigt, daß beim 2D-Visual Servoing die reale Ziellage vom visuellen Regler erst gegen Ende der Fahrt etwas genauer berechnet wird, während die ersten berechneten Ziellagen relativ weit entfernt liegen. Das starke Springen der berechneten Ziellagen hat zur Folge, daß die Trajektorienschar weit gefächert ist. Durch die unterschiedlichen berechneten Orientierungen in den Ziellagen ändert sich auch die Form der einzelnen Trajektorien. Dies hat Sprünge in der resultierenden Trajektorie zur Folge und somit kann der

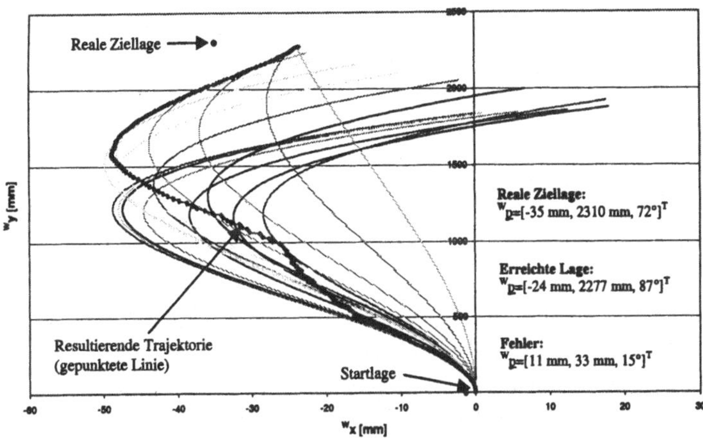

Bild 3: 2D-Visual Servoing mit konstanter Bild-Jacobi-Matrix

Trajektorienfolgeregler dieser Trajektorie nur schwer folgen. Dies zeigt sich bei den Fahrversuchen besonders in einem großen Fehler bei der Orientierung in der Ziellage von $^W\Theta_{Fehler} \approx 15°$. Bei den Versuchen mit 2D-Visual Servoing wird die reale Ziellage nie exakt vom visuellen Regler berechnet. Der entstehende Fehler in der Position ist unter den Voraussetzungen der geringen Dynamik des Systems Rollstuhl und der Zielsetzung der zu lösenden Aufgabe dennoch ein recht gutes Regelergebnis. Der Fehler in der Orientierung ist jedoch sehr groß. In Bild 4 ist gut zu erkennen, wie sich die Ziellagen der einzelnen Trajektorien kontinuierlich um die wirkliche Ziellage herum bewegen. Dies wurde durch die Einführung des 3D-Visual Servoing möglich und ist vor allem der sehr guten Schätzung der Entfernung ^Cz und der damit verbundenen ähnlichen Form und Länge der einzelnen Trajektorien zu verdanken. Es treten keine Sprünge in der resultierenden Trajektorie auf, so daß der Trajektorienfolgeregler der Trajektorie gut folgen kann und hier die Vorteile des 3D-Visual Servoing deutlich werden. Bei den Versuchen mit 3D-Visual Servoing sind die Abweichungen der berechneten Ziellagen deutlich kleiner als beim 2D-Visual Servoing und die reale Ziellage befindet sich innerhalb des Gebietes um die Ziellagen der Trajektorienschar. Der Fehler in der Position des Rollstuhls liegt ungefähr in der

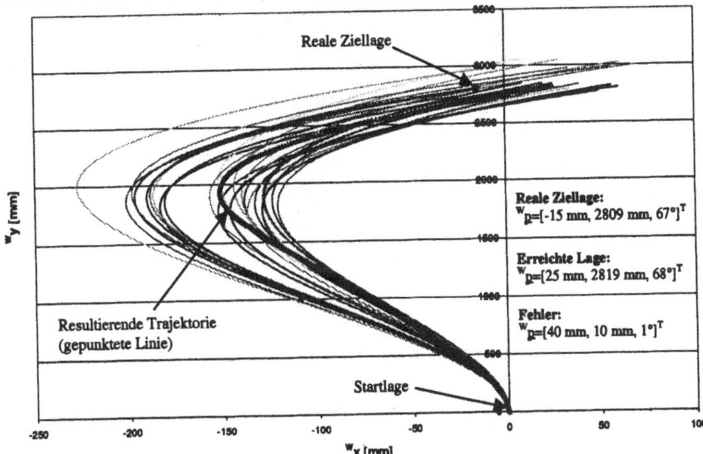

Bild 4: 3D-Visual Servoing mit erweiterter Bild-Jacobi-Matrix

Größenordnung wie beim 2D-Visual Servoing mit konstanter Bild-Jacobi-Matrix, während der Fehler in der Orientierung deutlich kleiner ist. Durch die Einführung des 3D-Visual Servoing wird also eine genauere Berechnung der Ziellagen erreicht.

6 Zusammenfassung

In diesem Artikel wird beschrieben, wie mit Hilfe des Visual Servoing ein Docking-Manöver einer mobilen Plattform durchgeführt werden kann. Der Ansatz des Visual Servoing wird erweitert, indem die geschätzte Entfernung zu den Bildmerkmalen in den Merkmalvektor und in das Regelgesetz eingefügt wird. Durch die Verwendung einer unterlagerten Trajektorienfolgeregelung stellt dieses Verfahren eine geeignete Methode zur Navigation einer nichtholonomen mobilen Plattform dar. Weiterhin zeigt sich in den Versuchen, daß erhebliche Verbesserungen in der Genauigkeit der berechneten Ziellagen eintreten, wenn das in dieser Arbeit neu entwickelte 3D-Visual Servoing zum Einsatz kommt. Dieses Verfahren ist nicht auf den Einsatz an einer mobilen Plattform beschränkt, sondern kann auch in anderen Einsatzgebieten (z. B. Manipulatoren) zur Verbesserung der Visual Servoing-Algorithmen beitragen.

Literatur

[1] Lang, O., Lietmann, T.: *Visual Servoing – Ein Ansatz zur kalibrierungsrobusten visuellen Regelung von Robotern,* In B. Lohmann, A. Gräser (Hrsg.), Methoden und Anwendungen der Automatisierungstechnik, S. 89-103, Shaker Verlag 1999

[2] Masutani, Y., Mikawa, M., Maru, N., Miyazaki, F.: *Visual Servoing for Non-Holonomic Mobile Robots,* IROS '94. Proc. of the IEEE/RSJ/GI Int. Conf. on Intelligent Robots and Systems, S.1133-40 vol. 2, 1994

[3] Pissard-Gibollet, R., Rives, P.: *Applying Visual Servoing Techniques to Control a Mobile Hand-Eye System,* Proc. of IEEE Int. Conf. on Robotics and Automation, S. 166-171, 1995

[4] Buttelmann, M., Lohmann, B., Kieren, M.: *Trajektoriengenerierung und Bahnregelung für nichtholonome, autonome Fahrzeuge,* In Schmidt, G., Hanebeck, U., Freyberger, F. (Hrsg.), Informatik aktuell, Autonome Mobile Systeme 1999, S. 303-312, Springer Verlag 1999

[5] Lietmann, T., Lohmann, B.: *Docking-Manöver einer nichtholonomen mobilen Plattform mittels Visual Servoing,* In Dillmann R., Wörn H., von Ehr, M. (Hrsg.), Informatik aktuell, Autonome Mobile Systeme 2000, Springer Verlag, 2000

[6] Hutchinson, S., Hager, G., Corke, P.: *A Tutorial on Visual Servo Control,* IEEE Trans. on Robotics and Automation vol.12, no.5, S. 651-670, 1996

[7] Lang, O., Vogel, R., Siebel, N., Gräser, A.: *Vergleich verschiedener bildbasierter Regler zur Realisierung teilautonomer Greifvorgänge,* In Schmidt, G., Hanebeck, U., Freyberger, F. (Hrsg.), Informatik aktuell, Autonome Mobile Systeme 1999, S. 188-197, Springer Verlag 1999

[8] Lietmann, T., Lohmann, B.: *Visual Servoing for a Non-Holonomic Mobile Robot Using a Range-Image-Camera,* zur Veröffentlichung angenommen in Proc. of European Control Conference, ECC 2001

Optische Navigation für den assistierten Betrieb eines Rollstuhls

M. Rous, A. Matsikis, F. Broicher, K.-F. Kraiss

Lehrstuhl für Technische Informatik
Rheinisch-Westfälische Technische Hochschule Aachen (RWTH)
Ahornstr. 55, 52074 Aachen
E-Mail: Rous@techinfo.rwth-aachen.de
www.techinfo.rwth-aachen.de

Zusammenfassung Dieses Konzept befasst sich mit der optischen Navigation für den assistierten Betrieb eines Rollstuhls. Dabei wird ein Multikamerasystem und eine modellgestützte Sensorfusion von Merkmalen in einer bekannten büroähnlichen Umgebung eingesetzt. Das Ziel ist es, verschiedene Fähigkeiten wie Türdurchfahrt oder Wandfolgen zu implementieren, um die Handhabung eines Rollstuhls zu vereinfachen. Sicherheitsrelevante Funktionen, wie Kollisionsvermeidung und Erkennen von Gefahrenbereichen (z. B. Treppen), sollen ebenfalls untersucht werden. Dem Fahrer soll ein überwachendes Assistenz-System zur Seite gestellt werden, das ihn bei der Bedienung unterstützt. Die in der mobilen Robotik üblichen Sensoren, wie Ultraschall und Laserscanner, werden durch moderne Kameras ersetzt, um vorhandene Unzulänglichkeiten zu umgehen.

1 Einleitung

Im Feld der mobilen Robotik werden Ultraschallsensoren und Laserscanner erfolgreich zur Umgebungsvermessung eingesetzt. Der Einsatz dieser Sensoren ist einfach gestaltet und schnell umgesetzt, wobei die Nutzung mit Nachteilen behaftet ist. Ultraschallsensoren haben eine charakteristische Art bei ungenauer Ortsauflösung Entfernungen zu messen. Laserscanner ermöglichen die vielfache punktuelle Entfernungsmessung nur in der Ebene. Mit beiden Sensortypen ist es jedoch nur eingeschränkt möglich, Objekte zu identifizieren bzw. räumlich zu erfassen. Mit kamerabasierten Ansätzen werden templatebasierte Verfahren zur Suche bzw. Entfernungsbilder und der optische Fluss berechnet. Das Hauptziel bisheriger Ansätze liegt in der Positionsbestimmung und Entfernungsmessung. Einige Systeme verwenden Verfahren, wie optischer Fluss und Farbanalyse, um bekannte Objekte auszufiltern und zu verfolgen [8]. Auch Verfahren des Visual-Servoing werden eingesetzt [5]. Mit dieser Arbeit wird das Konzept eines Multikamerasystem (s. Abbildung 1) mit integrierter Bildverarbeitung zur optischen Navigation vorgestellt. Eine Szenenanalyse mit geometrischen Grundobjekten und Vergleiche mit einem Modell zur semantischen Analyse stehen hier im Vordergrund. Ebenfalls eine Regelung durch direkte Bildauswertung ist zur Navigation

notwendig, um z. B. Gefahrenbereiche oder mögliche Kollisionen zu erkennen.
Zur Extraktion von befahrbaren Berei-
chen und der Pfadverfolgung dient eine optische Freiraumsuche mit einem
strahlenbasierten Ansatz. Zur genau-
en absoluten Positionierung kommt eine Horizontalwinkelmessung zum Einsatz. Der generelle Grundgedanke verfolgt die Strategie, erst grob schauen
und wenn nötig, genauer hinsehen und
vermessen.

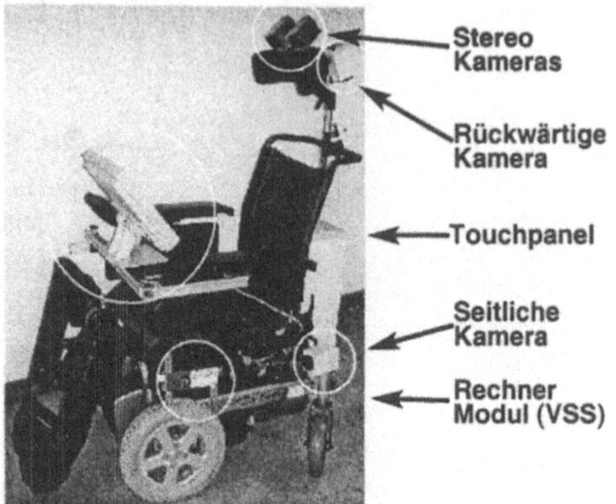

Abbildung 1: Victoria.

2 Funktionalität

Prinzipiell wird für den Betrieb eines assistierten Rollstuhls zwischen der überwachten und der teilautonomen Funktionalität unterschieden. Bei der überwachten Funktionalität handelt es sich um einen Modus, in dem der Fahrer durch das
technische System in seinen Aktionen überwacht wird. Dies umfasst z. B. Kollisionsvermeidung [4] und Treppenerkennung [6]. Hier sollen mit Mitteln der
Bildverarbeitung Objekte detektiert und deren Lage zum Rollstuhl bestimmt
werden. Liegt ein Kollisionskurs des Fahrzeugs mit einem Objekt vor, so wird
dies dem Fahrer mitgeteilt und eine Ausweichstrategie angeboten. Bereiche mit
Treppen werden erkannt und eine entsprechende Warnung angezeigt bzw. das
Befahren unterbunden. Eine weitere Möglichkeit der überwachten Funktionalität ist die geleitete Navigation in büroähnlichen Umgebungen. Steuervorgaben
des Fahrers werden analysiert und Kommandos unterdrückt, die zu einer Kollision mit der Umgebung führen bzw. die vom aktuell möglichen Pfad abweichen
würden. Bei der teilautonomen Funktionalität sollen an das technische System
übergebene Aufgaben selbstständig und sicher gelöst werden. Einige Funktionen
sind die Türdurchfahrt, Zielfahrt, Wandfolgen, Pfadverfolgung und Hinderni-
sumgehung.

3 Realisierung der optischen Navigation

Zur Lösung dieser Aufgaben wird ein Multikamerasystem, bestehend aus z. Z.
fünf Kameras, an verschiedenen Positionen am Rollstuhl eingesetzt. Um einen
guten Rundumblick der Umgebung zu gewährleisten, wird ein Stereokamerasy-
stem auf einer Schwenk-Neige-Vorrichtung über der Rückenlehne aufgebaut. Die
Hauptaufgabe dieses Systems besteht in der Bestimmung eines Entfernungsbildes oder des optischen Flusses. Weitere Kameras werden an den Seiten im hinte-
ren Bereich des Rollstuhls mit Blick nach vorne befestigt. Mit dieser Anordnung
ist es möglich, den Rollstuhl und die nähere Umgebung zu fokussieren und Abstände zu Objekten zu schätzen. Eine zusätzliche Kamera mit Blick nach hinten

soll bei Rückwärtsfahrten eingesetzt werden. Als Kameras kommen moderne, miniaturisierte Module zum Einsatz, die die Montage am Rollstuhl vereinfachen. Die Stereoanordnung besteht aus digitalen Farbkameras mit einer hohen Bildrate (50-60 Hz) und einer Auflösung von etwa 640x480 Bildpunkten. Die seitlichen Kameras sowie die rückwärtige sind Farb-Video-Module mit einer Auflösung von 768x576 Bildpunkten. Zusätzlich verfügen diese Kameras noch über einen steuerbaren optischen Zoom mit Autofokus und Autoblende-Funktion. Kernstück des Multikamerasystems sind gekapselte Kamera-Rechner-Systeme, sogenannte *Visuelle-Sensor-Systeme* (VSS)(s. Abbildung 2). Von der Bildaufnahme über die Bildverarbeitung und die Datenschnittstelle befinden sich alle Funktionen in einem Modul.

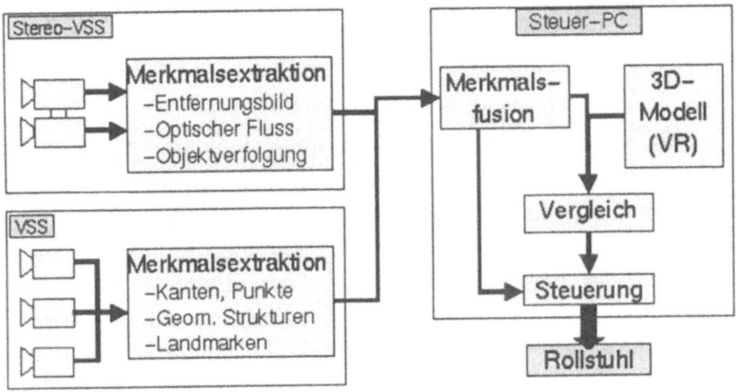

Abbildung 2. Übersicht des visuellen Systems.

3.1 Merkmalsextraktion

Zur Navigation soll eine Szenenanalyse erfolgen, wobei Verfahren zum Einsatz kommen, welche die Struktur der Umgebung untersuchen. Als Hilfsmittel wird ein generiertes 3D-Weltmodell [9] der Büroumgebung herangezogen, um strukturelle Merkmale zu vergleichen. In erster Linie wird nicht versucht, Objekte zu identifizieren, sondern vielmehr ihre geometrische Grundstruktur zu ermitteln und diese zu klassifizieren. Dadurch können Türen, Wände, Boden, Decke usw. in der Einsatzumgebung erkannt werden.

Funktion des Stereo-Kamerakopfes Zur Kollisionsvermeidung mit Hindernissen werden mit einem Farb-Stereo-Kamerasystem Entfernungen zu Objekten und der optische Fluss berechnet [3] [1] [7] [2]. Mit Hilfe eines Entfernungsbildes ist eine Bestimmung des befahrbaren Freiraumes möglich. Der Vorteil dieses Sensors liegt in der räumlichen Erfassung von Entfernungen. Einige Gegenstände, wie Schaukästen oder Tische, beginnen erst ab einer gewissen Höhe sich als

Hinderniss darzustellen. Je nach Montage von Ultraschallsensoren bzw. Laserscannern sind diese Hindernisse nicht oder nur teilweise detektierbar. Betrachtet man einen Tisch, so erkennt man entweder vier Beine oder die Tischplatte. Mit dem Stereo-Kamerasystem kann der Tisch in seiner ganzen Höhe erkannt und vermessen werden. Der Einsatz von regionenbasierten Verfahren zur Objektverfolgung ist mit diesem System ebenfalls vorgesehen. Mit diesen Verfahren können Eigenbewegungen von Objekten erkannt und umfahren werden. Für die Türdurchfahrt soll das Stereo-System dazu verwendet werden zu entscheiden, ob eine Passage möglich oder ob die Tür geschlossen ist. Durch die Verwendung einer Schwenk-Neige-Vorrichtung wird die Umgebung nahezu vollständig erfasst. Eine Besonderheit der Schwenk-Neige-Vorrichtung besteht darin, dass die Vergenz variiert werden kann. Dies erlaubt eine Anpassung der Tiefenauflösung zur Fokussierung eines Objektes zur feinen Analyse. Durch Nutzung von Farbkameras ist es möglich, die Korrespondenzsuche mit Farbinformationen zu erweitern, um eine höhere Genauigkeit und robustere Extraktion zu erzielen.

Funktion der seitlich und rückwärtig montierten Kameras Mit den an den Seiten fest montierten Kameras kann eine Extraktion von Kanten, Punkten, geometrischen Strukturen und Klassifikation als Landmarke erfolgen. Diese zur Peilung verwendeten Kameras erlauben eine Feinvermessung und -positionierung. Während der Türdurchfahrt dienen diese Kameras zur beidseitigen Verfolgung des Türrahmens und der Abstandsbestimmung zum Rollstuhl (s. Abbildung 3). Die Platzierung dieser Kameras ermöglicht die Verfolgung des Türrahmens, während sich der Rollstuhl zwischen den Türpfosten bewegt. Es ist keine Blindfahrt durch die Tür notwendig, wie bei einigen Systemen mit Ultraschall-Sensoren oder Laserscannern. Zur **Navigation in Räumen** dienen diese Kame-

Abbildung 3. Sicht der rechten Kamera und extrahierte Strukturen

ras der Realisierung einer Wandverfolgung. Das Auffinden und Verfolgen der Bodenkante ist leicht möglich. Offen stehende Türen oder seitlich befindliche Hindernisse werden mit diesen Kameras ebenfalls entdeckt.

Aufgrund von Beschränkungen des Stereo-System bezüglich des Schwenkwinkels ist es unter Umständen nicht möglich, hinter den Rollstuhl zu sehen.

Aus diesem Grund wird eine Kamera für diesen Bereich montiert. Eine Realisierung einer Einparkhilfe bzw. autonomes Einparken ist damit möglich. Während der Navigation wird diese Kamera dazu benutzt, mögliche Kollisionen bei einer Drehung zu erkennen.

Extraktion von geometrischen Raumstrukturen Mit einfachen Verfahren lassen sich Linienstrukturen in vertikaler, horizontaler und diagonaler Richtung bestimmen. Als Grundlage dienen Filter zur Kantenextraktion. Die Analyse der Länge gefundener Linienstrukturen und deren relative Bildpositionen zueinander führt zu einer Zuordnung in verschiedene Gruppen.

Betrachtet man z. B. einen Flur, so lassen sich dort vier Raumlinien, Bodenkanten und Deckenkanten, als Diagonale wiederfinden (s. Abbildung 4). Durch Verknüpfung weiterer Linienstrukturen kann auf Eigenschaften eines Objektes geschlossen werden. Vertikale Linien, die sich mit diagonalen Bodenlinien schneiden, deuten auf Türen hin. Schneiden vertikale Linien Boden- und Deckenlinien, so handelt es sich um Raumkanten. Die Bodenfläche wird durch die zwei diagonale Bodenkanten und eine horizontal verlaufende Verbindungslinie gekennzeichnet. Für die Decke gilt ähnliches. Dazwischen befinden sich Wände. Werden Strukturen erkannt, die weder die Boden- noch die Deckenkante schneiden, so könnte es sich um Poster oder an der Wand hängende Gegenstände handeln. Durch diese Raumanalyse lassen sich die wichtigsten Objekte des Raumes klassifizieren und charakterisieren.

Abbildung 4. Prinzip der Extraktion von geometrischen Raumstrukturen in der Umgebung. Links: Aufnahme eines Flures, Mitte: Kantenbild und Rechts: Ermittelte geometrische Grundkörper.

Durch grobe Aufteilung des Raumes in geometrische Grundobjekte ergeben sich Regionen, die einer intensiveren Untersuchung bedürfen. Für die Türdurchfahrt ist es z. B. notwendig, die Position der Tür im Raum zu bestimmen. Die Verwendung von Farbinformationen unterstützt das Auffinden von Objekten. Eine erste grobe Aufteilung des Bildes erfolgt durch Reduktion der Anzahl der Farben. Daran anschließend wird innerhalb dieser Regionen eine angepasste Objektsuche durchgeführt.

3.2 Merkmalsfusion

Identifizierte Merkmale gelangen über ein Ethernet an den Steuerrechner und werden dort der Merkmalsfusion zugeführt. Die Merkmale können direkt zur Steuerung weitergeleitet werden, um Regelinformation zu erzeugen oder um mit dem 3D-Weltmodell verglichen zu werden. Durch den Modellvergleich erhält man eine grobe Positionsschätzung oder die Bewegungsparameter des Rollstuhls.

Übertragung semantischer Informationen Im Gegensatz zur direkten Erkennung von Objekten mit Merkmalen besteht die Möglichkeit, durch einen Vergleich mit einem Modell, Objekteigenschaften zu übertragen. Ein detektiertes Objekt wird in einem erstellten und ausgezeichneten Modell durch Vergleich der geometrischen Merkmale gesucht. Kann ein korrespondierendes Objekt im Modell gefunden werden, nimmt das Objekt die gespeicherte semantische Information auf. Dieser Informationsgewinn lässt weitere Rückschlüsse auf Objekteigenschaften zur Navigation zu, indem z. B. die Eigenschaft der Durchfahrbarkeit einer Tür zugewiesen wird.

Gefahrenbereiche Eine Erkennung von Bereichen wie Treppen als Gefahrenbereich ist von großer Bedeutung. Mit der bisherigen Sensorik ist die Erkennung nur durch entsprechende Platzierung eines Sensors durchführbar. Ein Verfahren zur Klassifikation von Treppen wertet die typischen parallelen Linienstruktur aus. Eine weitere Möglichkeit besteht in der Auswertung der charakteristischen Textur. Die Fusion von Strukturmerkmalen mit einer Entfernungsmessung erhöht die Sicherheit einer Zuordnung. Auf ähnliche Art und Weise lassen sich andere Regionen durch Merkmalsfusion extrahieren und klassifizieren.

Optische Positionierung Zur genauen Positionierung kommt eine Erweiterung des Verfahren aus [10] zum Einsatz, welches auf den Vergleich von natürlichen Landmarken in einer Einsatzumgebung und einem realistisch texturierten 3D-Weltmodell beruht. Durch Finden von mindestens drei korrespondierenden Merkmalen in einem Bildpaar ist eine Positionsberechnung mittels Horizontalwinkelmessung möglich, (s. Abbildung 5). Das Auffinden von korrespondierenden Merkmalen basiert auf der Extraktion von vertikalen Linienstrukturen mit der Hough-Transformation. Das Matchen gefundener Linien wird mit der *Positiven Gaußschen Differenzensumme* (PGD) durchgeführt und anschließend deren absolute Koordinaten aus dem Modell ermittelt. Durch Nutzung eines realistischen Abbildes der Einsatzumgebung kann auf ausgezeichnete Merkmale verzichtet werden. Dieses Verfahren setzt allerdings eine grobe Ausgangsposition voraus, um den Suchraum einzuschränken.

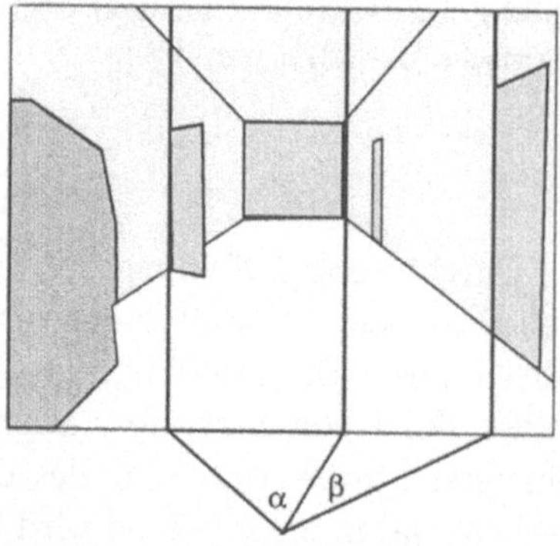

Abbildung 5: Pinzip der Horizontalwinkelmessung.

3.3 Benutzer-Schnittstelle

Zur Bedienung des Rollstuhls dient dem Fahrer ein 12 Zoll-Touchpanel zur Eingabe von Kommandos und zum Auswählen verschiedener Aufgaben. Gleichzeitig wird das Panel dazu benutzt, dem Fahrer den Betriebsstatus oder Operationsparameter anzuzeigen. Dies beinhaltet eine Visualisierung der Umgebung mit Angaben zur Position, Grundrisskarten zur Pfadplanung und Eingabemenüs zur Zielvorgabe bzw. Auswahl von autonomen Aufgaben. Prinzipiell ist eine manuelle Steuerung des Rollstuhls mit dem Touchpanel möglich. Die Steuerung eines Joysticks soll auf das Touchpanel übertragen werden. Der Abbruch autonomer Funktionen ist ebenfalls durch die Benutzer-Schnittstelle zu jedem Zeitpunkt möglich.

4 Ausblick

Als erstes Ziel soll die Umsetzung einer Türdurchfahrt realisiert werden. Hierbei wird zunächst von der Annahme ausgegangen, dass sich der Rollstuhl vor einer Tür befindet und diese durchfahren werden kann. Durch Aufrufen des Moduls zur Türdurchfahrt durch den Benutzer soll sich der Rollstuhl eigenständig durch die Tür bewegen. Das nächste Ziel wird die Flurfahrt sein. Hier soll sich der Rollstuhl selbstständig in einem Flur bewegen und in angrenzende Räume hineinfahren. Die Extraktion von geometrischen Grundobjekten soll ebenfalls in dieser Phase realisiert werden, um eine grobe Positionierung durchzuführen. Durch Integration des Stereo-Kamerasystems wird der Rollstuhl in die Lage versetzt auf Hindernisse zu reagieren und diesen dynamisch auszuweichen.

Literatur

1. N. Ayache. *Artificial Vision for Mobile Robots*. The MIT Press, 1991.
2. O. Faugeras. *Three-Dimensional Computer Vision: A Geometric Viewpoint*. MIT Press, 1996.
3. R. Klette, A. Koschan, and K. Schlüns. *Computer Vision: Räumliche Information aus digitalen Bildern*. Vieweg Technik, 1996.
4. A. Lankenau and Th. Röfer. Smart Wheelchairs - State of the Art in an Emerging Market. *Künstliche Intelligenz*, 4:pp37–39, 2000.
5. T. Lietmann and B. Lohmann. Docking-manöver einer nichtholonomen mobilen plattform mittels visual servoing. In *Autonome Mobile Systeme 2000*.
6. M. Mazo. An integral system for assisted mobility. *IEEE Robotics & Automation Magazin*, 2001.
7. D. Murray and J. J. Little. Using real-time stereo vision for mobile robot navigation. *Kluwer - Autonomous Robots*, 2000.
8. Ch. Schlegel, J. Illmann, H. Jaberg, M. Schuster, and R. Wörz. Integrating vision-based behaviors with an autonomous robot. *Videre*, 1(4):pp32–60, 2000.
9. M. Schmitt. *Konstruktion und Nutzen virtueller Umgebungen zur Navigationsunterstützung mobiler Roboter*. Mensch & Buch Verlag, Berlin, 2001.
10. M. Schmitt, M. Rous, A. Matsikis, and K.-F. Kraiss. Vision-based self-localisation of a mobile robot using a virtual environment. In *IEEE International Conference on Robotics & Automation*, volume 4, pages 2911–2916, May 1999.

Simultaneous Segmentation, Object Recognition, 3D Localization and Tracking Using Stereo

Georg von Wichert

Siemens AG, Corporate Technology, Information and Communications, 81730 Munich, Germany

Abstract. Vision systems for service robotics applications have to cope with varying environmental conditions, partial occlusions, complex backgrounds and a large number of distractors (clutter) present in the scene. This paper presents a new approach targeted at such application scenarios. It combines segmentation, object recognition, 3D localization and tracking in a seamlessly integrated fashion. We describe our method and give – using a simplified setup – experimental evidence for the viability of the approach.

1 Introduction

Varying environmental conditions, partial occlusions, complex backgrounds and a large number of distractors (clutter) present in the scene are the main challenge for vision systems to be used in service robotics applications. Systems mounted on mobile platforms additionally have to incorporate ego-motions and therefore have to solve the real-time tracking problem. Conventional vision systems generally perform the necessary processing stages in a pipelined, sequential way, with a few exceptions like [7] who integrate recognition and segmentation in a closed loop fashion. There are several possible ways in which different parts of the image processing pipeline could profit from each other. Service robots for example will in most cases be allowed observe their environment for short time periods to take advantage of the information present in image streams. Moving scenes will show the objects under observation from changing view points and this can be exploited to maintain and improve existing object recognition and localization hypotheses, provided that those are tracked over time. In a similar way, object recognition can profit from successful segmentation and segmentation in turn can benefit from depth information, if available. These possible synergies are currently not exploited by most systems.

This paper presents a new approach that combines segmentation, recognition, 3D-localization and tracking in an integrated fashion. Our approach is to eliminate the pipeline structure and simultaneously solve the segmentation, object recognition, 3D localization and tracking problems. The unifying framework is the probabilistic representation of various aspects of the scene.

2 Method

Our method, as currently implemented and described in section 2.3, takes advantage of previous work in two major areas. First of all object recognition methods based on probabilistic models of the objects appearance have recently been presented by many research groups (see [9, 11] among many others) and have shown promising results with respect to robustness against varying viewpoints, lighting and partial occlusions. In addition these models can be trained from demonstrated examples. Thus, the model acquisition process does not necessarily require a skilled operator, which is a nice property for the application of such a system in the service robotics field. The second major contribution onto which the current implementation of our approach is built is the condensation algorithm by Isaard and Blake [4]. It is used for the probabilistic representation and tracking of our object hypotheses (recognition and localization) over time. A short overview of probabilistic object recognition and the condensation algorithm is given in sections 2.1 and 2.2. As mentioned before, our goal is to integrate segmentation, object recognition, 3D localization and tracking in order to take advantage of synergies among them. The probabilistic approach to object recognition is the framework that enables us to do so.

2.1 Probabilistic object recognition

Probabilistic approaches have received significant attention in various domains of robotics reaching from environmental map building [6] to mobile robot localization [1, 13] and active view planning [10, 8]. This is mainly due to the absolute necessity for explicit models of environmental uncertainty as a prerequisite for building successful robot systems.

For a probabilistic recognition of an object o from a image measurement m, we are interested in the conditional probability $p(o|m)$. This is called posterior probability for the object o given the measurement m. The optimal decision rule for deciding whether the object is present, is to decide based on which probability is larger $p(o|m)$ or $p(\bar{o}|m) = 1 - p(o|m)$ with $\bar{o}$ referring to the absence of the object. This decision rule is optimal in the sense of minimizing the rate of classification errors [2]. It is practically not feasible to fully represent $p(o|m)$, but using the Bayes rule we can calculate it according to

$$p(o|m) = \frac{p(m|o)p(o)}{p(m)} \tag{1}$$

with

- $p(o)$ the a priori probability of the object o
- $p(m)$ the a priori probability of the measurement m
- $p(m|o)$ the conditional probability of the measurement m given the presence of the object o

These probabilities can be derived from measurement histograms computed from training data. In case of a simple object detection problem, the decision rule $p(o|m) > p(\bar{o}|m)$ can be rewritten as a likelihood test. We decide that the object is present if

$$\frac{p(m|o)}{p(m|\bar{o})} > \frac{p(\bar{o})}{p(o)} = \lambda \tag{2}$$

Here λ can be interpreted as a detection threshold, which in many cases will be set arbitrarily, since the a priori probabilities of the objects depend upon the environmental and application context and are difficult to obtain. Having k *independent* measurements m_k (e.g. from a region R belonging to the object) the decision rule becomes

$$\frac{\prod_k p(m_k|o)}{\prod_k p(m_k|\bar{o})} > \frac{p(\bar{o})}{p(o)} = \lambda \tag{3}$$

If the m_k are measurement results of local appearance characteristics like color or local edge energy (texture), the resulting recognition systems tend to be comparatively robust to changes in viewing conditions [9, 11, 8]. However, this is not the main subject of this article.

The appearance based object recognition approach solves only one part of our problem. Furthermore, it theoretically requires, that the scene is properly segmented since equation 3 assumes that all measurements m_k come from the same object. A proper segmentation of complex cluttered scenes is known to be a difficult task. Depth information would be extremely helpful. Object boundaries generally will be easier to detect in depth images, but these are computationally expensive when computed over full frames. The depth recovery could be done more efficiently, if we already had a position hypothesis $\underline{x}$ for the object to be recognized at the current time step t. Section 2.3 will show how all these synergies can be exploited, without the need for extensive stereo correspondence search.

2.2   A Short Introduction to the Condensation Algorithm

The goal of using the condensation algorithm is to efficiently compute and track our current belief $p(\underline{x}, t)$ of the object position $\underline{x}$, i.e. the probability that the object is at $\underline{x}$ at time t. While one could represent this belief distribution in a regular grid over the 3D-space of interest as done by Moravec [5], it is evident that this requires huge amounts of memory and is computationally expensive. Additionally, in the context of object pose tracking most of the space is *not* occupied by the object(s) being tracked. Therefore those grid cells will have uniformly low values. Closed form (e.g. Gaussian) unimodal representations of the belief distribution are generally not suitable in cluttered scenes, since the belief will be multi-modal. Isard and Blake propose factored sampling to represent such non-gaussian densities. They developed the Condensation Algorithm for tracking belief distributions over time, based on a dynamic model of the process and observations from image sequences. Details of their method can be found in [4].

For the context of this paper it is important, that it is an iterative method in which the density is represented as a weighted set $\{s^{(n)}\}$ of N samples from the state space of the dynamic system (in our case from the 3D space of possible position hypotheses). The samples are drawn according to the prior belief distribution $p(\underline{x})$ and assigned weights $\pi^{(n)} = p(z|\underline{x} = s^{(n)})$ and z being an observation. The $\pi^{(n)}$ are normalized to sum up to 1. The subsequent distribution is predicted using a dynamic model $p(\underline{x}_t|\underline{x}_{t-1})$. The weighted set $\{s^{(n)}, \pi^{(n)}\}$ represents an approximation of the posterior density $p(\underline{x}|z)$ which is arbitrarily close for $N \to \infty$. Accordingly the observation density has to be evaluated at $\underline{x} = s^{(n)}$ only. Thus, only small portions of the images have to be processed. The number of samples N determines the computational effort required in each time step.

2.3 Simultaneous Solution to the Segmentation, Object Recognition, 3D Localization and Tracking Problems

Our approach is to use Condensation for representing and tracking the belief $p(\underline{x})$ of the object of interest being at $\underline{x}$. The state space used in our implementation is the three-dimensional vector $\underline{x}$ describing the object position in space. The current system does not model object rotations. As can be seen from the short description of the Condensation algorithm given in section 2.2 we have to model our objects dynamics $p(\underline{x}_t|\underline{x}_{t-1})$. The "dynamic" model currently used is a simple three-dimensional random walk with a Gaussian conditional density. Of course, this will be extended in the future. Having specified the very simple dynamic model, we have to define the evaluation procedure of the observation density $p(z|\underline{x})$, i.e. the probability for the observation z, given that the object is at $\underline{x}$.

We use a calibrated stereo setup. Therefore we are able to project each position hypothesis $\underline{x}$ into both images. A hypothesis is probable, if the local image patches centered at the projected points in both images satisfy two constraints:

Consistency Constraint: First of all both patches have to depict the same portion of the object, i.e. look nearly the same after being appropriately warped to compensate for the different viewpoints. This is implemented by computing the normalized correlation of both patches. The constraint is satisfied if the correlation result exceeds an empirically determined threshold. The satisfaction of this constraint implicitly contains a range based segmentation of the scene.

Recognition Constraint: In addition both patches should depict portions of the object the system is looking for. Here we use a probabilistic recognition system that currently takes color as the local appearance feature. Our measurements m_k used by equation 3 are 16 different colors obtained by an unsupervised vector quantization (using the K-Means algorithm on characteristic images) of the UV-sub-space of the YUV-color-space. The constraint is satisfied if the likelihood ratio of equation 3 is bigger than the detection threshold $\lambda = 150$. The recognition part of our algorithm is thus similar to those presented in [12] and [3]. Fig. 1 shows a result of this pixel-wise classification for an example object. Pixels are shown in white if the likelihood ratio exceeds the detection threshold.

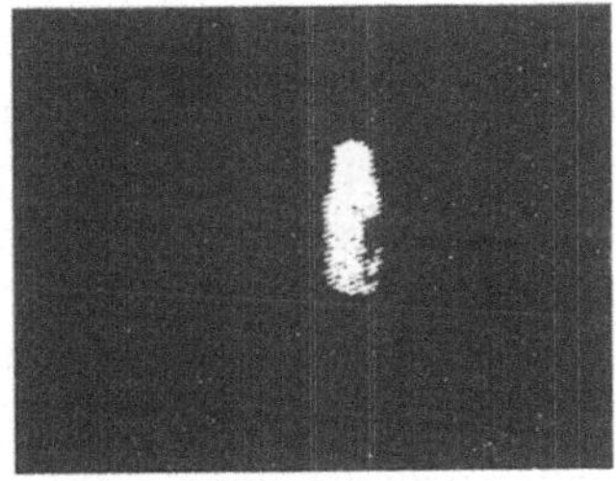

Fig. 1. The left image depicts the result of a pixel-wise classification of image pixels using a statistical color model of the bottle object.

If both constraints are satisfied, the observation density $p(z|\underline{x})$ is computed as follows

$$p(z|\underline{x}) = \prod_k p(m_k(\underline{x}_i^l)|o) \prod_k p(m_k(\underline{x}_i^r)|o)$$

where $m_k(\underline{x}_i^{l,r})$ is the local appearance measurement computed at the projection $x_i^{l,r}$ of the position hypothesis $\underline{x}$ into the left and right images. The object position is computed as the first moment of $p(z|\underline{x})$, which in turn is approximated by the weighted sample set[1].

3   Experimental results

The combined object recognition, localization and tracking method presented in the previous sections has been implemented and evaluated using real world data. The task in the experiments was to discover and track a known object (bottle of orange juice) under realistic environmental conditions (complex background, dynamic scene). Object model ($p(m_k|o)$) and background model ($p(m_k|\bar{o})$) were estimated from training images. The the position belief distribution $p(\underline{x})$ was initialized to be uniform inside the field of view up to a distance of $5m$.

Fig. 2 shows that only 14 iterations are required to initially recognize and localize the object in a distance of $1.5m$. It is obvious, that this initial phase could not be represented using a uni-modal Gaussian model of the belief distribution. The approximation used by the Condensation Algorithm is able to represent the belief with only 1000 samples. After the initial discovery of the object, the samples are concentrated in a very small portion of the search space and cover only one quarter of the image. The computation of the feature values has to be performed in this portion of the images only. It has to be noted, that there is *no* expensive search for stereo correspondence in the disparity space.

The experimental setup selected for this paper ensures that the object recognition part of the problem can reliably be solved, the features used are "appropriate" for the problem. The experiment shows, that if this is the case, the integrated approach presented in this paper can segment the scene as well as recognize, localize and track the object of interest.

The image sequence shown in fig. 2 has a duration of $1.5s$ after which the object was found and localized. On our Pentium II/400 computer we can compute around 10 iterations per second and our implementation still has room for significant optimizations.

After the convergence of the belief distribution, the object can reliably be tracked by the system. Fig. 3 depicts the trace of a tracking experiment, where the bottle was manually moved, (approximately) on a straight line. The images show the scene before the author's hand enters it. The small dots depict the center of mass of the belief distribution, estimated from the samples at each iteration during the experiment. Even with our slow cycle of only $10Hz$ the tracker locks onto the object robustly. This is due to the tight coupling with the object recognition, which from the tracking point of view provides a sharp object-background separation.

---

[1] This is based on the assumption of a single object being tracked.

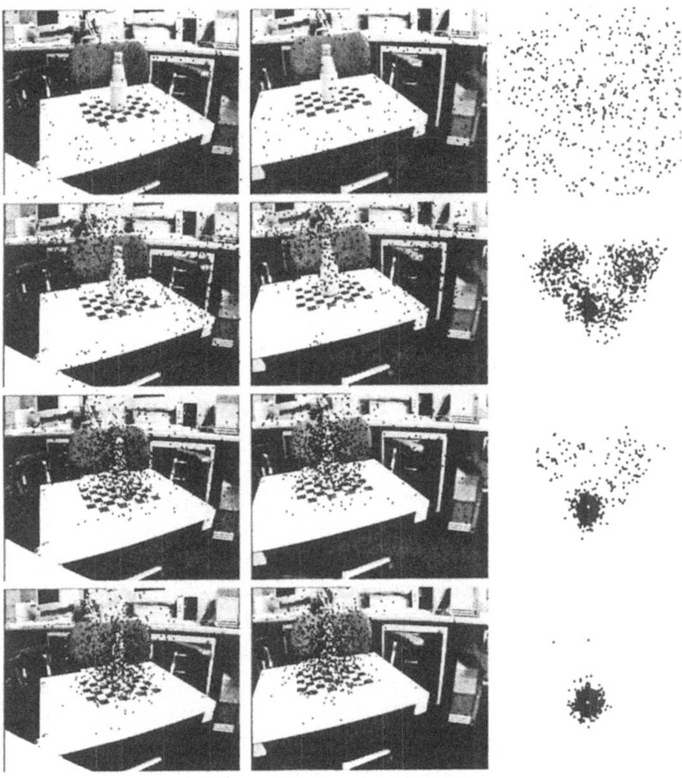

Fig. 2. The convergence of sampled belief approximation after 0, 5, 10 and 14 iterations on a static scene. The images show the sample ($N = 1000$) set projected onto left and right image and the floor plane.

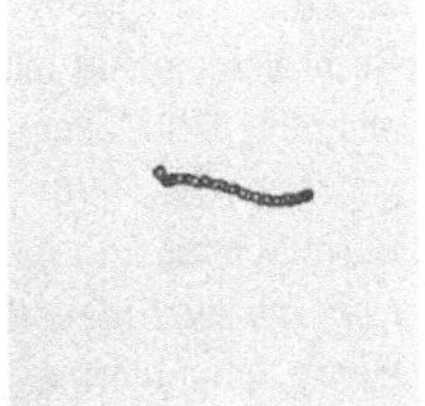

Fig. 3. The trace of a short tracking experiment.

4 Conclusions

We have presented a novel and very efficient approach for a probabilistic integration of recognition, 3D-localization and tracking of objects in complex scenes. Experiments indicate that this approach is viable and gives very satisfactory results. It is important to note, that the single components of our system are still very simple. The probabilistic model does not account for spatial dependencies among the image measurements m_k

(and thus prohibits the estimation of object rotations), the color features we use will not be sufficient for more complex objects and finally the underlying dynamic model of the condensation tracker is extremely limited. But these limitations can easily be overcome using more advanced and well known algorithms especially for feature extraction and object modeling (see for example [11] for wavelet features incorporating spatial dependencies). Future work will focus on these improvements and other new features as the incorporation of multiple objects. In addition the system will be integrated on our mobile manipulation test-bed MobMan [14].

References

[1] Wolfram Burgard, Dieter Fox, Daniel Henning, and Timo Schmidt. Estimating the absolute position of a mobile robot using position probability grids. Technical report, Universität Bonn, Institut für Informatik III, 1996.

[2] Keinosuke Fukunaga. *Introduction to Statistical Pattern Recognition*. Computer Science and Scientific Computing. Academic Press, Inc., 2 edition, 1990.

[3] Brian V. Funt and Graham D. Finlayson. Color constant color indexing. *IEEE Transactions on Pattern Analysis and Machine Intelligence*, 17(5):522–529, 1995.

[4] M. Isard and A. Blake. Condensation – conditional density propagation for visual tracking. *Intern. Journal on Computer Vision*, 29(1):5–28, 1998.

[5] Hans P. Moravec. Robot spatial perception by stereoscopic vision and 3d evidence grids. Technical Report CMU-RI-TR-96-34, Carnegie Mellon University, Robotics Institute, Pittsburgh, USA, 1996.

[6] Hans P. Moravec and Alberto Elfes. High resolution maps from wide angle sonar. In *Intern. Conf. on Robotics and Automation*, pages 19–24, 1985.

[7] J. Peng and B. Bhanu. Closed-loop object recognition using reinforcement learning. *IEEE Transactions on Pattern Analysis and Machine Intelligence*, 20(2):139–154, 1998.

[8] M. Reinhold, F. Deinzer, J. Denzler, D. Paulus, and J. Pösl. Active appearance-based object recognition using viewpoint selection. In B. Girod, G. Greiner, H. Niemann, and H.-P. Seidel, editors, *Vision, Modeling, and Visualization 2000*, pages 105–112. infix, Berlin, 2000.

[9] Bernt Schiele and James Crowley. Probabilistic object recognition using multidimensional receptive field histograms. In *Proc. of the Intern. Conf. on Pattern Recognition (ICPR'96)*, pages 50–54, 1996.

[10] Bernt Schiele and James Crowley. Where to look next and what to look for. In *Proc. of the Conf. on Intelligent Robots and Systems (IROS'96)*, pages 1249–1255, 1996.

[11] Henry Schneiderman and Takeo Kanade. A statistical model for 3d object detection applied to faces and cars. In *IEEE Conference on Computer Vision and Pattern Recognition*. IEEE, June 2000.

[12] M. J. Swain and D. H. Ballard. Color indexing. *International Journal on Computer Vision*, 7(1):11–32, 1991.

[13] S. Thrun, D. Fox, and W. Burgard. Monte carlo localization with mixture proposal distribution. In *Proc. of the Seventh National Conference on Artificial Intelligence (AAAI)*, 2000.

[14] Georg von Wichert, Thomas Wösch, Steffen Gutmann, and Gisbert Lawitzky. MobMan – Ein mobiler Manipulator für Alltagsumgebungen. In R. Dillmann, H. Wörn, and M. von Ehr, editors, *Autonome Mobile Systeme 2000*, pages 55–62. Springer, 2000.

Modellbasierter, integrierter Entwurfsprozess für autonome, mobile Roboterteams

Ansgar Bredenfeld, Hans-Ulrich Kobialka, Peter Schöll

GMD
Institut für Autonome intelligente Systeme
Schloß Birlinghoven
D-53754 Sankt Augustin
{bredenfeld,kobialka,schoell}@gmd.de

1 Einführung

Teams von autonomen, mobilen Roboter werden in absehbarer Zukunft eine zunehmende Bedeutung erlangen, beispielsweise in automatisierten Fabrikhallen, im Bereich der Edutainment Robotik oder längerfristig als kommunizierende Assistenzsysteme in Kraftfahrzeugen. In diesem Zusammenhang stellt die Spezifikation, die Programmierung, sowie der Test und die Analyse von autonomen, mobilen Roboterteams eine besondere Herausforderung dar. Hierfür ist ein Software-Entwurfsprozess gefordert, der die notwendigen Entwurfsschritte in effizienter Weise unterstützt. Die Schwierigkeit liegt zum einen in der Spezifikation der Kontrollprogramme, die auf ganz unterschiedlichen Kontrollarchitekturen basieren können, zum anderen im virtuellen Experimentieren in einer synthetischen Umgebung mit Hilfe eines Simulators. Werden darüberhinaus Experimente mit realen Roboterteams durchgeführt, was unabdingbar zur Bewertung des Realzeitverhaltens der Sensorik und der vernetzten Kontrollprogramme notwendig wird, ist der Entwurfsprozess nicht mit der Simulation abgeschlossen, sondern muß die Durchführung und Analyse von realen Experimenten unter Echtzeitbedingungen umfassen.

Der für einen einzelnen Roboter schon komplexe Entwurfsprozess wird bei Betrachtung eines kooperierenden Roboterteams nochmal in seiner Komplexität gesteigert. Die Spezifikationen der Kontrollprogramme der einzelnen Roboter werden voneinander abhängig, die Simulation muß die Kommunikation der Roboter berücksichtigen und die Experimente beschränken sich nicht auf einzelne Roboter, sondern müssen parallel für ein ganzes Team von Robotern durchgeführt werden.

Obwohl für alle Einzelschritte dieses Entwurfsprozesses Ansätze und Werkzeuge existieren, fehlt bisher ein übergeordneter Rahmen, der es erlaubt, die Einzelschritte systematisch miteinander in Beziehung zu setzen. Am Institut für Autonome intelligente Systeme wurde daher in den letzten Jahren ein modellbasierter Entwurfsprozess für autonome, mobile Roboterteams entwickelt, der alle notwendigen Entwurfsschritte von der Spezifikation über die Simulation bis hin zum Experiment mit realen Roboterteams abdeckt. Zur Unterstützung des Entwurfsprozesses wurde eine integrierte Entwicklungsumgebung geschaffen, die bereits für mehrere Robotikanwendungen produktiv eingesetzt wird.

Dieser Beitrag gibt zunächst einen Überblick über den Entwurfsprozess und stellt in Kapitel 3 die Werkzeuge der integrierten Entwicklungsumgebung vor. In Kapitel 4 werden derzeitige und zukünftige Anwendungen der Entwicklungsumgebung skizziert. Der Beitrag schließt mit einer Einordnung in verwandte Arbeiten und gibt einen Ausblick auf zukünftige Forschungsarbeiten.

2 Modellzentrierter Entwurfsprozess

Der Ansatz, der in unserem Entwurfsprozess verfolgt wird, orientiert sich an modellbasierten Verfahren, die bereits in Entwicklungsprozessen für konventionelle Software-Systeme zum Einsatz kommen. Die für diese Prozesse verfügbaren, meist UML-basierten Verfahren und Werkzeuge, decken den Software-Entwicklungsprozess für Roboter nur partiell ab, da die Programmierung von Robotern eine integrierte Sicht auf weit mehr Aspekte erfordert, als bei konventioneller Software-Entwicklung auftreten. Neben der Spezifikation und Programmierung spielen bei der Programmierung mobiler Robotersysteme die Simulation, die Durchführung von Experimenten und die Experimentanalyse eine zentrale Rolle im Entwurfsprozess.

Die grundlegende Idee in der Konzeption unseres Entwurfsprozesses ist die Definition einer zentralen modellbasierten Spezifikation eines Roboterteams, aus der durch generative Verfahren alle notwendigen Implementierungen und Realisierungen, die für die einzelnen Entwurfsschrittte benötigt werden, weitestgehend automatisiert erzeugt werden können. Diese Implementierungen werden im weiteren Artefakte genannt. Mit einem derartigen Entwurfsprozess gelingt es, aus einer zentralen Spezifikation der Kontrollprogramme eines Roboterteams alle Artefakte zu erzeugen, die für die Robotersimulation und Roboterexperimente erforderlich sind, d. h. eine Dokumentation des Kontrollprogrammes, die Simulationsmodelle, die Kontrollprogramme für die realen Roboter und die zugehörige Operations-, Test- und Analyseumgebung für Realzeitexperimente. Alle diese Artefakte besitzen ihre eigenen Parameterisierungen und individuellen Einstellungen. Die Konzeption unseres Entwurfsprozesses sieht vor, diese artefaktspezifischen Parameter als Teil der modellbasierten Spezifikation eines Roboterteams aufzufassen. Alle Parameterisierungen werden somit auf der Spezifikationsebene zusammengeführt und werden zentral kontrollierbar.

Die Spezifikation der Kontrollprogramme der einzelnen Roboter eines Teams erfolgt in diesem Entwurfsprozess nicht in Form eines Programmes in einer festgelegten Implementierungssprache, wie etwa C oder Java, sondern in Form eines speziellen Daten-/Kontrollflußgraphen, der in Abschnitt 3.1 näher erläutert wird. Diese abstrakte Repräsentation bietet den entscheidenen Vorteil, daß durch generative Verfahren alle syntaktischen Details einer speziellen Programmiersprache erzeugt werden können, wodurch der Entwickler eines Kontrollprogrammes von fehleranfälligen schematischen Programmierschritten gänzlich entlastet wird. Hinzu kommt, daß eine Transformation dieser abstrakten Repräsentation in unterschiedliche Programmiersprachen möglich wird.

Eine besondere Rolle in der Spezifikation des Kontrollprogrammes spielen explizite Modellierungskonstrukte für die Schnittstellen der Kontrollprogramme zu den Sensoren und den Aktuatoren des Roboters. Die explizite Modellierung der Schnittstellen vereinfacht die Systemintegration und -erweiterung entscheidend, da sich aus der jeweiligen Schnittstellenspezifikation direkt die jeweiligen konkreten Schnittstellen für die verschiedenen Artefakte ableiten lassen [Bred00]. Hiermit wird auf der Spezifikationsebene ein Referenzrahmen geschaffen, in dem konkrete Ausprägungen der Schnittstellen in den jeweiligen Artefakten aufeinander bezogen werden können. Beispielsweise kann ein im Experiment gemessenes Sensorsignal direkt mit der Abstraktion des entsprechenden Sensors in der Spezifikation des Roboterkontrollprogrammes assoziiert werden. Hierdurch ergeben sich ganz neue Möglichkeiten des Monitoring und des feingranularen Tests von Kontrollprogrammen. Die Spezifikation der Kommunikation zwischen den Robotern ist ebenfalls ein Teil der zentralen Spezifikation des Roboterkontrollprogrammes. Es kommt hierbei ein Mechanismus zum Einsatz, der es erlaubt, beliebige Variablen kommunizierender Roboterkontrollprogramme für alle Roboter sichtbar zu machen, die diese Variable in ihren Kontrollprogrammen verwenden. Diese Variablen werden in der Simulation über eine Kommunikationsschicht zwischen den virtuellen Robotern ausgetauscht, auf den realen Roboter werden sie über TCP/IP Nachrichten zwischen den Robotern wechselseitig übertragen [BrKo01]. Diese Abstraktion der Roboterkommunikation auf der Spezifikationsebene bietet wesentliche Vorteile. Die Entwickler der kommunizierenden Kontrollprogramme brauchen sich in keiner Weise um die Realisierung der Kommunikation zwischen den Robotern zu kümmern; sie wird automatisch erzeugt. Der generative Ansatz reduziert zudem den Migrationsaufwand auf alternative Kommunikationsplattformen, da hierfür lediglich die entsprechenden Code-Generatoren für die Kommunikationsschnittstellen modifiziert werden müssen.

Der generelle Vorteil unseres spezifikationszentrierten, generativen Ansatzes gegenüber der sonst üblichen Vorgehensweise bei der Roboterprogrammierung liegt darin, daß eine sehr klare Trennung von Spezifikation und Implementierungen durchgeführt wird. Sie ermöglicht die simultane Aktualisierung aller abgeleiteten Artefakte in der Roboterumgebung durch Generatoren. Hierdurch wird der iterative Entwurfsprozess von Kontrollprogrammen für Roboter stark verkürzt, so daß Rapid Prototyping von komplexen kommunizierenden Kontrollprogrammen Realität werden kann.

3 Integrierte Entwicklungsumgebung

Der vorgestellte Entwurfsprozess wird durch eine integrierte Entwicklungsumgebung unterstützt, die aus den drei Werkzeugen DD-Designer, DDSim und beTee besteht.

3.1   DD-Designer

DD-Designer ist das zentrale grafische Spezifikationswerkzeug mit dem ein Roboterkontrollprogramm spezifiziert wird. Die interne Repräsentation erfolgt über eine geordnete Menge von Daten-/Kontrollflußgraphen. Sie orientiert sich an Modellierungskonzepten der digitalen Signalverarbeitung und des Hardware/Software-Co-Design. Da die Daten-/Kontrollflußgraphen und die sie verbindenden Kanten typisiert sind, lassen sich durch Einschränkungen der zwischen diesen Graphentypen erlaubten Konnektivität unterschiedliche Roboterkontrollarchitekturen beschreiben. Dieses ist im DD-Designer exemplarisch für die verhaltensbasierte Dual Dynamics [JaCh98] Architektur durchgeführt worden [Bred00]. In der DD-Architektur gibt es als Typen von Daten-/Kontrollflußgraphen Sensorfilter, in denen eine Vorverarbeitung der sensorischen Eingaben erfolgt, und es existieren zwei Typen von Verhalten, Elementary Behaviors und Higher-Level Behaviors, die gewissen Konnektivitätseinschränkungen unterliegen, die durch die Dual Dynamics Architektur festgelegt sind [JaCh98]. Die Repräsentation eines Roboterkontrollprogrammes als geordnete Menge typisierter Daten-/Kontrollflußgraphen ist absichtlich so allgemein gehalten, damit sich mit dem Spezifikationswerkzeug ohne Probleme Roboterkontrollprogramme spezifizieren lassen, denen andere Kontrollarchitekturen zu Grunde liegen. Ein Beispiel ist eine hybride Kontrollarchitektur, in der klassische regelungstechnische Kontrollgesetze in eine verhaltensbasierte Architektur integriert wurden [BrIn01].

Die Spezifikation eines Roboterkontrollprogrammes ist zunächst von einer konkreten Implementierungssprache, wie C oder Java unabhängig. Die Bindung an eine konkrete Programmiersprache erfolgt erst in einem zweiten Schritt, in dem eine Abbildung der Daten-/Kontrollflußgraphen nach C oder Java durchgeführt wird. Dieser generative Schritt wird durch Vorlagenfragmente in der jeweiligen Sprache gesteuert, so daß sich aus der zentralen Spezifikation spezifische Implementierungen in verschiedenen Sprachen erzeugen lassen. Derzeit wird aus jedem abstrakten Roboterkontrollprogramm eine Java-Klasse für den Simulator erzeugt, sowie ein C++-Programm generiert, welches das Verhaltensprogramm für die jeweiligen Roboter eines Teams implementiert. Durch das generative Verfahren wird sichergestellt, daß die Simulation in Java und das C++-Programm auf dem Roboter exakt das gleiche Kontrollprogramm realisieren.

3.2   DDSim

DDSim ist ein Simulator für Teams von mobilen Robotern. Das Modell des Roboters ist konfigurierbar und besteht aus einer Hardwarebeschreibung und einem Kontrollprogramm. Die Hardwarebeschreibung umfasst die polygonale 2D-Geometrie des Roboters und beschreibt die sensorische Ausstattung, die aus einem Katalog parametrisierbarer generischer Sensoren zusammengestellt werden kann. Derzeit werden schwenkbare Farbflächen-erkennende Kamerasysteme, Abstandssensoren, Laser Range Finder und Berührungssensoren unterstützt. Durch die mehrfache Instantiierung und Parameterisierung dieser generischen Sensoren läßt sich ein breites Spektrum von Robotertypen modellieren und anschliessend direkt in der Simulation verwenden.

Das Kontrollprogramm eines Roboters wird in Form einer Java-Klasse automatisch aus der zentralen Spezifikation im DD-Designer erzeugt. Während der Simulation werden synthetische Sensorsignale berechnet, auf deren Basis das Java-Kontrollprogramm die simulierten Aktuatoren ansteuert und den virtuellen Roboter in einer synthetischen Szene bewegt.

Die auf der Modellebene spezifizierte Kommunikation zwischen den Robotern wird im virtuellen Experiment ebenfalls simuliert und visualisiert, wobei die Verzögerung in der Kommunikation durch eine einstellbare variable Signallaufzeit von N Abtastschritten berücksichtigt werden kann.

Das Kontrollprogramm des Roboters kann im DD-Designer instrumentiert werden, und ermöglicht so sehr umfangreiche Monitoring- und Analysefunktionalität für die Exploration und die Fehlersuche in den simulierten Kontrollprogrammen. Die Monitoringausgaben umfassen einfache textuelle Ausgaben, grafische Traces der Roboter über die Zeit, Visualisierung der Sensordaten und Visualisierung von fiktiven Roboterpositionen durch Punktwolken.

3.3   beTee

beTee ist das Monitoring-Werkzeug, das die Echtzeitaufzeichnung, Visualisierung und Analyse aller internen Zustände in einem Roboterteam erlaubt. Da das Simulationsmodell des Roboters und das Kontrollprogramm des realen Roboters aus der gleichen Spezifikation erzeugt wird, wird beTee sowohl für den Simulator als auch für den realen Roboter eingesetzt.

Neben der Aufzeichnung der internen Roboterzustände bietet beTee Funktionalität für die Zeitreihenanalyse der internen Zustände. Diese Daten stellen eine wichtige Grundlage für die vergleichende Bewertung von Roboterexperimenten dar und liefern das **Basismaterial für den Einsatz von Lernverfahren**.

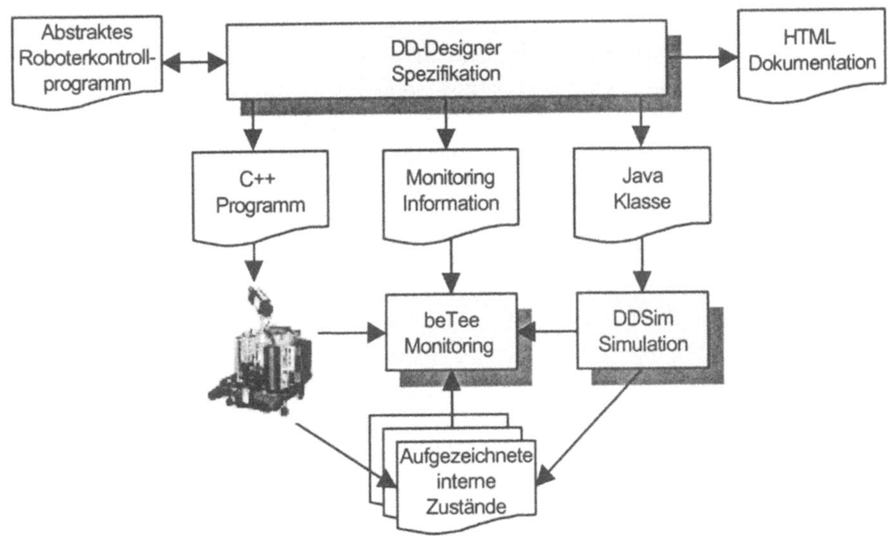

Abb. 1: Entwicklungswerkzeuge (schattiert)

4   Anwendungen

4.1   Demonstrator RoboCup

Der modellbasierte Entwurfsprozess und die integrierte Entwicklungsumgebung wurden in den letzten beiden Jahren an der Demonstratoranwendung "RoboCup" erprobt und kontinuierlich weiterentwickelt. Diese Entwicklungsumgebung wird eingesetzt, um die Verhaltensprogramme des Middle-Size Roboterteams der GMD zu spezifizieren, zu simulieren, die Kontrollprogramme zu erzeugen, die Roboter zu steuern, zu überwachen und zu analysieren. Der integrierte Entwurfsprozess und die Verfügbarkeit der Entwicklungsumgebung hat maßgeblichen Anteil daran, daß das Roboter-Team der GMD bei internationalen RoboCup Wettbewerben schrittweise bessere Plazierungen erreicht hat. Die aktuellste Plazierung ist der zweite Platz bei der RoboCup German Open 2001 (http://ais.gmd.de/german-open).

4.2   AgenTec

Der Entwurfsprozess und die Entwicklungsumgebung ist nicht auf RoboCup-Roboterteams beschränkt. Sie lassen sich auch in vergleichbaren Szenarien einsetzen, in denen autonome, mobile Roboter als Team zum Einsatz kommen. In dem Projekt AgenTec, das vom Institut für Autonome intelligente Systeme in Kooperation mit dem Fraunhofer Institut für Produktionstechnik und Automatisierung derzeit durchgeführt wird, wird unsere Entwicklungsumgebung beispielsweise für den Entwurf, die Simulation und das Monitoring einer agentenbasierten Roboteranwendung im Bereich der Fertigungstechnik eingesetzt.

5   Verwandte Arbeiten

Für die Programmierung von mobilen Robotern existieren zahlreiche Entwicklungswerkzeuge. Oft sind dieses proprietäre Lösungen, die auf einen bestimmten Roboter oder eine bestimmte Roboterkontrollarchitektur [KoMy96] zugeschnitten sind. Andere Entwicklungsumgebungen konzentrieren sich auf spezielle Aspekte, wie z. B. die Planung [ArCE99] oder auf Mehrrobotersysteme [Teambots]. Das komplette Spektrum der für die Roboterentwicklung notwendigen Entwurfsschritte Spezifikation, Simulation, Programmierung, Monitoring und Analyse wird von keinem dieser Werkzeuge geschlossen abgedeckt.

Ein vergleichbarer Entwurfsprozess für autonome, mobile Roboterteams, der die Roboterprogrammierung auf der Spezifikationsebene konzentriert und alle notwendigen Artefakte für Dokumentation, Simulation, Roboterprogrammierung und Experimentunterstützung in einer integrierten Entwicklungsumgebung automatisiert erzeugt, ist derzeit nach unserem Wissen nicht verfügbar.

6 Ausblick

Modellbasierte generative Ansätze stoßen generell dann an ihre Grenzen, wenn keine Gemeinsamkeiten zwischen potenziell ähnlichen Artefakten abstrahierbar sind. Im Zusammenhang mit der hier betrachteten Robotersimulation und Programmierung fallen diese Grenzen mit den Schnittstellen der Kontrollprogramme zur ihrer simulierten bzw. realen Umwelt zusammen. Oberhalb dieser Schnittstellen lassen sich die Artefakte automatisiert aus einer zentralen Spezifikation erzeugen; unterhalb dieser Schnittstelle sind Artefakt- und Roboterspezifische Implementierungen erforderlich, die sinnvollerweise für einen Roboter in Bibliothekskomponenten zusammengefaßt werden. Durch den Austausch dieser Komponenten für Sensoren, Aktuatoren und Roboterbeschreibungen läßt sich die beschriebene Entwicklungsumgebung auf sehr einfache Weise für weitere Roboterszenarien umkonfigurieren, ohne den invarianten Rahmen der Entwicklungsumgebung zu verändern. Die hierdurch entstehende Skalierbarkeit der Entwicklungsumgebung soll in Zukunft durch die exemplarische Anpassung unserer Entwicklungsumgebung an neue Roboterplattformen evaluiert werden.

7 Literatur

[JaCh98]   Jaeger and Th. Christaller. Dual dynamics: Designing behavior systems for autonomous robots. *Artificial Life and Robotics*, 2:108-112, 1998.

[Bred00]   Bredenfeld, A. Integration and Evolution of Model-Based Prototypes, *11th IEEE International Workshop on Rapid System Prototyping (RSP 2000)*, Paris, France, June 21-23, 2000

[BrIn01]   Bredenfeld, A., G. Indiveri, Robot Behavior Engineering using DD-Designer, *IEEE International Conference on Robotics and Automation (ICRA 2001)*, Seoul, Korea, May 23-26, 2001

[BrKo01]   Bredenfeld, A., H.-U. Kobialka, Team communication using Dual Dynamics, in *Balancing Reactivity and Social Deliberation in Multi-Agent-Systems*, Springer, LNAI 2103, 2001 (erscheint 09/2001)

[Teambots] www.teambots.org

[ArCE99]   Arkin, R.C, Collins, T.R., and Endo, Y., "Tactical Mobile Robot Mission Specification and Execution," *Mobile Robots XIV*, Boston, MA, September 1999, pp. 150-163.

[KoMy96]   K. Konolige, K. Myers, The Saphira Architecture for autonomous mobile robots, In *AI-based Mobile Robots: Case studies of successful robot systems* (D. Kortenkamp, R. P. Bonasso, and R. Murphy, eds.), MIT Press, 1996.

Bildverarbeitungsbasierte Selbstlokalisation in einer RoboCup-Umgebung

Michael Plagge and Andreas Zell

W.-Schickard-Institut für Informatik, Abteilung Rechnerarchitektur ,
Sand 1, D-72076 Tübingen
{plagge,zell}@informatik.uni-tuebingen.de
http://www-ra.informatik.uni-tuebingen.de/forschung/robocup.html

Zusammenfassung In diesem Artikel wird ein Verfahren zur Selbstlokalisation mit einer omnidirektionalen Kamera in einer RoboCup Umgebung beschrieben. Hierbei handelt sich um eine Modifikation eines Verfahrens, das zur Selbstlokalisation mit einem Laserentfernungsmesser entwickelt wurde. Der Vorteil bei der Verwendung einer Kamera besteht in der höheren Flexibilität des Sensors. Dagegen wirken sich die im Vergleich zu Laserentfernungsmessern schlechtere Auflösung und Genauigkeit negativ auf die Qualität der Selbstlokalisation aus. Es war deswegen notwendig, ein Kriterium zu entwickeln, das in der Lage ist, die Korrektheit einer Positionsschätzung durch den Hauptalgorithmus zu verifizieren.

Eine Vielzahl erfolgreicher Ansätze für die Selbstlokalisation in Indoor-Umgebungen mit Laserentfernungsmesser sind in der Vergangenheit vorgestellt worden [1] [3] [5] . Diese Verfahren sind in der Regel sehr genau, schnell und robust. Ein Nachteil besteht jedoch in den Einschränkungen, die durch das Meßprinzip gegeben sind. So kann man auf der Basis einer einzelnen Entfernungsmessung keine weiteren Informationen über ein Objekt gewinnen. Nur durch die zusammenfassende Untersuchung mehrerer Meßpunkte können geometrische Eigenschaften wie Ecken oder Begrenzungslinien von Objekten oder der Umgebung ermittelt werden und damit diese Objekte unterschieden oder detektiert werden. So kann ein Selbstlokalisationsverfahren, das auf Entfernungsmessungen basiert, in einer RoboCup-Umgebung die durch die Symmetrie des Spielfeldes gegebene Positionsmehrdeutigkeit nicht auflösen. Ein weiterer Nachteil beim Einsatz von Laserentfernungsmessern ergibt sich durch ihren quasi zweidimensionalen Meßbereich. Jedes relevante Objekt in der Umgebung muß eine Schnittmenge mit diesem Meßbereich haben, um überhaupt detektiert werden zu können. Bildverarbeitungssysteme sind in diesen Bereichen flexibler, da z.B. visuelle Merkmale von Objekten wie Farbe für deren Detektion besser geeignet sind. Außerdem sind Kameras den Laserentfernungsmessern auch hinsichtlich des Gewichtes, der Größe und der Leistungsaufnahme überlegen.

In diesem Artikel präsentieren wir ein Verfahren, das die Vorteile der bereits erwähnten entfernungsmessungsbasierten Verfahren zur Selbstlokalisation mit der Flexibilität eines Bildverarbeitungssystems kombiniert. Zu diesem Zweck wurde in Zusammenarbeit mit dem MPI für biologische Kybernetik [2] eine omnidirektionale Kamera entwickelt mit deren Hilfe eine Entfernungsmessung realisiert wird. Unter Verwendung weiterer Informationen aus der Bildverarbeitung kann man mit diesem System in Umgebungen mit guten visuellen Anhaltspunkten eine relativ robuste und genaue Selbstlokalisation realisieren. Nachteile bei der Verwendung einer Kamera für die Entfernungsmessung ergeben sich durch eine geringe Auflösung und große Fehler bei großen Entfernungen, die die Robustheit des Verfahren einschränken können. Daher ist es notwendig ein Verifizierungsverfahren zu besitzen, das in der Lage ist, auf der Basis der Daten der Bildverarbeitung zu entscheiden, ob eine gegebene Positionsschätzung korrekt ist.

1 Bildverarbeitung

Das omnidirektionale Kamerasystem (Abb. 1) besteht aus einer Kombination einer handelsüblichen CCD-Kamera (SICOLOR C810 CCD-DSP von Siemens) mit einem 4,2f Objekt und einem parabolischen Spiegel und liefert ein kreisförmiges Bild der Umgebung. Die Pixel des Bildes werden entlang radialer Linien vom Kreismittelpunkt nach außen untersucht und anhand ihrer Farbe in einen der folgenden sieben Farbbereiche klassifiziert: *Tor-Gelb*, *Tor-Blau*, *Feld*, *Wand*, *Ball*, *Roboter*, *Unbekannt*. Die Farbbereiche werden dabei in einem vor-

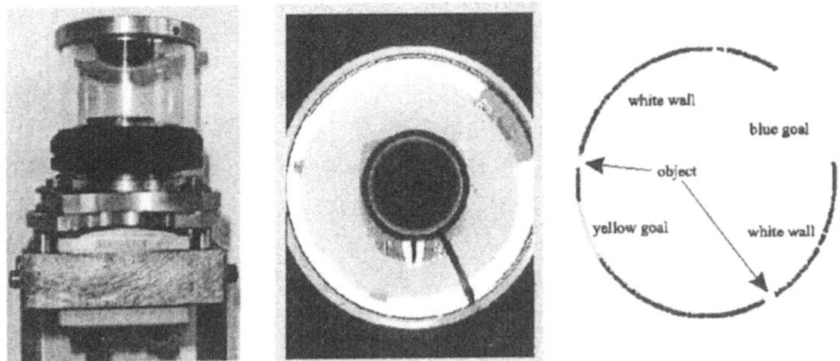

Abbildung 1. Das linke Bild zeigt den Aufbau der omnidirektionalen Kamera. Das mittlere Bild zeigt eine Aufnahme, die mit dieser Kamera gemacht wurde. Das blaue Tor befindet sich in der oberen, rechten Ecke das gelbe Tor in der unteren, linken Ecke. Das Ergebnis der Typklassifikation der Punkte im Bild um den Horizont wird im rechten Bild gezeigt.

herigen Training definiert. Durch den klassifizierten Typ der Pixel am Schnittpunkt der radialen Linien mit dem Kreis im Bild auf den der Horizont abgebildet wird, können die Objekte am Horizont in Richtung der radialen Linie bestimmt werden. Unter Verwendung weiterer auf der Linie benachbarter Pixel ist diese Bestimmung sehr robust.

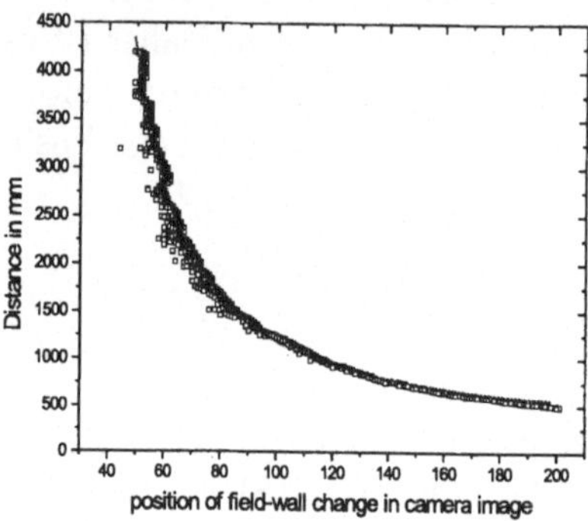

Abbildung 2. Ergebnis einer Kalibrierungsmessung. Auf der Abszisse ist die Position des Übergangs im Kamerabild in einer beliebigen Einheit abgetragen, auf der Ordinate die Entfernung zum entsprechenden Punkt in der Umgebung.

Für den Fall, das das Kamerasystem auf einem ebenen Untergrund steht, kann jedem Pixel entlang einer radialen Linie im Bild eindeutig ein Punkt auf dem Untergrund und damit die Entfernung von der Kamera zu diesem Punkt zugeordnet werden. Daraus folgt, daß sich die Entfernung zu einem Objekt auf Höhe des Untergrunds aus der Position der Pixel entlang einer radialen Linie ergibt, zwischen denen der Farbübergang vom Untergrund zum Objekt stattfindet.

Den Zusammenhang zwischen einem Pixel im Kamerabild und dem zugehörigen Punkt auf dem Untergrund kann man entweder über die geometrische Anordnung der Kamera und deren Abbildungseigenschaften herleiten oder empirisch durch eine Kalibrierungmessung bestimmen. Wir haben den Zusammenhang über eine Kalibrierungsmessung empirisch bestimmt (Abb. 2), wobei als Entfernungsreferenzwerte die Daten eines Laserentfernungsmesser dienen. Da die Entfernungsmessung auf der Detektion eines Übergangs in der Farbklassifikation zwischen nur zwei Pixeln im Bild beruht, können große Fehler und starkes Rauschen insbesondere bei großen Entfernungen auftreten. Verstärkt werden diese noch durch wechselnde Beleuchtungsbedingungen und schlechtes Farbtraining. Um die Fehler beim Kalibrierungsprozess zu minimieren wird dieser unter möglichst optimalen Beleuchtungsbedingungen durchgeführt.

2 Selbstlokalisation

Nach der durchgeführten Klassifikation und Entfernungmessung werden nun zunächst die Entfernungsmessungen ausgewählt, bei denen der klassifizierte Objekttyp am Horizont mit dem beim Übergang Untergrund-Objekt übereinstimmt. In einem nächsten Schritt werden Punkte mit gleichem Typ zusammengefaßt. Für das Folgende wird angenommen, daß man eine solche Menge (x_i, y_i) bzw. $(r_i, \varphi_i) i = 0, \ldots, n-1$ von Punkten mit gleichem Typ z.B. *Tor-Blau* segmentiert hat. Zunächst werden die Entfernungsmessungen von Punkten durch Mittelwertbildung über benachbarte Punkte geglättet.

$$r_i = \frac{1}{n_{\Delta\varphi}} \sum_{\substack{\varphi_j < \varphi_i + \Delta\varphi \\ \varphi_j > \varphi_i - \Delta\varphi}} r_j \quad \forall\, i = 0, \ldots, n-1 \tag{1}$$

Anschließend wird eine Ausgleichsgerade mit den Parametern α und d durch die Menge der Punkte gelegt,

$$x\,cos(\alpha) + y\,sin(\alpha) - d = 0$$

die die folgende χ^2 Funktion minimiert.

$$\sum_{i=0}^{n-1} (x_i\,cos(\alpha) + y_i\,sin(\alpha) - d)^2.$$

α und d sind dann bestimmt durch:

$$\alpha = \frac{1}{2}\arctan(\frac{-2S_{xy}}{S_{yy} - S_{xx}}), \quad d = \overline{x}\,cos(\alpha) + \overline{y}\,sin(\alpha) \quad \text{mit}$$

$$\overline{x} = \frac{1}{n}\sum_{i=0}^{n-1} x_i, \quad \overline{y} = \frac{1}{n}\sum_{i=0}^{n-1} y_i$$

$$S_{xx} = \sum_{i=0}^{n-1}(x_i - \overline{x})^2, \quad S_{yy} = \sum_{i=0}^{n-1}(y_i - \overline{y})^2, \quad S_{xy} = \sum_{i=0}^{n-1}(x_i - \overline{x})(y_i - \overline{y})$$

Die Standardabweichung σ der Abstände der Punkte von der Linie ist gegeben durch:

$$\sigma^2 = \frac{1}{2\,n}(S_{xx} + S_{yy} - \sqrt{4\,S_{xy}^2 + (S_{yy} - S_{xx})^2})$$

und kann als ein Qualitätsmaß für die Ausgleichsgerade angesehen werden. Wenn für die gegebene Menge von Punkten der Wert für σ unterhalb einer bestimmten Schwelle liegt, wird angenommen, daß die Meßpunkte von einer ebenen Oberfläche eines Objekts mit dem Typ der Punktmenge (z.B. *Tor-Blau*) stammen. Durch die extremalen Punkte in der Punktemenge wird die Ausdehnung der Objektoberfläche bestimmt. Liegt der Wert von σ oberhalb der Schwelle, wird die Menge der Punkte an dem Punkt mit dem maximalen Abstand zur Ausgleichsgeraden geteilt und auf beide Teilmengen (bei hinreichender Größe) das obige Verfahren angewendet. Am Ende dieses iterativen Verfahrens hat man eine Menge von Segmenten, die den möglicherweise unterschiedlich orientierten Objektoberflächen entspricht. Im konkreten Fall wird davon ausgegangen, daß das längste Segment dem blauen Tor entspricht. Ist die Länge des Segments deutlich verschieden von der Breite des Tors, dann ist anzunehmen, daß durch dynamische Objekte oder Fehler bei der Farbklassifizierung nicht das ganze Tor detektiert werden konnte. In diesem Fall werden die Ergebnisse verworfen und keine Positionsschätzung durchgeführt. Für den Fall, daß die Länge des Segments und die Breite des Tors innerhalb der Toleranzgrenzen übereinstimmen, wird über eine Koordinatentransformation, die die lokale Position des Tors auf die globale Position abbildet, eine Positionsschätzung des Roboters bestimmt.

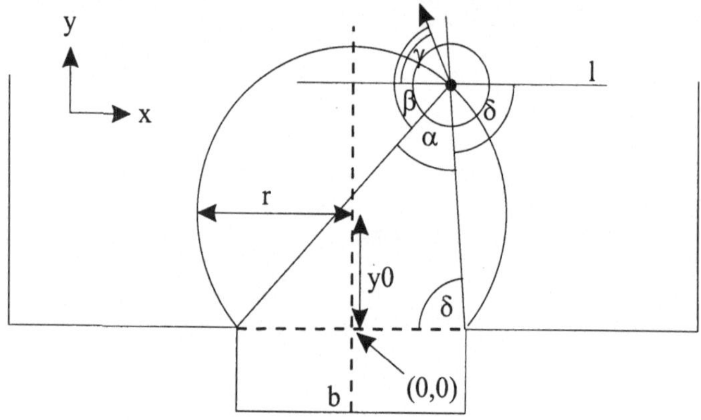

Abbildung 3.

Wie erwähnt ist gerade bei großen Entfernungen zu den relevanten visuellen Merkmalen (Übergang Untergrund-Objekt) die Entfernungsmessung mit großen Fehlern behaftet. Daher ist es notwendig, ein Verifikationskriterium für eine mit dem beschriebenen Verfahren erhaltene Positionsschätzung zu besitzen. Dafür wird auf die stabile Detektion des Objekttyps am Horizont zurückgegriffen. Es werde wieder die Menge der Punkte mit dem Typ *Tor-Blau* betrachtet. Diese Menge definiert einen bestimmten Öffnungswinkel α (Abb. 3) unter dem das blaue Tor detektiert wird. Unter der Annahme, das der Ursprung des Koordinatensystems auf die Mitte der Torlinie fällt, kann gezeigt werden, das die Position des Roboters auf einem Kreis mit dem Radius r und dem Ursprung x_0, y_0 liegen muß mit:

$$r = \frac{b}{2\,sin(\alpha)} \quad \text{und} \quad x_0 = 0, \quad y_0 = \frac{b}{2\,tan(\alpha)}$$

Sei nun x_1, y_1 die aktuelle Positionsschätzung und

$$r - \epsilon < \sqrt{(x_1 - x_0)^2 + (y_1 - y_0)^2} < r + \epsilon$$

dann wird x_1, y_1 als gültige Positionsschätzung in einem Kalmanfilter verwendet.

3 Ergebnisse

Das beschriebene Verfahren ist auf dem Torwartroboter des Attempto Teams Tübingen [4] implementiert und evaluiert worden. Die eingesetzte Kamera liefert Bilder nach dem PAL Standard, die mit 25 Hz und einer Auflösung von 288 x 384 Pixeln digitalisiert werden. Die beschriebenen Verfahren zur Bildvorverarbeitung und Selbstlokalisation laufen auf dem eingesetzten Rechner mit einem AMD K6 400 MHz Prozessor in Echtzeit (25fps). In dem Experiment (Abb. 4) wurde der Roboter an acht verschiedene Positionen (a-f) in der Umgebung des blauen Tors aufgestellt und jeweils über einen Zeitraum von 30 Minuten 1000 Positionsschätzungen durchgeführt. Die Messungen wurden tagsüber bei normalem, veränderlichem Tageslicht durchgeführt. Über die jeweils 1000 Schätzungen wurden der Mittelwert und die Kovarianzmatrix bestimmt. Unter der Annahme, daß die jeweils 1000 Schätzungen normalverteilt sind repräsentieren die in Abb. 4 gezeigten Ellipsen einen konstanten und für alle Positionen (a-f) gleichen Mahalanobisabstand.

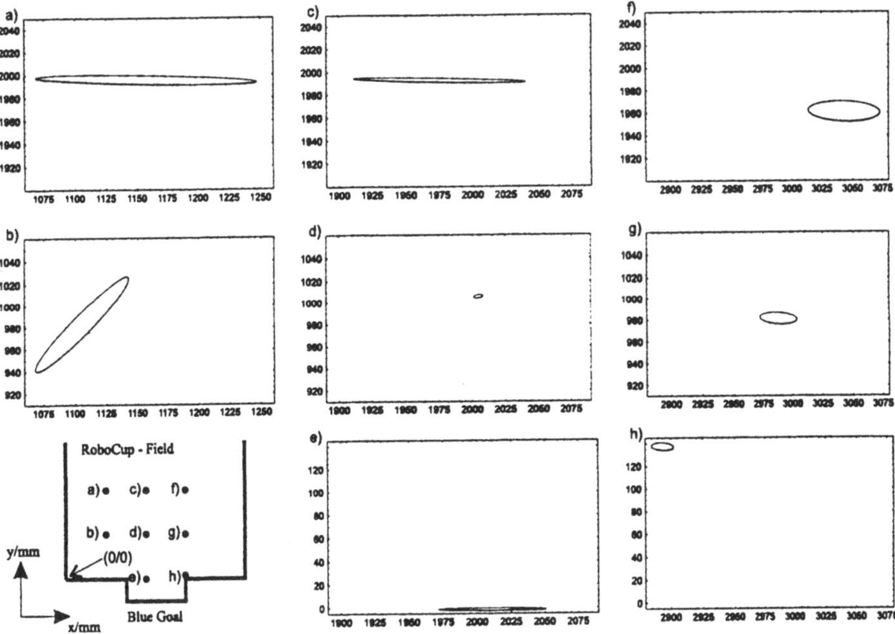

Abbildung 4. Die Ellipsen repräsentieren einen konstanten Mahalanobisabstand vom Zentrum der Normalverteilung. Die Normalverteilungen der Positionsbestimmung wurden empirisch über 1000 Messungen der Position an acht verschiedenen Positionen eines verkleinerten RoboCup Spielfeldes aufgenommen. Die Breite des Feldes in x-Richtung beträgt 4500 mm, das Tor ist 1500 mm breit und 390 mm tief.

4 Zusammenfassung

Wie man der Abbildung entnehmen kann, nimmt für wachsende Abstände vom blauen Tor die Genauigkeit der Positionsschätzung ab. Dies gilt insbesondere für die Genauigkeit der Schätzung in Richtung der x-Achse. Ursache ist das verwendete Verfahren für die Abbildung des aus den Messungen extrahierten Segments auf das blaue Tor des Modells. Die Mitte des extrahierten Segments wird dabei auf die Mitte der Torlinie aus dem Modell abgebildet. Daraus folgt, daß eine größere Schwankung in der Länge des extrahierten Segments sich direkt auf die Positioniergenauigkeit in x-Richtung überträgt. Die Schwankung der Länge des extrahierten Segments mit zunehmender Entfernung erklärt sich über den Prozeß der Mittelwertbildung in Gleichung 1. Die Punkte am Rande einer Menge werden aufgrund einer geringeren Anzahl von Nachbarn weniger gemittelt. Bei größeren Entfernungen und damit größeren Fehlern kann es passieren, daß diese Randpunkt bei der Bestimmung des längsten Segments herausfallen. Damit vergrößert sich die Streuung der Länge der extrahierten Segmente.

Ein weiterer Effekt zeigt sich in den Messungen (f-h). Da die Seitenwände des Tors ebenfalls blau gestrichen sind, gehen teilweise auch gemessene Punkte der Seitenwände in das extrahierte Segment ein. Das führt bei Positionen, die nicht auf der Mittelsenkrechten der Torlinie liegen, zu Schwankungen in der Bestimmung des Parameters d der extrahierte Segmente und damit zu Positionsungenauigkeiten.

Literatur

1. J. Borenstein, H.R. Everett, and D. Wehe. Mobile robots positioning: sensors and techniques. *Robotics and Autonomous Systems*, 14(4):231–49, 1997.
2. M.O. Franz, B. Schölkopf, H.A. Mallot, and H.H. Bülthoff. Where did i take that snapshot? scene-based homing by image matching. *Biol. Cybern.*, 79:191–202, 1999.
3. J.S. Gutmann, T. Weigel, and B. Nebel. Fast, accurate and robust self-localization in polygonal environments. In *Proceedings of the IEEE/RSJ International Conference on Intelligent Robots and Systems*, Kyongju, Korea, 1999.
4. M. Plagge, R. Günther, J. Ihlenburg, D. Jung, and A. Zell. The attempto robocup robot team. In H. Kitano M. Veloso, E. Pagello, editor, *RoboCup-99: Robot Soccer World Cup III*, volume 1856 of *Lecture Notes in Artificial Intelligence*, pages 424–433. Springer Verlag, 2000.
5. G. Weiss and E.v. Puttkammer. *Intelligent Autonomous Systems*, chapter A Map based on laserscans without geometric interpretation, pages 403–407. IOS Press, 1995.

Control of Autonomous Robots in the RoboCup Scenario Using Coupled Selection Equations

M. Schulé[1], M. Schanz[1], H. Felger[1], R. Lafrenz[1], J. Starke[2] and P. Levi[1]

[1]Institute of Parallel and Distributed High–Performance Systems,
University of Stuttgart, Breitwiesenstr. 20–22, D–70565 Stuttgart, Germany,
{schule, schanz, hgfelger, lafrenz, levi}@informatik.uni-stuttgart.de
[2]Institute of Applied Mathematics,
University of Heidelberg, Im Neuenheimer Feld 294, D–69120 Heidelberg, Germany,
starke@iwr.uni-heidelberg.de

1 Introduction

Concepts of self–organization, adapted from physics, chemistry or biology [1], [2], [3] are more and more important for the implementation of suitable control mechanisms in the field of artificial intelligent systems and especially in the field of distributed autonomous mobile robotic systems. These concepts seem to be very promising to guarantee the required flexibility, robustness and fault–tolerance.

For the control of autonomous robots in the RoboCup scenario* a dynamical system approach is used. This control method consists of an assignment algorithm based on pattern formation principles and a collision avoidance algorithm based on a behavioral force model [4], [5].

The first part, the algorithm based on pattern formation principles, is a-dapted from physics capable to solve an important subclass of combinatorial optimization problems, namely the so-called assignment problems [6], which oc-cur often in flexible manufacturing systems and other operational areas. Due to the inherent self–organization process, this algorithm ensures fault–tolerant behavior.

In the case of the two-index assignment problem treated here elements of two sets have to be assigned in such a way that each element of set one is assigned to one and only one element of set two and vice versa. Hereby a given linear objective function has to be minimized. In the RoboCup scenario the elements could be for instance targets (T) like the ball, an opponent, or a special position in the field and the robots of the own soccer team.

In [7] and [8] the information about all obstacles is based on communicated information. So each obstacle is just represented through the coordinates and a given diameter. Now we just use the information of the robot sensors. So each obstacle is not any longer represented by a single point but the shape recognized by the robot. For obstacle detection we use a SICK Laser Range Finder†.

---

* http://www.robocup.org

† Thanks to the SICK AG (http://www.sick.de) for lending us some Laser Range Finders.

2 Description of the Control Method

As mentioned before, the task to be solved is the assignment of autonomous mobile robots to fixed targets such that every target is served by exactly one robot. The proposed mechanism consists of mainly two ideas: The first idea is to use a specific behavioral force model[¶] for the navigation which controls the velocities $v_i(t) \in \mathbb{R}^2$ of the robots respectively [10]. The second idea is to solve the underlying assignment problem using coupled selection equations [11]. The appropriate combination of both ideas avoids collisions with obstacles and other robots on the one hand and guarantees a unique, always feasible and flexible (due to the self-organization process) assignment on the other hand.

2.1 Equation of Motion

The equation of motion for the velocity $v_i(t)$ of the robot i with $i \in \{1, \cdots, n\}$, with totally n robots, is according to [4] and [8]:

$$\dot{v}_i(t) = \frac{1}{\tau} \left(v_i^0 e_i(t) - v_i(t) \right) + \sum_{i' \neq i} f_{ii'} \left(r_{i'}(t) - r_i(t) \right) + \sum_k f_{ik} \left(x_k - r_i(t) \right) \quad (1)$$

Hereby, the two summations have to be taken over the number of robots at the positions $r_{i'}(t)$ and of obstacles located at x_k which may be present in the working space of the robots.

We modified equation (1) in such a way, that the sensor information about the distance to the other robots $r_{i'}(t)$ and the obstacles x_k in each detected direction is directly used for the repelling force. In the implementation of equation (1) used in [8] also the boundaries of the experimental area are ignored. Now we just use the information which is provided directly by the SICK Laser Range Finder used by the robots. As shown in Figure 1 the repelling force yields distances to the nearest obstacle or robot for the front 180° with an angular resolution of 1°. Hence the new equation of motion is:

$$\dot{v}_i(t) = \frac{1}{\tau} \left(v_i^0 e_i(t) - v_i(t) \right) + \sum_{k=0}^{180} f \left(\rho_k(t) \right) \quad (2)$$

The parameter τ, the so called relaxation time, is a measure how fast the actual velocity $v_i(t)$ tends towards the intended velocity $v_i^0 e_i(t)$. The parameter $v_i^0 \in \mathbb{R}$ is the appropriate working speed of the robot i. The normalized vector $e_i(t) \in \mathbb{R}^2$ represents the direction which is assigned to the corresponding robot i by the coupled selection equation described below. For each direction k of the laser beam the distance vector $\rho_k(t)$ of the nearest obstacle or robot is measured (see Figure 1) and used for the repulsive force f. The repulsive force f of the robot is caused by approaching an obstacle or another robot.

[¶] see, e.g., [9] for an overview

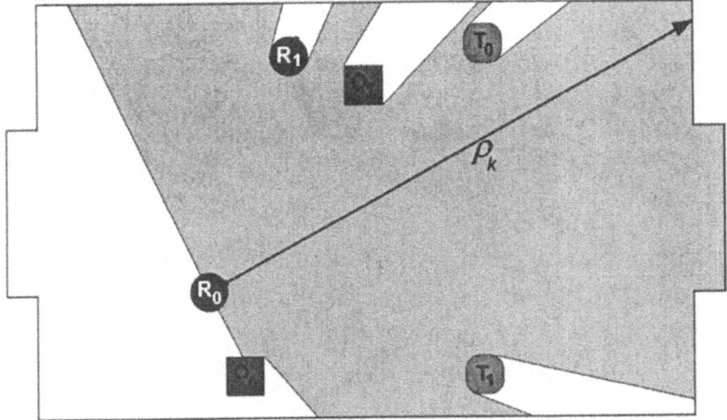

Fig. 1. *Measurement of the front 180° distances of the robot R_0 using its Sick Laser Range Finder. The dark area is covered by the laser beam. One beam, which is measuring the distance vector $\rho_k(t)$, is shown. The other robot is marked with R_1, the obstacles with O_0 and O_1 and the two targets with T_0 and T_1.*

2.2 Collision Avoidance.

To ensure collision avoidance, a behavioral force model is used. Therefore, the short range force field $f(\rho_k(t))$ is introduced (see [4]) in the equation of motion (2). The repulsive force acting on a specific robot caused by adjacent obstacles is defined by:

$$f(\rho) = \begin{cases} \eta\,(\tan h(\tilde{\rho}) - h(\tilde{\rho}))\,\frac{\rho}{\|\rho\|} & \text{for } 0 < \tilde{\rho} \leq \sigma \\ 0 & \text{for } \tilde{\rho} > \sigma \end{cases} \tag{3}$$

with $\tilde{\rho} = \|\rho\| - d^R$ and $h(\tilde{\rho}) = \frac{\pi}{2}(\frac{\tilde{\rho}}{\sigma} - 1)$, where $\tilde{\rho}$ describing the distance between the robot and the obstacles detected by the laser and $\|\cdot\|$ is the Euclidean norm. Hereby d^R is the distance between the laser scanner and the robot's surface. The parameter η is used to adapt the force f to an appropriate repelling strength. The used force, specified in equation (3), is, though piecewise defined, continuous and differentiable and is identical to zero if the distance between two objects is larger than the appropriate chosen range parameter σ. If large enough distances between the obstacles are assumed, this property avoids unwanted stable points of the dynamical system (2) which could trap the robots and cause the system to fail. This is in contrast to the usually observed trapping behavior of most other approaches which is reported e.g. in [9].

2.3 Dynamic Selection of Targets.

In the equation of motion (2) the destination vector $e_i(t)$ determines the intended moving direction of the robot i [4]. It is defined by a kind of linear combination of the difference vectors of the robot positions $r_i(t)$ and all target positions g_j

with $j \in \{1, \cdots, n\}$ and n is equal to number of used robots.

$$e_i(t) = \boldsymbol{\Phi}_{\gamma,\delta} \left(\sum_j \xi_{ij}(t) \boldsymbol{\Phi}_{\gamma,\delta} \left(\boldsymbol{g}_j - \boldsymbol{r}_i \right) \right) \tag{4}$$

The function $\boldsymbol{\Phi}_{\gamma,\delta}(\boldsymbol{y}) = \frac{\boldsymbol{y}}{\|\boldsymbol{y}\|+1/(\gamma\|\boldsymbol{y}\|+\delta)}$ with $\gamma, \delta > 0$ mainly normalizes the vector $\boldsymbol{y}$ and avoids a singularity at $\boldsymbol{y} = \boldsymbol{0}$. The time dependent coefficient $\sum_j \xi_{ij}(t)$ dynamically selects the target for each of the robots. To ensure that each robot selects one and only one target and every target is served by one and only one robot, the following coupled selection equations [11] are used:

$$\dot{\xi}_{ij} = \kappa\xi_{ij} \left(1 + (2\beta - 1)\xi_{ij}^2 - \beta \left(\sum_{i'} \xi_{i'j}^2 + \sum_{j'} \xi_{ij'}^2 \right) \right) \tag{5}$$

The parameter κ is needed to adjust the time-scales between the processes of navigation (2) and assignment (5). The coupling is controlled by β, with $\beta > \frac{1}{2}$. For the initial values $\xi_{ij}(t)$ the sum of the Euclidean distances d_{ij} of the initial positions $\boldsymbol{r}_i(0)$ of the robots to the targets at the locations $\boldsymbol{g}_j$ are used:

$$\xi_{ij}(0) = 1 - \frac{d_{ij}}{d_{max}} \tag{6}$$

with $d_{max} \geq \max_{i',j'} (d_{i'j'})$ and $d_{ij} = \|\boldsymbol{r}_i(0) - \boldsymbol{g}_j\|$.

3   Results

The suggested control method was verified by computer simulations. The task was the assignment and movement of the robots to targets. In the RoboCup scenario the targets could be the ball, the goal, free space or an opponent. This was done in such a way that each target was served by exactly one robot. Furthermore the robots have to avoid collisions with randomly placed obstacles, in case of RoboCup the opponents or other team members.

The main goal of replacing the old equation of motion (1) through the new one (2) was to use the information provided by the laser range finder. Due to this the surrounding walls are not longer unattended. In Figure 2 the trajectories are shown, where two robots moving from the left to the targets in the right. The robots have been controlled with the equation of motion (1), without the adaption to the laser range finder. In contrast to that in Figure 3 the equation of motion (2) was used for solving the same task. Due to the adapted equation of motion (2) the surrounding wall is inherently recognized.

The assignment of the robots to the targets is one central task of the presented control method. In Figure 4 four robots are assigned and move to four targets. Due to the late assignment the robots first move towards the main focus of the targets. This is well to see in the right (robot 2 and 3). During the movement of

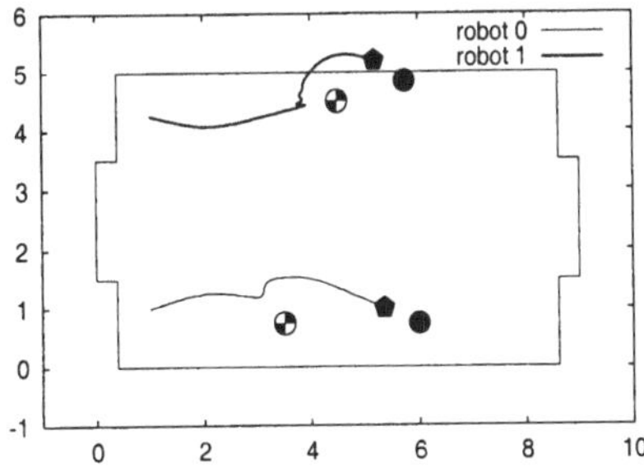
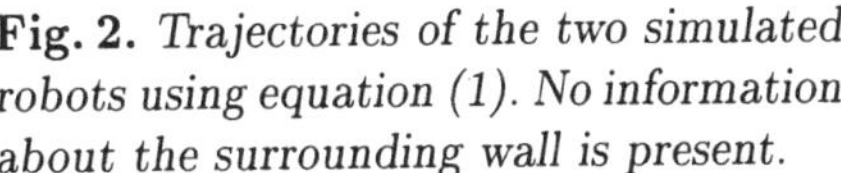

Fig. 2. *Trajectories of the two simulated robots using equation (1). No information about the surrounding wall is present.*

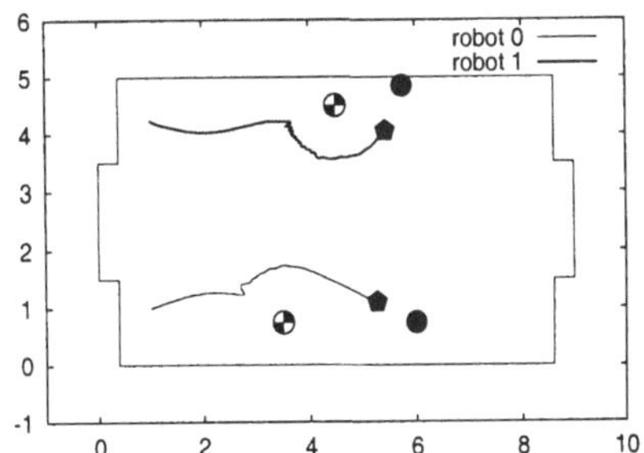

Fig. 3. *Trajectories of the two simulated robots using equation (2). The information about the obstacles and the surrounding wall is provided by the laser range finder.*

the robots collision avoidance was successfully done by the behavior-based force model of equation (2) with the specific force terms defined in equation (3). In Figure 3 one can clearly see the effect of the repulsive forces of the obstacles and the boundaries of the soccer field. In terms of the potential field, it is clear, that the repelling force determined by eq. (2) leads to a much more detailed potential landscape than the traditional approach [12] where the obstacles are modeled by circumscribed rectangles or circles.

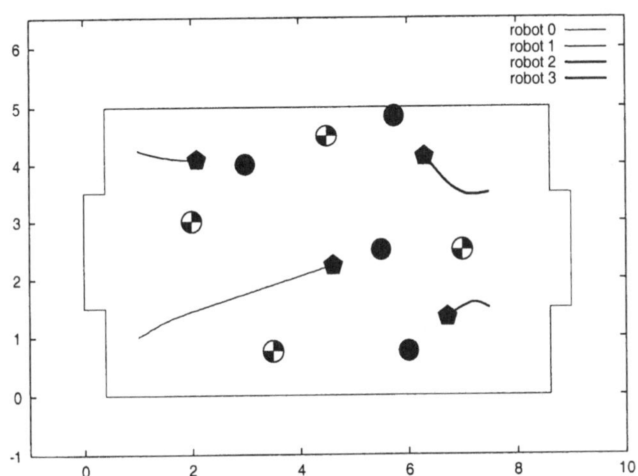

Fig. 4. *Trajectories of 4 robots moving to the assigned targets*

In Figures 5 – 8 the time evolutions of the elements ξ_{ij} of the ξ-matrix demonstrating the competition process of the assignment is shown. Figure 5 shows the relevant row of the ξ-matrix of robot 0, Figure 6 of robot 1 and so on. One can see, that finally each target is served by exactly one robot as required for the task the robots have to perform.

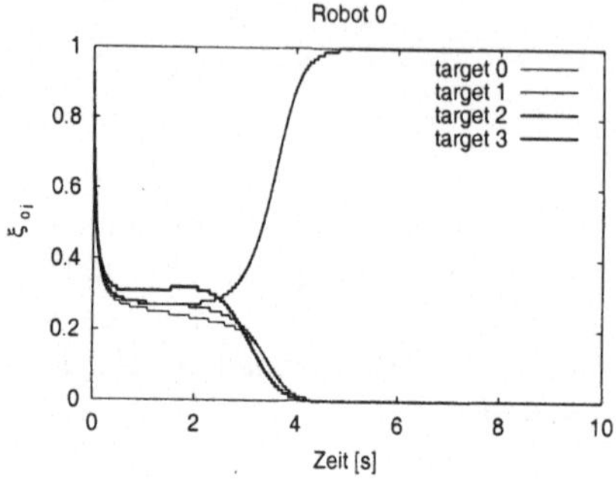

Fig. 5. ξ-dynamic of robot 0. It is assigned to target 2.

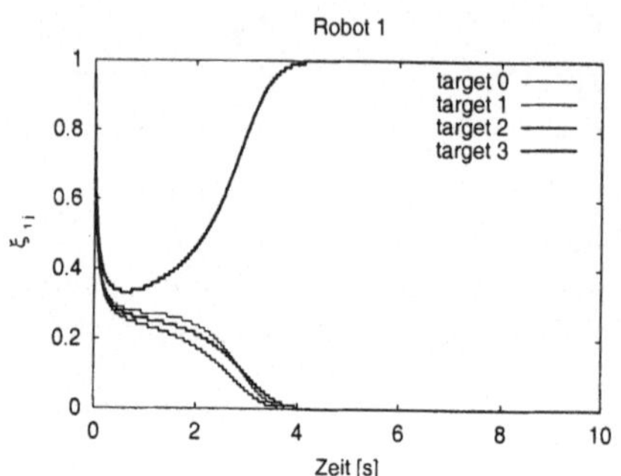

Fig. 6. ξ-dynamic of robot 1. It is assigned to target 3.

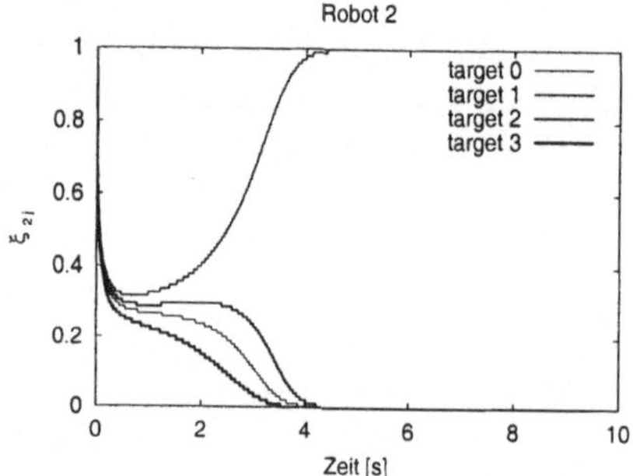

Fig. 7. ξ-dynamic of robot 2. It is assigned to target 1.

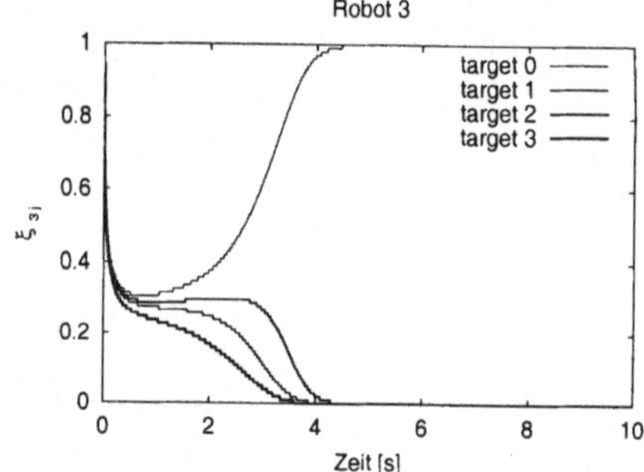

Fig. 8. ξ-dynamic of robot 3. It is assigned to target 0.

4   Conclusion and Outlook

The results show that the presented control method for a complex robot to target assignment scenario, which is in principle applicable in the RoboCup scenario, works very well. Using this method, self-organizing behavior of the autonomous mobile robots can be achieved in engineering applications.

In future work parameter studies are planned to investigate and improve the behavior systematically. For instance it is necessary for the calculation of the total repelling force in eq. (2) to distinguish between forces caused by the static boundaries of the soccer field and by dynamic objects. In particular one has to adjust the parameters η and σ to cope with these two different cases.

Furthermore some specific situations which could appear in RoboCup scenarios will be considered. One may think of the selection between several offense and defense patterns of the robots realizing self-organized group behavior.

References

1. Haken, H.: Synergetics, an introduction; nonequilibrium phase transitions and self-organization in physics, chemistry, and biology. 3rd, rev. and enlarged ed. edn. Springer Series in Synergetics. Springer Verlag, Heidelberg, Berlin, New York (1983)
2. Haken, H.: Advanced synergetics: instability hierarchies of self-organizing systems and devices. 2nd, correct. print edn. Springer Series in Synergetics. Springer Verlag, Heidelberg, Berlin, New York (1983)
3. Nicolis, G., Prigogine, I.: Self-Organization in Non-Equilibrium Systems. Wiley, New York (1977)
4. Molnár, P., Starke, J.: Control of distributed autonomous robotic systems using principles of pattern formation in nature and pedestrian behaviour. IEEE Transactions on Systems, Men and Cybernetics: Part B **31** (2001) 433–436
5. Starke, J., Molnár, P.: Dynamic control of distributed autonomous robotic systems with underlying three-index assignments. In: Proceedings of the IEEE International Conference on Industrial Electronics, Control and Instrumentation (IECON 2000). (2000) 2093–2098
6. Burkard, R.: Travelling salesman and assignment problems: A survey. Annals of Discrete Mathematics **4** (1979) 193 – 215
7. Becht, M., Buchheim, T., Burger, P., Hetzel, G., Kindermann, G., Lafrenz, R., Levi, P., Oswald, N., Schanz, M., Schulé, M., Molnár, P., Strake, J.: Three-index assignment of robots to targets: An experimental verification. In: International Conference of Intelligent Autonomous System, IAS-6, IOS Press (2000) 156–163
8. Lafrenz, R., Schulé, M., Becht, M., Schanz, M., Molnár, P., Starke, J., Levi, P.: Experimental study of self-organized fault-tolerant behavior in robotic systems. In: Autonome Mobile Systeme, Springer Verlag (2000) 210–217
9. Arkin, R.: Behavior-Based Robotics. The MIT Press, Cambridge, London (1998)
10. Molnár, P.: Modellierung und Simulation der Dynamik von Fußgängerströmen. Doktorarbeit, Universität Stuttgart (1996)
11. Starke, J.: Kombinatorische Optimierung auf der Basis gekoppelter Selektionsgleichungen. Doktorarbeit, Universität Stuttgart (1997)
12. Latombe, J.C.: Robot motion planning. The Kluwer international series in enginiering and computer science. Kluwer Academic Publishers (1991)

Collision Avoidance for Cooperating Cleaning Robots

Markus Jäger

Corporate Technology, Information & Communications
Siemens AG
81739 Munich, Germany
markus.jaeger@mchp.siemens.de

Abstract. If multiple robots are used to cooperatively clean a larger room, a variety of new problems occur. These problems are shortly presented and for the collision avoidance problem a possible solution is suggested.

1 Introduction

The predicted potential for growth of service robots for the next years is enormous [1]. Furthermore, specialized robots for various cleaning tasks will play an essential part. Among tasks like facade and vehicle cleaning, floor cleaning will become of essential importance [2].

Cleaning of large rooms, like airports or train stations, however, can not be done by a single robot. For such tasks it is rather necessary to use a fleet of cooperating robots. By using more than one robot, however, a variety of new problems occur:

- collisions among the robots must be avoided [3, 4],
- the area which has to be cleaned must be partitioned [5], and
- each robot must completely cover the area he is responsible for [6].

Since our recent work focused on collision avoidance, the remainder of the paper concentrates on that aspect. Furthermore, the collision avoidance problem is a very common problem. Whenever multiple mobile robots share the same workspace, the potential for collisions among them must be taken into account. This can be done by using a centralized component to plan collision free trajectories of all the robots simultaneously [7] or by planning the trajectories of all the robots independently and using a centralized component to coordinate these trajectories, so that no collision is possible [4].

Centralized approaches, however, have the disadvantage that they are computationally demanding, inflexible and presuppose that there is a global communication network. We therefore omit centralized components and, in contrast to centralized approaches, achieve global coordination by distributed algorithms and assume only local communication between pairs of physically close robots. This permits less demanding communication frameworks and allows easier and more adaptive coordination between the robots.

Whenever the distance between two robots drops below a certain value they exchange information about their planned trajectories and determine whether they are in danger of a collision. If a possible collision is detected, they monitor their movements and, if necessary, insert idle times between certain segments of their trajectories in order to avoid the collision.

Deadlocks among two or more robots occur if a number of robots block each other in a way such that none of them is able to continue along its trajectory without causing a collision. These deadlocks are reliably detected. After a deadlock is detected, the trajectory planners of each of the involved robots are successively asked to plan an alternative trajectory until the deadlock is resolved.

We use a combination of three fully distributed algorithms to reliably solve the task. They do not use any global synchronization and do not interfere with each other.

This paper does not deal with the trajectory planning itself. It concentrates on the coordination methods for the collision avoidance, the deadlock detection, and the deadlock resolution. The methods provided in the paper can therefore be seen as an intermediate layer between the trajectory planning layer and the trajectory execution layer, as shown in Figure 1.

Some related work, which also concentrates on independent planning of the trajectories, is summarized in the next section. Sections 3 to 6 describe the coordination. They focus on general assumptions, collision avoidance, deadlock detection, and deadlock resolution, respectively. The last two sections provide some simulation results and give a summary, draw some conclusions and mention some future work.

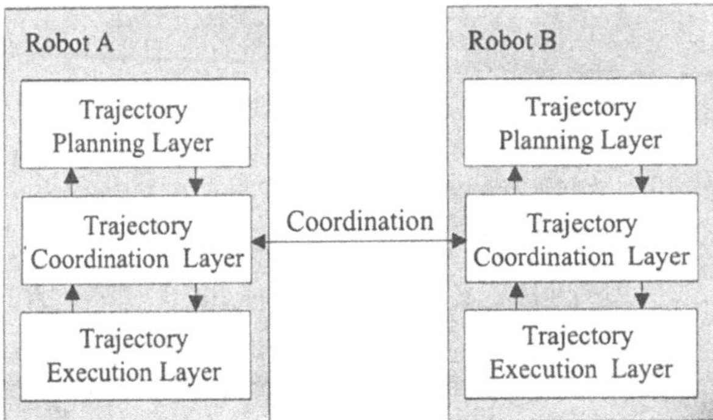

Fig. 1. Each robot in the system consists of three layers. The task of the trajectory planning layer is to plan a trajectory for a certain robot, the trajectory coordination layer is responsible for coordinating the independently planned trajectories, and the trajectory execution layer moves the robot along its trajectory.

2 Related Work

The work dealing with independently planned trajectories differs mainly in the strategies which are used to avoid collisions and the strategies to deal with deadlocks. Aguilar *et al.*[8] plan the trajectories independently, but use a centralized mechanism to merge the trajectories, so that no collisions and deadlocks can occur. The centralized mechanism requires that a robot is able to send broadcast messages to all other robots, leading to high demands on communication abilities of the robots.

Kato *et al.*[9], in contrast, demand no communication abilities of the robots at all. They use traffic rules which, if obeyed by all robots, ensure collision and deadlock free operation of the whole system. They, however, make some very special assumptions about the environment.

The problem of avoiding collisions among two robots was discussed by Kant and Zucker [10], and O'Donnell and Lozano-Periz [11]. They solve the problem by inserting idle times between trajectory segments. This approach has largely influenced our collision avoidance strategy.

Wang and Premvuti [12] use a deadlock detection algorithm which requires communication only among a robot and its immediate neighbors. Our deadlock detection strategy is similar to theirs, but our deadlock resolution strategy differs. They assume, that each passage in the environment is unidirectional and that the environment contains *buffering-areas* at each intersection. Since a robot, which is involved in a deadlock, can use a *buffering-area* to dodge, it is possible to resolve deadlocks without replanning trajectories.

3   General Assumptions

There are some general assumptions made throughout the paper: each robot is able to communicate with all other robots within a certain range r_c and two robots regularly exchange information about their current position, when they are able to communicate.

4   Collision Avoidance

When the distance between two robots is larger than a certain distance d_{safe} they are considered to be safe, i.e. not facing a possible collision in the near future. Each robot evaluates position information received from other robots to determine its distance to them.

When the position evaluation of a robot determines that its distance d_{rob} to another robot might be less than d_{safe}, it instantiates a coordination link to the other robot. The coordination link is only removed after the distance of the robots is safe again. Since for the maintenance of the coordination links communication is needed, the equation $d_{safe} < r_c$ must hold.

The task of a coordination link is to coordinate the movements of two robots along their trajectories, so that no collision is possible. The interaction between a robot and a coordination link is very simple. The link either gives permission to the robot to move on or not. A robot has to ask each of its coordination links for permission before it is allowed to give the next segment of its trajectory to its trajectory execution layer.

To establish a coordination link between two robots, one robot is elected coordinator and the other robot becomes partner. After the coordinator is elected, he requests the trajectory segments from his partner. Based on his own and the partners trajectory, the coordinator determines a schedule for the two robots. The determination of the schedule is based on work of Kant and Zucker [10], and O'Donnell and Lozano-Periz [11]. The schedule consists of the following entries: both robots are allowed to move, only the coordinator is allowed to move, and only the partner is allowed to move. Using the schedule, the coordinator then gives permissions to himself and his partner.

As described above, a coordination link is only used to coordinate the movement of two robots. The coordination of more than two robots results from the fact that a robot can have more than one coordination link. Since a robot needs the permission from all its coordination links before it is allowed to move on, the coordination links connect all the involved robots in a global coordination structure. This global coordination structure, however, can contain deadlocks - some robots mutually wait for each other - which have to be detected and resolved, see Section 5 and 6.

5 Deadlock Detection

Deadlocks can only occur if a coordination link forces a robot to stop, i.e. if a coordination link does not give the permission to process the next trajectory segment. This occurs when the robot has to wait until the other robot has completed some of its trajectory segments. Whenever a robot is forced to wait for another one, a deadlock detection is initiated.

The case in which one robot has to wait for another can be seen as a directed edge from the waiting robot to the other robot in a graph in which every robot is represented by a graph node. Such a graph is depicted in Figure 2. Here, for example, robot 9 has to wait for robot 0.

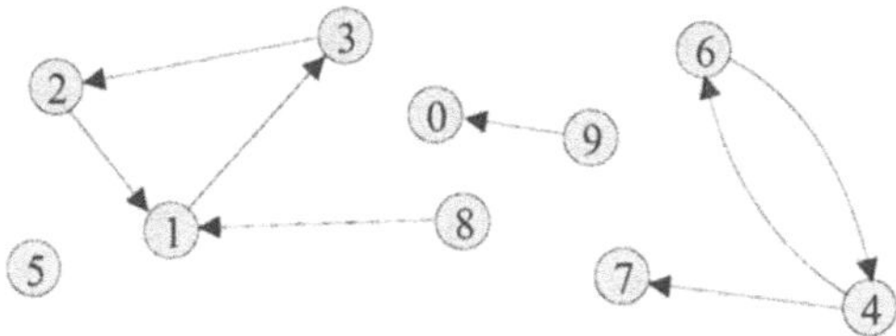

Fig. 2. The nodes of the graph shown in this figure correspond to robots and a directed edge between two nodes is indicating that one robot is waiting for another one. The node from which an edge is originating corresponds to the waiting robot.

In the context of the graph, a deadlock among the robots exists if and only if the graph contains a circle. Therefore deadlock detection means to detect a circle in the graph. Since this is a common problem in distributed deadlock detection, a lot of algorithms for that purpose have been developed. We basically use the algorithm proposed by Chandy *et al.*[13], which only requires that each robot knows its outgoing edges to detect deadlocks.

6 Deadlock Resolution

During the deadlock resolution, which is initiated by the robot detecting a deadlock, individual robots are chosen and asked to plan alternative trajectories. The basic idea is to send a *replan* message around the deadlock circle. If a robot receives a *replan* message it asks its trajectory planning layer to plan an alternative trajectory. The robot can inform its trajectory planning layer about the positions of other robots surrounding it, i.e. other robots to which it has a coordination link, to obtain better results. After a robot was able to plan an alternative trajectory, all its outgoing edges are removed.

Since this breaks the circle, the deadlock is resolved and the *replan* message can be discarded. If a robot is not able to plan an alternative trajectory, it forwards the *replan* message to the next robot.

If a robot receives a *replan* message which itself has initiated, it knows that none of the robots in the circle is able to plan an alternative trajectory. This case, however, is considered to be very unlikely for real applications and depends solely on the abilities of the trajectory planning layer and the properties of the environment.

7   Simulation Results

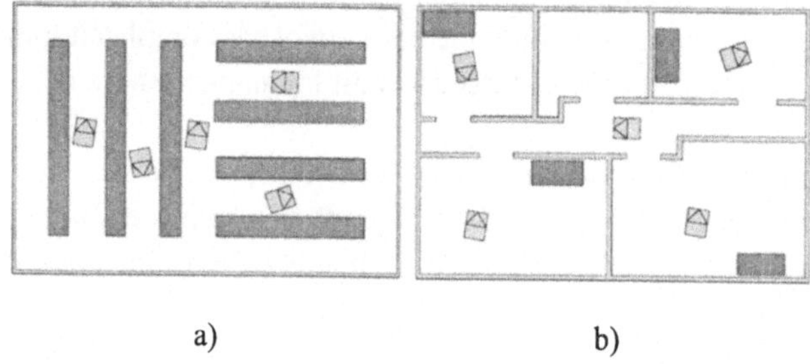

a)   b)

Fig. 3. Figure a) shows a supermarket like environment with a lot of shelves and figure b) shows an office like environment with some desks. Each environment contains five robots.

We implemented the described strategies and tested them in simulation. We used two different environments. A supermarket and an office like environment. They are shown in Figure 3. The supermarket consists of one huge room with a lot of obstacles, i.e. the shelves of the supermarket. The office consist of five smaller rooms with only some obstacles. The environments are 10x15m in size.

The robots we used for the simulation have a length of 1m and a width of 0.8m and are moving at a speed of 0.3m/s. Figure 3 shows some robots.

We carried out 6 simulation runs for each environment, with 1 to 6 robots respectively. Each of the 12 simulations was running for 10 minutes. During the simulations the robots followed randomly planned trajectories. The average number of coordination links a robot maintained, the number of deadlocks which occurred, and the average trajectory length of the robots were determined after each simulation.

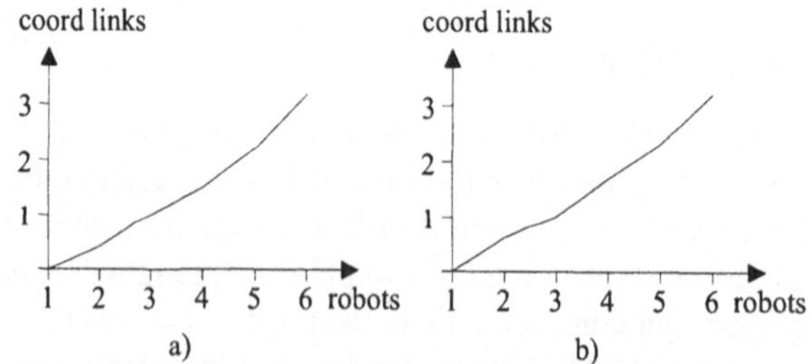

a)   b)

Fig. 4. Average number of coordination links.

Figure 4 shows the average number of coordination links a robot maintained. Figure 4 a) for the supermarket and Figure 4 b) for the office. As it can be seen, the average number of coordination links increases almost linear with the number of robots. This is due to the fact that it mainly depends on the amount of robots in the neighborhood of a robot, which depends linear on the amount of robots used.

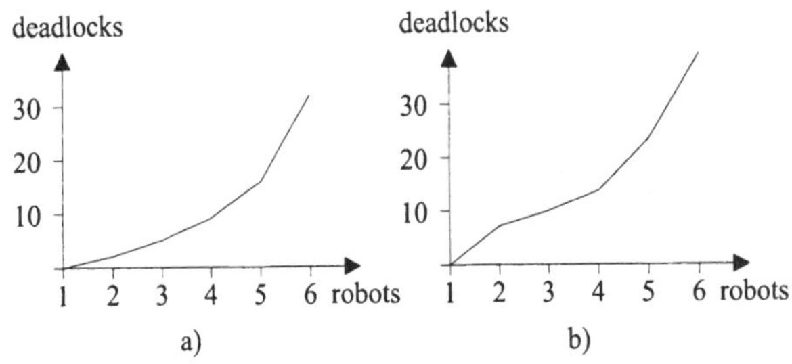

Fig. 5. Number of deadlocks.

The number of deadlocks which occurred is depicted in Figure 5. It increases significantly when more than four robots are used.

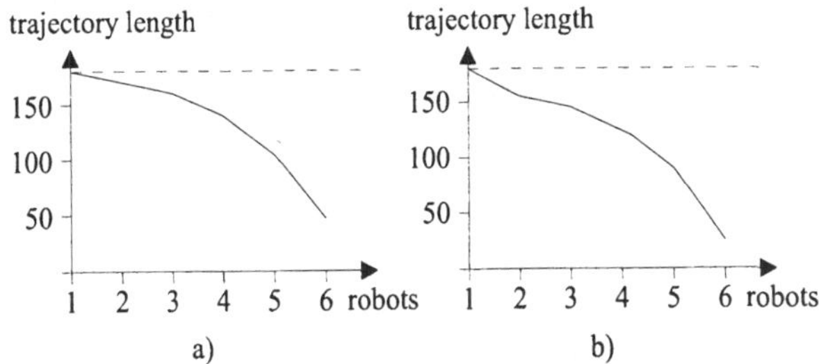

Fig. 6. Average trajectory length.

Since a robot moves at a speed of 0.3m/s and a simulation is running for 10 minutes, a robot could move 180 meter at the best. The actual values, however, are lower since the robots have to wait for each other and are involved in deadlocks and deadlock resolution processes. The actual average trajectory length of the robots is shown in Figure 6. It significantly decreases if more than four robots are used.

A basic result of the simulations is that the collision avoidance, described in Section 4, is sufficient to coordinate the robots in most cases if only a few robots are used. The necessity for deadlock detection and deadlock resolution significantly increases with the number of robots. If more than four robots are used, the system is still able to resolve the deadlocks, but the overall performance, i.e. the length of the robots trajectories, decreases rapidly. Five robots in combination with the environments of the given size and structure seems to be the critical value for the coordination methods described in this paper.

8 Summary, Conclusion, and Future Work

In this paper we described a decentralized approach for collision avoidance, deadlock detection, and deadlock resolution among multiple mobile robots which follow independently planned trajectories. We introduced a combination of three fully distributed algorithms which reliably solve the task. They do not use any global synchronization, do not interfere with each other, and demand only local inter robot communication.

The global coordination of a fleet of robots is achieved by using only local coordination of pairs of robots. The idea to achieve this is to allow more than one coordination link for each robot. This links a set of robots together in a global control structure. Deadlocks in the global coordination are reliably detected. The deadlocks are resolved by asking robots to plan alternative trajectories.

As a conclusion, we can say that our approach is very suitable to coordinate a number of independently moving robots through local inter robot communication in a lot of applications. Our simulation results confirm this.

As mentioned in the beginning, we intend to built a system of cooperating cleaning robots. Therefore our future work will focus on solutions for the area partitioning and coverage problem.

References

1. R. D. Schraft and G. Schmierer, Serviceroboter: Produkte, Szenarien, Visionen, Springer, 1998
2. H. Endres, W. Feiten, and G. Lawitzky, Field Test of a Navigation System: Autonomous Cleaning in Supermarkets, *Int. Conf. on Robotics and Automation (ICRA)*, pp. 1779–1781, 1998
3. M. Jäger and B. Nebel, Decentralized Collision Avoidance, Deadlock Detection, and Deadlock Resolution for Multiple Mobile Robots, *Int. Conf. on Intelligent Robots and Systems (IROS)*, to appear, 2001
4. M. Bennewitz and W. Burgard, Coordinating the Motions of Multiple Mobile Robots Using a Probabilistic Model. *8th International Symposium on Intelligent Robotic Systems (SIRS)*, 2000
5. H. Bast and S. Hert, The Area Partitioning Problem, *12th Canadian Conference on Computational Geometry*, Fredericton, New Brunswick, 2000
6. C. Hofner and G. Schmidt, Path Planning And Guidance Techniques For An Autonomous Mobile Cleaning Robot, *Intelligent Robots and Systems*, Vol. 1, pp. 610-617, München, 1994
7. J. Barraquand, B. Langlois, and J.-C. Latombe, Numerical Potential Field Techniques for Robot Path Planning, IEEE Trans. on System, Man, and Cybernetics, vol. 22(2), pp. 224-241, 1992
8. L. Aguilar, R. Alimi, S. Fleury, M. Herrb, F. Ingrand, and F. Robert, Ten Autonomous Mobile Robots (and even more) in a Route Network Like Environment, *Int. Conf. on Intelligent Robots and Systems (IROS)*, Vol. 2, pp. 260-267, 1995
9. S. Kato, S. Nishiyama, and J. Takeno, Coordinating Mobile Robots by Applying Traffic Rules, *International Conference on Intelligent Robots and Systems (IROS)*, pp. 1535-1541, 1992
10. K. Kant and S. W. Zucker, Towards Efficient Trajectory Planning: The Path-Velocity-Decomposition, *The International Journal of Robotics Research*, no. 5, pp. 72-89, 1986
11. P.A. O'Donnell and T. Lozano-Periz, Deadlock-Free and Collision-Free Coordination of Two Robot Manipulators, *Int. Conf. on Robotics and Automation (ICRA)*, pp. 484-489, 1989
12. J. Wang and V.Premvuti, Distributed traffic regulation and control for multiple autonomous mobile robots operating in discrete space, *Int. Conf. on Robotics and Automation (ICRA)*, pp. 1619-1624, 1995
13. K. M. Chandy, J. Misra, and L. M. Haas, Distributed Deadlock Detection, *ACM Trans. on Computer Systems*, May 1983

Generating Complex Driving Behavior by Means of Neural Fields

I. Leefken[1], A. Steinhage[2], and W. v.Seelen[1]

[1] Institut für Neuroinformatik, Ruhr-Universtität Bochum
44780 Bochum
Germany
{Iris.Leefken@neuroinformatik.ruhr-uni-bochum.de}
[2] Infineon Technologies AG, CPR ST, Otto-Hahn-Ring 6, 81739 München, Germany
{Axel.Steinhage@infineon.com}

Abstract. We have developed a neural field based architecture to generate complete behavioral sequences for autonomous driving. On the basis of a user defined desired speed, the system can autonomously decide between the different behavioral alternatives lane following, lane change, acceleration and deceleration. Depending on the current traffic situation, the system can autonomously organize reactive behavioral sequences such as overtaking. Basically, the system consists of coupled one-dimensional neural fields: two fields for a desired longitudinal position and one field for the lateral position. All field dynamics are driven in a parameter regime which guarantees the existence of a monomodal self stabilizing peak. Both, the longitudinal and the lateral control consist of two dynamics: one dynamics represents a planning component ("motivation") and one determining the action component. The action level generates the desired position of movement which determines the corresponding controlled variables: steering angle and velocity.

1 Introduction

The aim of a system for behavior generation in traffic situations is to guide the vehicle on a secure, continuous and comfortable trajectory. This trajectory has to reflect the intended behavior based on the current situation. The trajectory is generated by varying the control variables steering angle and velocity in time.

Traffic environment is highly dynamic and characterized by a great variety of situations. The intended behavior is influenced by the development of the current traffic situation, by border conditions, traffic rules and intentions of the driver. Those different kinds of information have to be evaluated to result in an appropriate behavior of the vehicle.

Publications dealing with the task of behavior generation mostly concentrate on the control of either steering angle or velocity. Either the vehicle is kept in lane [7] or a system for cruise control is realized. The latter ones control the speed of the vehicle keeping distance to a leading one [9].

Fully automated driving changing both controlled variables was proposed by Franke [3] in a project of truck platooning. That system follows a leading truck controlled by a human driver automatically. Sukthankar [6] proposes an expert system to generate driving behavior, where one behavior is chosen from a set of possible behaviors. A first application of neural fields for behavior generation was published by Handmann, Leefken and Steinhage [4] for intelligent cruise control. Within that application, the steering angle and the velocity are determined by the evaluation of neural field excitations. Information concerning the leading vehicle, the lane and invading objects are coupled additively into each field. The fields characterize a preference for values of each controlled variable. However, that method falls short of generating different behaviors.

The behavior generating system proposed in this paper introduces a different concept of vehicle control. The concept is characterized by a separation of a planning level and an action level, where the planning level induces a motivation for movement into the action-level. The system is able to control the vehicle autonomously or partly autonomously. Information concerning the actual situation and its development, the actual task, traffic rules, and technical border conditions is used to generate a smooth, goal-directed trajectory.

As the behavior of a vehicle is determined by the lane to be chosen and the movement along the lanes, the planning and action level determine positions to be achieved according to these coordinates. The position is divided into a lateral (y-) component describing the position perpendicular to the lane and a longitudinal (x-) component describing movement along the lane (Fig. 1).

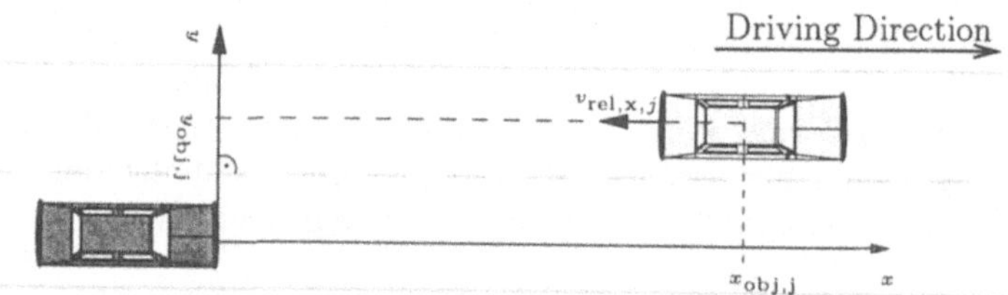

Fig. 1. Coordinate system for goal and desired position estimation. An object relevant to the controlled vehicle (dark) is referenced by ($x_{obj,j}, y_{obj,j}$) and its relative velocity $v_{rel,x,j}$ along the lane.

Within this paper first the architecture for the behavior generation is presented and an introduction to its modules is given. Afterwards results from a simulated traffic environment are presented and conclusions are given.

2 The Behavior Generating Architecture

2.1 Structure

Behavior generation is a complex task for which a variety of information and methods need to be used. According to this fact an open, modular architecture has been developed for the behavior generation system.

The actual traffic situation consists of objects detected by sensors. The *Scene Evaluation* (Fig. 2) considers sensor information about these objects according to its relevance for the controlled vehicle. The relevant information is formulated according to the requirements of the *Control-* and *Motivation Dynamics*. The architecture additionally has to regard knowledge concerning the actual task and traffic rules. This knowledge is induced by the *Knowledge Evaluation* module. It is combined with a mid-term situation evaluation from the Scene Evaluation in the *Motivation Dynamics*. In this part of the architecture the planning level is realized. There, a goal-position is determined which specifies the motivation coupled into the action level, i.e. the *Control Dynamics*. The Motivation favours a movement of the vehicle in direction of the goal position. The Control Dynamics determines a desired position of the vehicle for the next time step. This position is

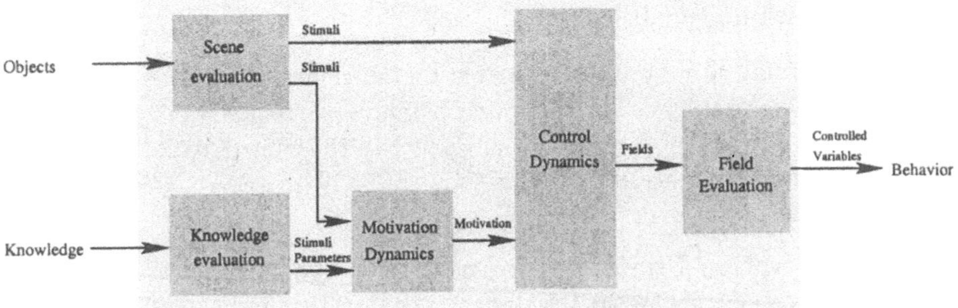

Fig. 2. Block diagram discribing the architecture of the behavior generating system.

transformed into the variables *velocity* and *steering angle* by the *Field Evaluation* module, which results in a situation-adapted behavior of the vehicle. In the following, the modules of the architecture are described one by one.

2.2 Scene Evaluation

In the Scene Evaluation module object information is evaluated. Objects which are relevant to the vehicle are the street and the traffic participants.

The street information is coupled into the motivation- and control dynamics to regard street borders and favoured lateral positions in the lane.

The information concerning traffic-participants is evaluated according to their distance $x_{obj,j}$ to the own vehicle and their relative velocity $v_{rel,xj}$ along their lane. The relevance of an approaching object is maximal if it is detected within a certain distance d_{crit} to the own vehicle. The relevance of an object increases with smaller distance and higher relative velocity. As a measure for this relevance a saturated, inverted time-to-contact (TTC) measure is used. The object information is fed into the motivation- and the control dynamics as negative input, which results in an avoidance of objects. Objects are coupled into the motivation dynamics earlier (at higher distances) than into the control-dynamics. This allows a comfortable overtaking maneuver while simultaneously enabling a short term obstacle avoidance by the control dynamics.

2.3 Knowledge Evaluation

The knowledge evaluation influences the motivation dynamics only as the actual task and traffic rules have to be regarded on the planning level. The knowledge evaluation prepares the motivation dynamics with preference values for each lane to be driven on and with a goal position specified by the actual goal velocity of the vehicle.

The lane preference is given by the lane favoured by the driver and by the imperative of traffic laws. This means for german traffic, that the right lane has to be favoured if possible.

The desired velocity is specified by the driver and by speed limits. This velocity is transformed into the longitudinal goal position of the vehicle which is fed into the motivation dynamics.

2.4 Motivation Dynamics

Planning in traffic situations is dominated by the choice of the lane and by the movement along this lane. For these two planning elements two dynamics are applied to specify the motivation for movement in the control dynamics: lateral and longitudinal dynamics.

Lateral Motivation Using the lateral motivation dynamics a certain lane position is favored. According to the desired position perpendicular to that lane the motivation is determined. This dynamics is realized by a decision dynamics first applied in robotics [5, 2]. The lateral motivation dynamics is realized by

$$\tau_{\mathrm{mot_{lat}}} \dot{u}_{i,\mathrm{mot_{lat}}}(t) = \alpha_{i,\mathrm{mot_{lat}}}(t) u_{i,\mathrm{mot_{lat}}}(t) - |\alpha_{i,\mathrm{mot_{lat}}}(t)| u_{i,\mathrm{mot_{lat}}}^3(t)$$

$$- \sum_{\substack{j=1 \\ j \neq i}}^{k} u_{i,\mathrm{mot_{lat}}}(t) u_{j,\mathrm{mot_{lat}}}^2(t) + \xi_t \quad i, j = 1, \ldots k \qquad (1)$$

for each lane $i = 1, \ldots k$. The absolute value of each state $|u_{i,\mathrm{mot_{lat}}}(t)|$ has two stationary points (0 and 1) depending on the parameter $\alpha_{i,\mathrm{mot_{lat}}}(t)$. A state is supposed to be activated if it increases towards $|u| = 1$ and steps over a certain constant threshold $T_{\mathrm{thresh}} \in [0, 1]$. The time constant $\tau_{\mathrm{mot_{lat}}}$ determines the time scale on which the system reacts on changes. The sum with the *competition term* $u_{i,\mathrm{mot_{lat}}}(t) u_{j,\mathrm{mot_{lat}}}^2(t)$ guarantees that two states cannot be activated at the same time. The factor ξ_t characterizes white noise shifting the state out of instable stationary points. The input signal $s_{i,\mathrm{mot_{lat}}}(t)$ is regarded in the parameter

$$\alpha_{i,\mathrm{mot_{lat}}}(t) = c_1 \tanh \left[c_2 \left(s_{i,\mathrm{mot_{lat}}}(t) - \max_{j=1,\ldots,k} (s_{j,\mathrm{mot_{lat}}}(t)) + \delta_{\mathrm{thresh}} \right) \right] \quad . \qquad (2)$$

If $\alpha_{i,\mathrm{mot_{lat}}}(t)$ is negative the state approaches 0, and if it is positive its absolute value converges to ± 1 in the case that no other state is activated. The signal $s_{i,\mathrm{mot_{lat}}}(t)$ consists of the sum of the lane preference values determined by the Scene- and the Knowledge Evaluation.

The lane for which the decision has been made determines the according goal position relative to the own vehicle by

$$y_{\max,\text{mot}_{\text{lat}},\text{lane}}(t) = y_{i,\text{lane}}(t) \quad i = \arg\max_{j=1,\ldots,k}\left(u_{j,\text{mot}_{\text{lat}}}(t)\right) \quad . \tag{3}$$

This position is provided by the Scene Evaluation. The motivation for the lateral movement is determined by

$$\alpha_{\text{mot},\text{lat}}(t) = f_{\text{sign}}\left(y_{\max,\text{mot}_{\text{lat}}}(t) - y_{\text{act}}(t)\right) \quad , \tag{4}$$

which characterizes the movement in direction of the lateral goal position. The position $y_{\text{act}}(t)$ is the position the vehicle will reach if the actual controlled variables remained unchanged.

Longitudinal Motivation By the application of the longitudinal dynamics a continuosly determined position is evaluated. For this purpose so-called *neural field dynamics* from Amari [1] are used. The longitudinal field is described by

$$\tau_{\text{mot}_{\text{long}}}\dot{u}_{\text{mot}_{\text{long}}}(x,t) = -u_{\text{mot}_{\text{long}}}(x,t) + h_{\text{mot}_{\text{long}}} + s_{\text{mot}_{\text{long}}}(x,t) + \tag{5}$$

$$\int_{x_{\min}}^{x_{\max}} w_{\text{mot}_{\text{long}}}(x,x')\phi_{\text{mot}_{\text{long}}}(u_{\text{mot}_{\text{long}}}(x',t))dx' \quad x \in \mathbb{R} \quad .$$

The state of the field $u_{\text{mot}_{\text{long}}}(x,t)$ determines a preference for a position. Field information is considered to be existant if the state is positive. Field regions for which this is true are called excited regions. The time constant $\tau_{\text{mot}_{\text{long}}}$ determines the time scale of the dynamics and h is the preactivation of the field. The so-called *stimulus* is the input signal $s_{\text{mot}_{\text{long}}}(x,t)$ containing velocity based information. The integral term characterizes a symmetric interaction of field-sites. The field parameters can be chosen to guarantee a monomodal single-peak solution, so that a single prefered position can be determined [1].

By evaluating the position of the maximum of the field the longitudinal goal position is determined with

$$x_{\max,\text{mot}_{\text{long}}}(t) = \arg\max_{x}\left(u_{\text{mot}_{\text{long}}}(x,t)\right) \quad . \tag{6}$$

The according motivation then results in

$$\alpha_{\text{mot},\text{long}}(t) = f_{\text{sign}}(x_{\max,\text{mot}_{\text{long}}}(t)) \quad , \tag{7}$$

so that it specifies the direction of motion if the actual position is considered as reference zero.

2.5 Control Dynamics

The control dynamics generate the movement planned by the motivation dynamics. This must be done by taking into account the actual traffic situation.

For this purpose a neural field approach by Amari[1] modified by Zhang[8] is used for both lateral- and longitudinal dynamics. In the modified field approach the interaction of field sites is chosen asymmetric, so that a movement is induced to an excited region if no stimulus is present. In presence of a positive input, the peaks "snaps in" at the corresponding position and stops. A negative input leads to a stop of the moving peak next to the negative input.

In our application the motivation influences this asymmetric term in the interaction. The stimulus is generated by the actual situation. Objects to be avoided (other cars, street borders) couple in as negative stimuli. Favoured lane positions are fed into the field as positive stimuli, so the excited field region remains at the favored position. Both Control dynamics and the evaluation of the desired position are described in the following.

Lateral Control The lateral Control Dynamics is given by

$$\tau_{\mathrm{lat}}\dot{u}_{\mathrm{lat}}(y,t) = -u_{\mathrm{lat}}(y,t) + h_{\mathrm{lat}} + s_{\mathrm{lat}}(y,t) +$$
$$= \int_{y_{\min}}^{y_{\max}} w_{\mathrm{lat}}(y,y',t)\phi_{\mathrm{lat}}(u_{\mathrm{lat}}(y',t))dy' \quad . \tag{8}$$

The field state $u_{\mathrm{lat}}(y,t)$ is interpreted as a preference for a position. τ_{lat} characterizes the time-scale and h_{lat} the preactivation. This time, the interaction is chosen asymmetric dependent on the motivation, so that a movement is induced into the field [8]. The lateral asymmetry is defined by the motivation $\alpha_{\mathrm{mot,lat}}(t)$ (eq. 4) and a movement profile. The stimulus is determined by a negative term describing lane borders and other objects to be avoided. Additional positive terms characterize the prefered lane positions.

The desired position is specified by the position of the maximum of the neural field

$$y_{\mathrm{des}} = \arg\max_{y}(u_{\mathrm{lat}}(y,t)) \quad . \tag{9}$$

Longitudinal Control The longitudinal desired position is determined by the evaluation of the field

$$\tau_{\mathrm{long}}\dot{u}_{\mathrm{long}}(x,t) = -u_{\mathrm{long}}(x,t) + h_{\mathrm{long}} + s_{\mathrm{long}}(x,t) +$$
$$\int_{x_{\min}}^{x_{\max}} w_{\mathrm{long}}(x,x',t)\phi_{\mathrm{long}}(u_{\mathrm{long}}(x',t))dx' \tag{10}$$

The field state $u_{\mathrm{long}}(y,t)$ is interpreted as a preference for a position. τ_{long} characterizes the time-scale and h_{long} the preactivation. This time the interaction is chosen asymmetric dependent on the longitudinal motivation, so that a movement is induced into the field [8]. The lateral asymmetry is defined by the motivation $\alpha_{\mathrm{mot,long}}(t)$ (eq. 7) and a movement profile in longitudinal direction. The stimulus $s_{\mathrm{long}}(x,t)$ is determined by negative parts describing objects in the same lane to be avoided by decreasing the own velocity. The desired longitudinal position

$$x_{\mathrm{des}}(t) = \arg\max_{x}(u_{\mathrm{long}}(x,t)) \tag{11}$$

follows from the position of the maximum of the field excitation.

2.6 Field Evaluation

The desired position is translated into the desired values of the controlled variables under the assumption that the desired value is reached instantaneously. Then, the desired change in velocity and yaw angle are determined by

$$\Delta\varphi_{act} = \arctan(\frac{y_{des}}{x_{des}}) - \varphi_{act} \tag{12}$$

and

$$\Delta v_{act} = \begin{cases} \frac{1}{\Delta t}\sqrt{x_{des}^2 + y_{des}^2} - v_{act} & : \quad x_{des} \geq 0 \\ -\frac{1}{\Delta t}\sqrt{x_{des}^2 + y_{des}^2} - v_{act} & : \quad x_{des} < 0 \end{cases} . \tag{13}$$

Here, φ_{act} is the actual angle towards the lane and v_{act} is the current velocity of the vehicle. The change in yaw angle can be converted to the change in the steering angle based on the vehicle's characteristics. The changes in the controlled variables are bound to the allowed changes in angles and velocities determined by the vehicle's characteristics.

3 Results

The behavior generating system successfully navigates the vehicle through different traffic situations of varying complexity in a simulated environment. One result is presented here for a complex situation affording different kinds of reactions to the traffic situation. The situation is described in figure 3. The activities

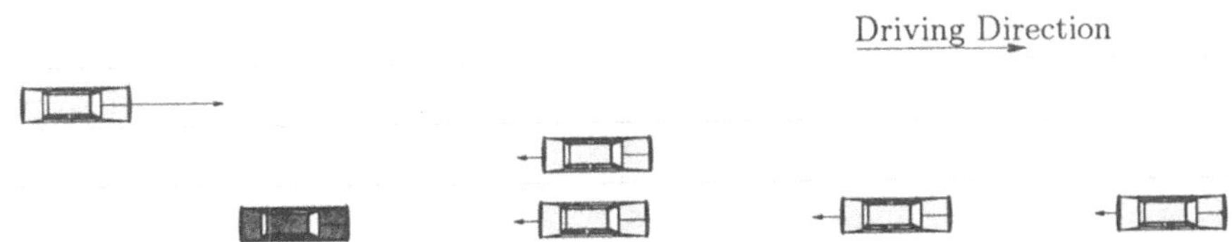

Fig. 3. Simulated Traffic Situation for the test of behavior generation. The own vehicle (black, 25m/s) is trying to approach the desired speed (first 28m/s after 10s 33m/s) which is larger than the speed of the four heading cars (25m/s) in front. From the back on the left lane a faster vehicle (35m/s) is approaching. Relative velocities are indicated by black arrows.

of the corresponding fields are shown in figure 4.

At first the reference vehicle changes to the middle lane to evade the slower vehicle in the right lane. It cannot change to the outer left lane until the faster vehicle comming from behind has passed. So it has to decrease velocity to avoid the slower vehicle in the middle lane. After the vehicle on the left lane has passed, it changes lanes to the left and overtakes the car in the middle lane and reaches

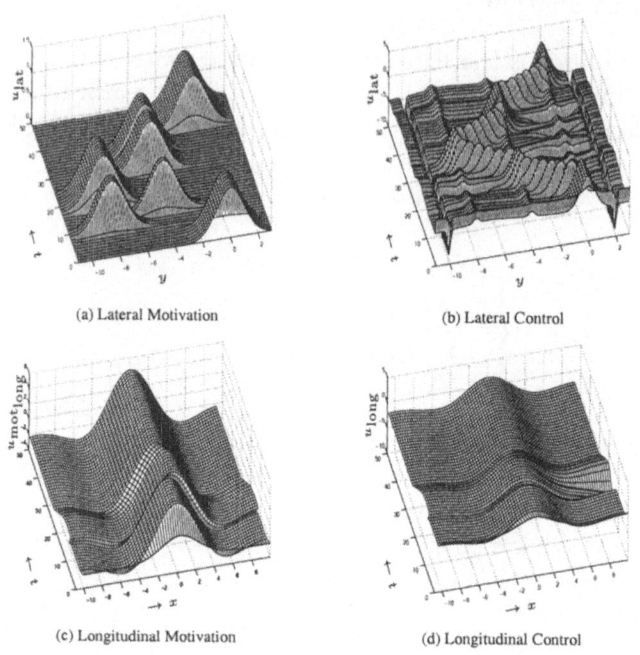

(a) Lateral Motivation

(b) Lateral Control

(c) Longitudinal Motivation

(d) Longitudinal Control

Fig. 4. Resulting time course of the motivation and control dynamics.

the desired velocity. Then it returns to the right lane as soon as possible. The complex behavioral sequence is successfully finished. The resulting movement and position changes are shown in figure 5.

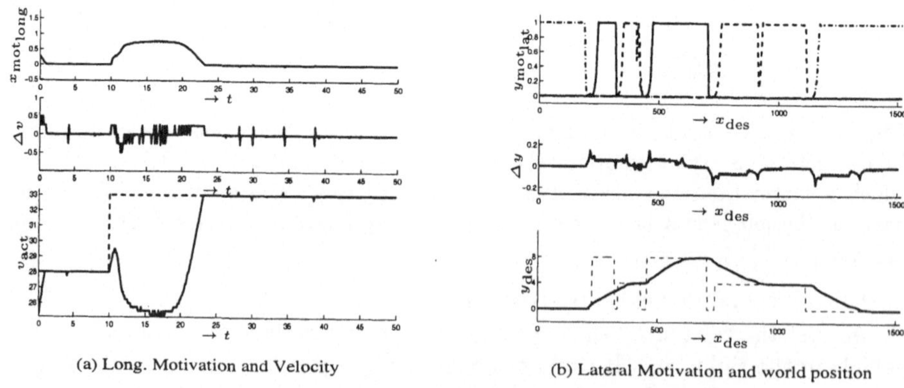

(a) Long. Motivation and Velocity

(b) Lateral Motivation and world position

Fig. 5. Resulting time course of the motivation and control dynamics.

4   Conclusions

We have presented an architecture which generates driving behavior by means of nonlinear dynamical systems. Even in complex simulated traffic situations the system is able to produce smooth trajectories obeying the traffic rules and avoiding dangerous situations. The subsymbolic implicit formulation as continuous coupled dynamics seamlessly integrates rules, motivations and sensor inputs. The dynamic variables and the dynamics' time scales have been selected in accordance with the behavior to generate and the inertia of the vehicles.

Future work will deal with the problem of integrating real sensor input and other complex behavior such as parking. Further, we will adress the problem of integrating the architecture in a real world driver assistance system.

References

1. S.I. Amari. Dynamics of pattern formation in lateral inhibition type neural fields. *Biological Cybernetics*, 27:77–87, 1977.
2. T. Bergener and A. Steinhage. An Architecture for Behavioral Organization using Dynamic Systems. In GWAL'98, editor, *German Workshop on Artificial Life*, 1998.
3. U. Franke, F. Böttiger, Z. Zomotor, and D. Seeberger. Truck platooning in mixed traffic. In *Symposium on Intelligent Vehicles 1995*, Detroit, USA, 1995.
4. U. Handmann, I. Leefken, A. Steinhage, and W. v. Seelen. Behavior Planning for Driver Assistance using Neural Field Dynamics . In *Second international symposium on 'Neural Computation'*, Berlin, Germany, 2000. NC 2000.
5. A. Steinhage. The Dynamic Approach to Anthropomorphic Robotics. In *Controlo 2000*, 2000.
6. R. Sukthankar. *Situation Awareness for Tactical Driving*. Phd thesis, Carnegie Mellon University, Pittsburgh, PA, United States of America, 1997.
7. S. Tsugawa, H. Mori, and S. Kato. A Lateral Control Algorithm for Vision-Based Vehicles with a Moving Target in the Field of View. In *IEEE International Conference on Intelligent Vehicles*, volume 1, pages 41–45, Stuttgart, Germany, 1998. IEEE Industrial Electronics Society.
8. K. Zhang. Representation of spatial orientation by the intrinsic dynamics of the head-directed cell ensemble: A theory. *Journal of Neuroscience*, 16:2112–2126, 1996.
9. Qiang Zhuang, Jens Gayko, and Martin Kreutz. Optimization of a Fuzzy Controller for a Driver Assistant System. In *Proceedings of the Fuzzy-Neuro Systems 98*, pages 376 – 382, München, Germany, 1998.

Object Recognition with Multiple Observers

Norbert Oswald[1] and Paul Levi[2]

[1] EADS Deutschland GmbH, Willy-Messerschmidt-Straße, D-81663 München
[2] Institute of Parallel and Distributed High-Performance Systems,University of
Stuttgart, Breitwiesenstr. 20-22, D-70565 Stuttgart

Abstract. This paper introduces an approach to recognize objects in a
group of observers. The fundamental idea of this approach is based on
the usage of cooperation at object level in order to overcome limitations
of typical recognition applications which often lead to ambiguous inter-
pretations. By integrating individual hypotheses which were calculated
at spatial distributed viewpoints, the robustness of the recognition results can be increased significantly. Experiments confirm the benefit of
fusing object hypotheses from multiple observers.

1   Introduction

The fast and robust recognition of objects is a central task in applications like
traffic, manufacturing, services, or robotics. In such applications, various objects
with a priori unknown identity, position and orientation are seen with changing background, projective distortions, and varying illumination conditions from
observers in arbitrary view locations. Thus, the design of a recognition system
requires the avoidance of misinterpretations caused by the just mentioned difficulties. In such applications, the presumption seems likely that an observation
with distributed visual input from several cooperative observers will increase robustness. For the selection of a suited fusion process, a huge number of methods
can be found in literature, see e.g. [22] [6] [7].

The combination of information from spatial or temporal origin may occur
at two different levels of abstraction, at component level or at object level. Cooperation at component level means to compose object components to get a
reconstruction of an object or a scene. The identification process is done indi-
vidually, basing on the results of cooperation at component level. In the past,
most of the work in literature concerning with cooperation was assigned to this
level. The aim of cooperation at this level consists in the *verification* of features
extracted from one view with features of other views, provided a shared and overlapping field of view between the combining features exists. Typical applications
in this context can be found in [9] [5] [1] [18] [19].

The second possibility to combine information is at object level. An observer
calculates its own recognition results and combines them with the results of
other observers. Recently, this kind of cooperation gained an increasing interest in literature. The aim of cooperation at this level consists in the exchange
of *attention areas*. Objects were tracked and their locations are transmitted to

other observers, if the objects were moving out of the field of sight. Typical applications deal with the surveillance of wide areas [2] [11], interactive video and television [8]. Using cooperation at object level has the advantage that each ob-

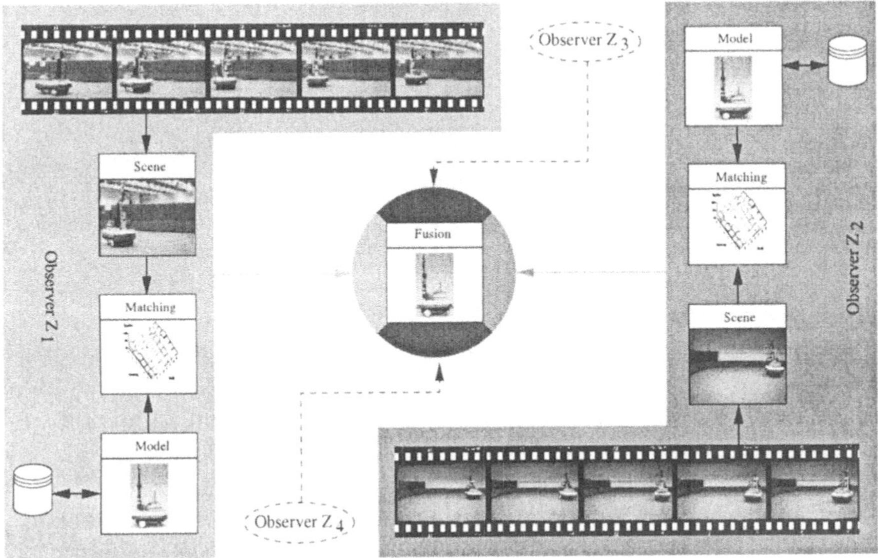

Fig. 1. Scenario of cooperative object recognition

server possess at least its own recognition results and thus can act autonomously even if no input from other observer is available. This is of great interest with respect to applications in real environments. Instead of using cooperation at object level for exchanging attention areas, we use cooperation for the verification of hypotheses. The recognition scenario discussed in this article is shown in Fig. 1. It is assumed, that each observer receives an input image that mainly contains the target object. The correspondence between a target object and reference object is done by a statistical recognition algorithm which supplies a list of hypotheses. The lists of all observers were finally combined by the use of bayesian networks. The experimental results finally indicate the influence of cooperation on the quality of the hypotheses.

2 Qualitative object recognition

The recognition of objects in a lab environment has to cope with a number of difficulties: the complexity of the object, the viewing position of the observer, changing illumination conditions, and varying background. To come along with these problems appearance-based recognition methods seem to be suitable. Nevertheless, current approaches like in [12] [10] [4] [3] [20] suggest only solutions to parts of these problems, but have not shown yet results in a scenario like the one of Fig. 1.

2.1 Formal object representation

In the case of moving objects, a region of interest that mainly contains a single and unknown target object T can be obtained by using a standard tracking algorithm. Based on such a reduced intensity image I, iconic features like gray values, edges, or corners are extracted to build a formal object description.

Formally, each object is described by a set M with $M = \{M_1, M_2, \ldots, M_{n_M}\}$ of n_M features. The geometric location of each feature M_i in I is determined by its coordinate vector $\mathbf{m_i}$ in x and y direction with $\mathbf{m_i} = (m_{x,i}, m_{y,i})^T$. Each feature is defined as a tuple M_i, consisting of its coordinate vector $\mathbf{m_i}$ and optionally a set of further attributes M_i to additionally specify the feature $M_i = \{\mathbf{m_i}, M_i\}$ with $i = 1, \ldots, n_M$. Each feature M_i is then transformed by determining the location of M_i in dependency of the locations of the remaining features in I. In this way, we receive the locations of all M_i in a scale and translation invariant representation which we call the visual configuration space. With a criterion f, two arbitrary features M_i and M_j are marked with the $<$ relation along x or y:

$$f_{\{x,y\},ij} = \begin{cases} 1 & m_{\{x,y\},i} < m_{\{x,y\},j} - \varepsilon_{\{x,y\}} \ \wedge \ i \neq j \\ 0 & \text{otherwise} \end{cases} \tag{1}$$

$\varepsilon_{\{x,y\}}$ enables a valuation of overlapping locations. With $f_{\{x,y\},ij}$ the relative location of a single feature M_i in relation to the remaining $n_M - 1$ features out of $M \setminus \{M_i\}$ along x and y is given by:

$$b_{\{x,y\},i} = \frac{1}{n_M - 1} \sum_{j=1}^{n_M} f_{\{x,y\},ij} \qquad n_M > 1 \tag{2}$$

Both components $b_{x,i}$ and $b_{y,i}$ build the destination vector $\mathbf{b}_i$ of a feature with $\mathbf{b}_i = (b_{x,i}, b_{y,i})^T$ and determine the position of M_i in κ. Fig. 2 shows a sample transformation from a reference object R and a target object T into κ by using the canny operator. As can be verified easily, the emerged visual configuration space is translation and scaling invariant. Because of considering only relative locations, few disturbances or projective distortions appear compensated in κ.

2.2 Statistical correspondence

Because the number of features n_M of our objects is usually very high, we consider the order of the corresponding features $\mathbf{b}_i$ in κ as randomly. Following this statistical approach, we build a two-dimensional distribution function F for each representation in κ. To compare a reference object R with a target object T we use non-parametric statistical tests in order to have no constraints to the distribution of the point features. The distribution function is derived from the

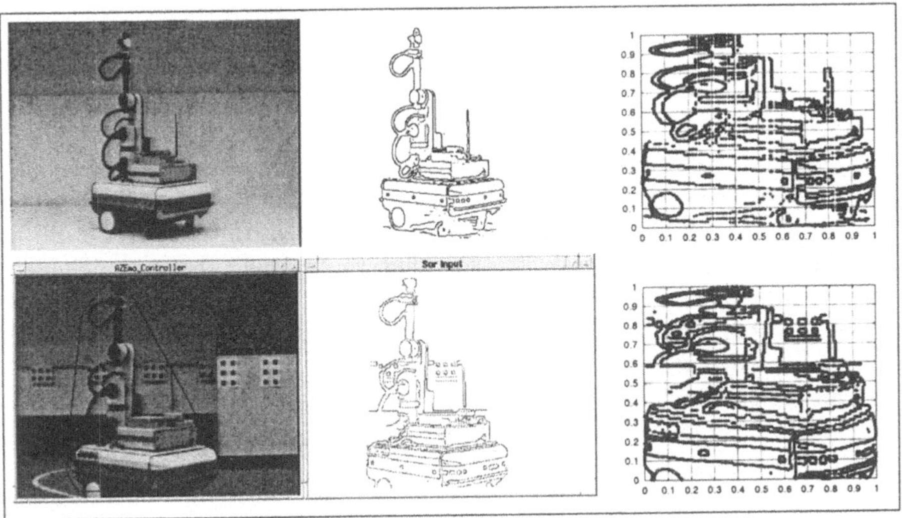

Fig. 2. Transformation of reference (top row) and target object (bottom row) via canny edge images into representations κ^R and κ^T of the visual configuration space

density function $f(x', y')$. It is build by the use of the δ function, because the representations in κ are not continuous, but discrete. With

$$f(x', y') = \frac{1}{N_M} \sum_{i=1}^{N_M} \delta(x' - b_{x,i}, y' - b_{y,i}) \tag{3}$$

we get a representation in κ with identical impulses at the locations of the $\mathbf{b_i}$. By integrating over b_x and b_y we receive a two-dimensional distribution function:

$$F(b_x, b_y) = \int_0^{b_y} \int_0^{b_x} f(x', y')dx'dy'. \tag{4}$$

Statistical tests calculate a similarity measure between the two distribution functions of $F^R(b_x, b_y)$ and $F^T(b_x, b_y)$. In a number of experiments we found the test of Kuiper [17] useful. In contrast to the well-known test of Kolmogoroff and Smirnow, the maximum distance between the distribution functions of $F^R(b_x, b_y)$ and $F^T(b_x, b_y)$ is calculated in both directions by:

$$D = \max_{(b_x, b_y)^T} \{F^T - F^R\} + \max_{(b_x, b_y)^T} \{F^R - F^T\} \tag{5}$$

For a sample set of size n_M, results of the Kuiper test are calculated by using function $O(\psi)$:

$$O(\psi) = \begin{cases} \sum_{j=-\infty}^{\infty} (1 - 4j^2\psi^2)e^{-2j^2\psi^2} & \text{for} \quad \psi > 0 \\ 0 & \text{otherwise} \end{cases} \tag{6}$$

In [17] the parameter ψ is approximated depending on the number of sample and the distance D:

$$\psi = \left(\sqrt{n} + 0.155 + \frac{0.24}{\sqrt{n}}\right) D \tag{7}$$

The more any two distribution functions resemble, the smaller gets $O(\psi)$. Thus, the hypothesis h with $h = 1 - O(\psi)$ is used as a measure of the match between two object views. According to the appearance-based approach, each reference object R_i is modelled by a number of views n_A. Thus, to determine the correspondence between a target object T and a reference object R_i, the representation κ^T has to be compared with all relevant representations κ^{R_i}. The comparison of T with R_i supplies a hypotheses vector $\mathbf{H}_{R_i}$ with $\mathbf{H}_{R_i} = (h_{R_{i,1}}, \ldots, h_{R_{i,n_A}})^T$ containing the calculated hypotheses of all matches between the n_A views of R_i and T. The comparison of T with n_R reference objects leads to the resulting hypotheses set H with $H = \{\mathbf{H}_{R_1}, \ldots, \mathbf{H}_{R_{n_R}}\}$.

Compared to a rather artificial scenario with few variations in illumination and identical background like in [12] the results of this qualitative recognition algorithm are very robust. However, in natural scenarios with arbitrary viewing positions, variable background, and changing illumination conditions the quality of the recognition result depends on the quality of the input image. Because object segmentation is often not exact, the input image either contains data that are not relevant or simply misses relevant data, the recognition process leads to misinterpretations. To overcome this problem the usage of recognition results coming from either temporal or spatial sources is considered in the following.

3 Fusion of object hypotheses

To decide what method to use in a fusion process, the existence of performance features for the various methods would be useful. Unfortunately, there is a lack of significant information about that. In a number of experiments, we found bayesian networks as proposed by [15] most suited to combine information at object level. With our experiments we can confirm, that bayesian networks are rather robust in applications with imprecisions as claimed by [16] [21] and able to react fast to changes [22]. Both abilities are necessary for the cooperative object recognition, because such an application has to deal with changing object locations and orientations as well as with insufficient quality of hypotheses and thus requires dynamic assignments of the estimated values.

In our application, bayesian networks are used to verify one or more sets H of recognition results in order to achieve a new combined set of hypotheses. A bayesian belief network for the recognition task consists of a number of belief nodes that represent the state of the network at a time step t_i. Each node is able to send and receive two kinds of information, namely diagnostic support and causal support. Diagnostic support is build from the resulting set H of the statistical object recognition algorithm, causal support contains the current belief of the predecessor node.

The belief network is shown in Fig. 4. It consists of a number of single belief nodes X^{t_i} for each time step t_i, in which the current estimation values are calculated. In this temporal consideration, the belief network builds a sequential chain of nodes consisting of X^{t_i}, predecessor node $X^{t_{i-1}}$ and successor node $X^{t_{i+1}}$. The single node X^{t_i} is connected with a number of observers represented by nodes Z_i that send their calculated hypotheses represented by $\lambda_k(x^{t_i})$ to X^{t_i}. There, the diagnostic support $\lambda(x^{t_i})$ is build by:

$$\lambda(x^{t_i}) = \prod_{k \in \{Z_1,\ldots,Z_{n_O}\}} \lambda_k(x^{t_i}) \tag{8}$$

In the case of one observer the belief network estimates the current orientation of a target object T based on its own set of hypotheses. This network is used to verify the individual recognition results of an observer. In the case of up to n_O observers, hypotheses sets of n_O involved participants are combined in the belief network to estimate the identity and orientation of an object. Using bayesian networks in this way, a cooperative verification of the recognition results is done.

The causal support $\pi(x^{t_i})$ to X^{t_i} is calculated by the use of the propagated values $\pi_{X^{t_i}}(x^{t_{i-1}})$ from $X^{t_{i-1}}$ with the conditioned probabilities $P(x^{t_i}|x^{t_{i-1}})$:

$$\pi(x^{t_i}) = \sum_{j=1}^{n} P(x^{t_i}|x_j^{t_{i-1}})\pi_{X^{t_i}}(x_j^{t_{i-1}}) \tag{9}$$

To get the conditioned probabilities $P(x^{t_i}|x_j^{t_{i-1}})$, we use a $n_A n_R \times n_A n_R$ view transition matrix (VTM) which can be filled differently in each belief node (Fig. 3). These matrices VTM describe the a priori suspected dependencies of

$t_{i-1}\backslash t_i$	$R_{1,1}$ $\cdots$ R_{1,n_A}	$\cdots$	$R_{n_R,1}$ $\cdots$ R_{n_R,n_A}
$R_{1,1}$	$p_{1,1}^{R_1}$ $\cdots$ $p_{1,n_A}^{R_1}$		
$\cdots$	$\vdots$ $\qquad$ $\vdots$	$\vdots$	0
R_{1,n_A}	$p_{n_A,1}^{R_1}$ $\cdots$ $p_{n_A,n_A}^{R_1}$		
$\cdots$	$\cdots$	$\cdots$	$\cdots$
$R_{n_R,1}$			$p_{1,1}^{R_{n_R}}$ $\cdots$ $p_{1,n_A}^{R_{n_R}}$
$\cdots$	0	$\vdots$	$\vdots$ $\qquad$ $\vdots$
R_{n_R,n_A}			$p_{n_A,1}^{R_{n_R}}$ $\cdots$ $p_{n_A,n_A}^{R_{n_R}}$

Fig. 3. View transition matrix with transitions of aspects in time interval $\Delta t = t_i - t_{i-1}$

n_A views of n_R models between two time steps t_{i-1} and t_i. Each cell in VTM indicates the transition probability $p_{i,j}^{R_k}$, that view i of model R_k will change to view j of model R_k in Δt with $\Delta t = t_i - t_{i-1}$. Dependencies usually exist only between views of the same model R_k. Elements of VTM for which no transition probability exist like in elements that do not belong to R_k are set to zero.

Useful assumptions for the dependencies between views of a single model can be formulated by discrete gaussian or uniform distributions. If the object motion in Δt is continuous and low, the possibility to use only a limited number of views should be taken into account. Then, only the relevant views are marked with $p_{i,j}$, all other transition probabilities within one model R_k are marked with 0. If the angle velocity of the object is suspected to be high, a differentiation between the observed object orientations will hardly be possible. Then, a bayesian network to estimate models instead of views can be used in the same manner as VTM.

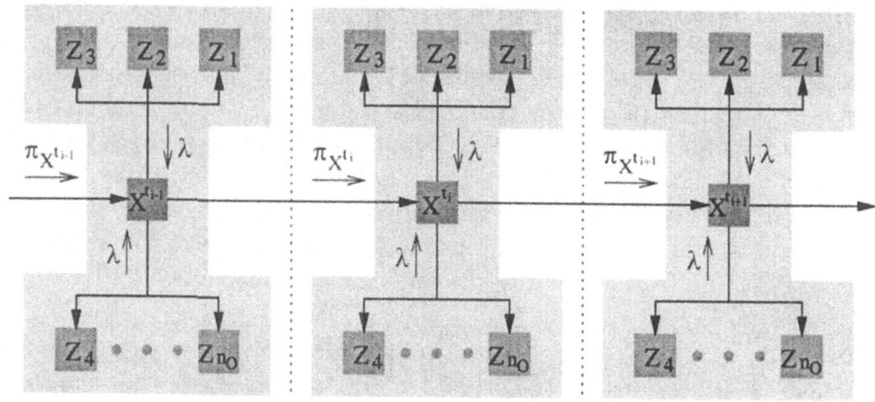

Fig. 4. Bayesian network for object recognition

Based on the causal support and the diagnostic support a single node X^{t_i} is able to calculate belief values which are normalized by α:

$$BEL(x^{t_i}) = \alpha\lambda(x^{t_i})\pi(x^{t_i}) \tag{10}$$

$BEL(x^{t_i})$ expresses the belief, what hypotheses are most plausible at time t_i. It builds simultaneously the top-down propagated causal support for X^{t_i+1}. Once a certain view obtains a valuation of zero in a belief node, the valuation for this view will be kept for all succeeding belief nodes. Such a filtering effect is desired, if a really false object orientation was calculated. Unluckily, in cases with a low quality of the input image, the bayesian network will also calculate low or zero valuations for correct object orientations. Such a behavior is unwanted because it is not robust in a real application. To avoid misinterpretations, we extend equation (8) by a factor τ that smooths the diagnostic support:

$$\lambda(x^{t_i}) = \prod_{k \in \{Z_1,...,Z_{n_O}\}} (\lambda_k(x^{t_i}) + \tau)\xi(x^{t_i}) \tag{11}$$

To keep the filtering effect, a valuation vector $\xi(x^{t_i})$ is used as a criterion whether views or models are still valid or not. The concrete design of such a valuation vector depends on the environmental knowledge which is at the observer's disposal.

4 Experimental results

In order to examine the benefit of cooperation in the recognition task, the cooperative results have to be compared with the individual results. Therefore, a number of sample scenarios with two observers looking at a moving target object were analyzed. In the following, one sample scenario is presented in detail, more information can be found in [14] [13]. To guarantee the same input material for the individual and cooperative analysis, each observer has taken an MPEG1 image sequence from the scenario with images of size 384×288. Fig. 5 (c) shows

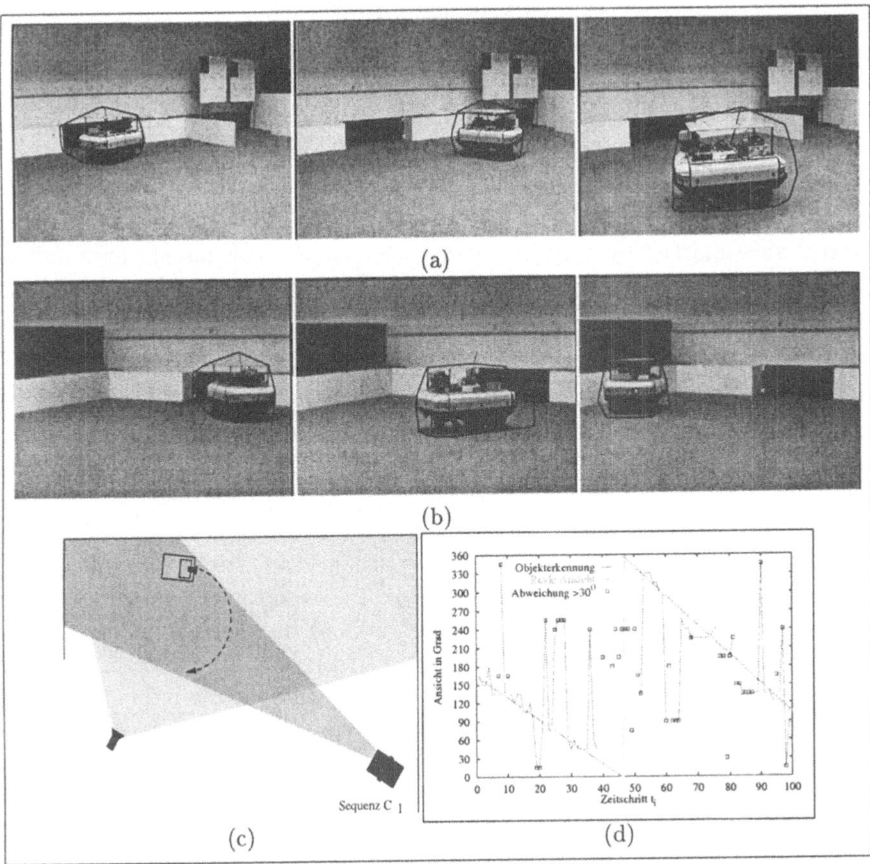

Fig. 5. Images with convex hulls around T at t_{10}, t_{30} and t_{60} taken by Z_1 (a), Z_2 (b), set-up for experiments (c), and results of the Kuiper test for Z_1 (d)

the set-up for the cooperative experiment with the robot *Porthos* moving to the right. The robot was tracked from two different points of view by observer Z_1 (Fig. 5 (a)) and Z_2 (Fig. 5 (b)) over 100 respectively 86 time steps. In the image sequences, *Porthos* as target object T is marked by a convex hull that was automatically generated by a simple tracking algorithm. The convex hull contains T more or less complete and serves as input image I for the statistical recognition algorithm. The orientation angle with approximately 120° between Z_1 and Z_2 was assumed to be known. To recognize T, both observers used a model database with 14 reference objects consisting of 24 views taken from fixed distances in 15° steps from 0° to 345°. The comparison between individual and cooperative methods requires a basic measure. To get such a measure, we determined the maximum likelihood hypothesis and tested if this corresponding orientation was contained in a plausibility interval around the current orientation. In case it was contained, the recognition result was marked with one, otherwise with zero, if the deviation was greater than ±30°. Because the current view was not known exactly, this measure gives a rough estimation of the quality of the recognition results. The quality measure Q for the whole image sequence was build by the single quality values, which were summed up and divided by the number of images. For the sequence of Z_1, Fig. 5 (d) shows the maximum hypotheses for each of the 86 time steps together with the estimated real view. The results calculated by Z_2 are shown in Fig. 6 (a). Deviations from the real view marked by squares are either caused by calculated views outside the plausibility range or by wrong models. The results of the Kuiper test are quite different for Z_1 and Z_2. While Z_1 contained 52% of misinterpretations, Z_2 had 43%.

Before calculating cooperative results, an improvement of the individual recognition performance was considered. To do so, the bayesian network of Fig. 4 was used with diagnostic support coming only from the own node Z. The results of the continuous individual verifications by Z_1 and Z_2 are shown in Fig. 6 (b) and (c). The view transition matrices were filled with a discrete gaussian distribution in the range $[R_{i,j} - 15°, R_{i,j} + 15°]$ around the estimated views $R_{i,j}$ at time t_{i-1}. The value τ was set to 0.05 and for the vector $\xi(x)$ a model valuation coming from a bayesian network for models was used, whose input values were build from the summed hypotheses of the statistical recognition algorithm. These measure led to a significant improvement of the quality of the individual recognition as Fig. 6 (b) and (c) show. Although continuous results are significantly improved, still not all best matches are correct. The recognition rate reaches a value of $Q = 78\%$ for Z_1 and $Q = 94\%$ for Z_2.

For the cooperative verification, values of both observers Z_1 and Z_2 enter the belief network simultaneously at t_i. Hypotheses of Z_2 were transformed to the coordinate system of observer Z_1. The results are shown in Fig. 6 (d). As can be seen, the fusion of distributed information from two different sources Z_1 and Z_2 leads to a further improvement of the recognition result. The recognition rate of $Q = 96\%$ supports a reliable estimation of the current object movement.

To evaluate cooperative results, one has to distinguish individual and group benefit. In a number of experiments with other scenarios, the cooperative approach mostly reached the highest individual benefit and nearly always the highest group benefit. The calculation time on a UltraSPARC II for the belief network

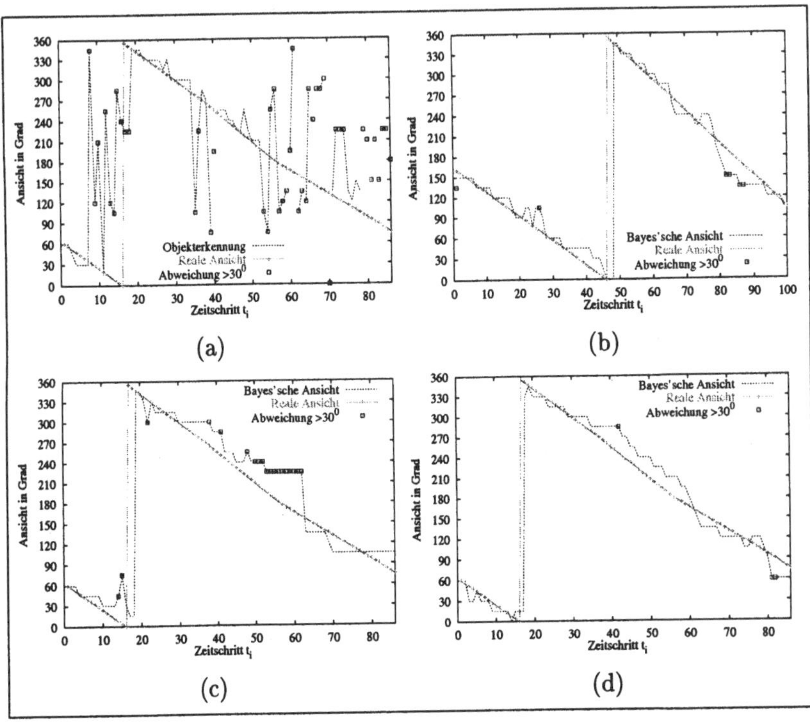

Fig. 6. Results of Kuiper test for Z_2 (a), individual verification results for Z_1 (b), Z_2 (c), cooperative results (d)

with 14 models amounts to 60ms. Together with the times for file reading, canny operation, and statistical algorithm, the total recognition time for the scenario of Fig. 5 (c) varies between 150ms and 350ms depending on the size of I. With an increasing number of models and views the recognition time increases as well. Thus, in applications with large databases, indexing methods should be taken into account. A suited choice of $\xi(x^{t_i})$ in equation (11) e.g. will gradually enable a reduction of the model set leading to less comparisons and thus to faster recognition cycles.

5 Conclusions

We introduced a method for cooperative object recognition at object level and showed that robustness can be increased significantly compared to individual results. Individual object recognition is done by an appearance-based qualitative non-parametric statistical matching algorithm. To fuse hypotheses calculated from multiple spatial distributed observers, a bayesian network was proposed. Time considerations showed that the whole recognition process even with a higher number of models is rather fast. The high robustness together with a relatively low processing time distinguishes bayesian networks as a suitable method to fuse distributed object recognition results.

References

1. R. Buschmann, L. Falkenhagen, R. Koch, R. Mohr, and L.V. Gool. Cumuli, panorama, and vanguard project overview. In R. Koch and L.V. Gool, editors, *LNCS 1506*, pages 1–13. Springer, 1998.
2. R.T. Collins, A.J. Lipton, and T. Kanade. A system for video surveillance and monitoring. *Proc. of the Amer. Nucl. Society: Eight Intern. Topical Meeting on Robotics and Remote Systems*, Pittsburgh, 25.-29. April 1999.
3. R. Epstein, A. Yuille, and P. Belhumeur. Learning object representations from lighting variations. In J. Ponce, A. Zisserman, and M. Hebert, editors, *Object Representation in Computer Vision II*, pages 179–199. Springer, 1996.
4. P. Gros. Using quasi-invariants for automatic model building and object recognition. In M. Hebert, J. Ponce, T. Boult, and A. Gross, editors, *Object Representation in Computer Vision*, pages 65–75. Springer, 1994.
5. E. Grosso, G. Sandini, and M. Tistarelli. 3d object reconstruction using stereo and motion. *IEEE Trans. on Systems, Man and Cybernetics*, 19(6):1465–1488, 1989.
6. D. Hall. *Mathematical Techniques in Multi-sensor Fusion*. Artech House Inc., 1992.
7. S.S. Iyengar, L. Prasad, and Hla Min. *Advances in Distributed Sensor Integration*. Prentice Hall, 1995.
8. R. Jain and K. Wakimoto. Multiple perspective interactive video. In *Int. Conf. on Multi-media Computing and Systems*, pages 202–211, 1995.
9. E.P. Krotkov. *Active Computer Vision by Cooperative Focus and Stereo*. Springer, 1989.
10. A. Leonardis and H. Bischof. Dealing with occlusions in the eigenspace approach. In *CVPR*, pages 453–458, 1996.
11. T. Matsuyama. Cooperative distributed vision: Dynamic integration of visual perception, action, and communication. *KI 99*, pages 75–88, 1999.
12. H. Murase and S. Nayar. Visual learning and recognition of 3d objects from appearance. *International Journal of Computer Vision*, 14:5–24, 1995.
13. N. Oswald. *Kooperative Bildverarbeitung für autonome Systeme*. VDI-Verlag, 2001 (to appear).
14. N. Oswald and P. Levi. Cooperative vision in a multi-agent architecture. *Lecture Notes in Computer Science*, 1310:709–716, 1997.
15. J. Pearl. Distributed revision of composite beliefs. *Artificial Intelligence*, 33:173–215, 1987.
16. M. Pradhan, M. Henrion, G. Provan, B.D. Favero, and K. Huang. The sensitivity of belief networks to imprecise probabilities. *AI*, 85:363–397, 1996.
17. W.H. Press. *Numerical Recipes in C: The Art of Scientific Computing*. Cambridge University Press, 1992.
18. P. Pritchett and A. Zisserman. Matching and reconstruction from widely separated views. In R. Koch and L.V. Gool, editors, *LNCS 1506*, pages 78–92. Springer, 1998.
19. H. Saito, S. Baba, M. Kimura, S. Vedula, and T. Kanade. Apperance-based virtual view generation of temporally-varying events from multi-camera images in the 3d room. *Proc. of Sec. Int. Conf. on 3-D Digital Imaging and Modeling*, Oct. 1999.
20. B. Schiele and J.L. Crowley. Object recognition using multidimensional receptive field histograms. In *ECCV*, pages 610–619. Springer, 1996.
21. P. Walley. Measures of uncertainty in expert systems. *AI*, 83:1–58, 1996.
22. E. Waltz and J. Llinas. *Multisensor Data Fusion*. Artech House, 1990.

Autonome mobile Systeme auf dem Weg zur CE-Zertifizierung am Beispiel eines Messroboters

Frank Bertagnolli[1], Marcus Ziegler[1] und Rüdiger Dillmann[2]

[1] DaimlerChrysler AG, Forschung und Technologie (FT4/TM),
Messtechnik und Modeltechnik, Postfach 2360, D-89013 Ulm
`{frank.bertagnolli, marcus.ziegler}@daimlerchrysler.com`

[2] Universität Karlsruhe (TH), IAIM, Haid-und-Neu-Straße 7, D-76131 Karlsruhe
`dillmann@ira.uka.de`

Abstract. Um ein autonomes mobiles System vermarkten und betreiben zu dürfen, muss es mit einem CE-Zeichen gekennzeichnet sein. Anderenfalls ist sowohl die Vermarktung als auch der Betrieb in Europa gesetzlich nicht gestattet. Dieser Artikel soll die Grundvoraussetzungen für die CE-Kennzeichnung darstellen und den Weg für autonome mobile Systeme aufzeigen. Neben einer Einführung in die notwendigen Richtlinien und Normen sollen die daraus abgeleiteten Formeln zur Berechung der Sicherheitsabstände für den Personenschutz vorgestellt und am Beispiel eines Messroboters berechnet werden.

1 Einleitung

Die Universität Karlsruhe und die Forschung der DaimlerChrysler AG arbeiten zusammen an einem Projekt zur autonomen und mobilen Vermessung von dreidimensionalen Objekten. Das Hauptanwendungsgebiet stellen Fahrzeugkarosserien dar. Hierzu wurde ein autonomer mobiler Roboter entwickelt, der ein Messsystem der DaimlerChrysler AG positioniert. Ein Prototyp der Universität Karlsruhe, der „Karlsruher linearer Messroboter", kurz KALIMERO, existiert bereits (siehe [1] und [2]).

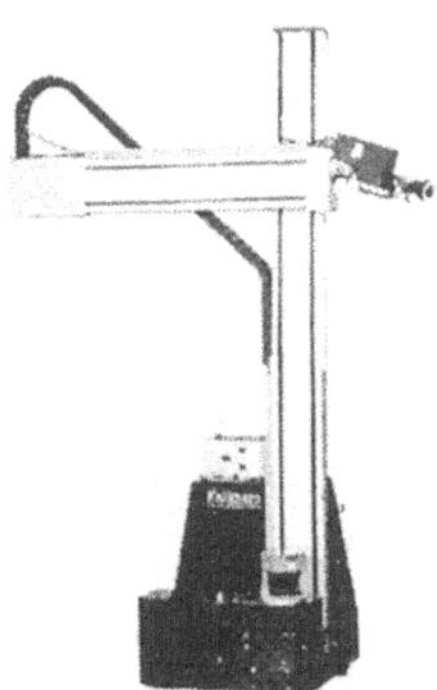

Abbildung 1: Messroboter „KALIMERO"

Dieser vorhandene Messroboter wird technisch überarbeitet und neu spezifiziert. Dabei ist zu beachten, dass der mobile Roboter reproduzierbar und entsprechend den aktuellen Vorschriften gebaut wird.

Autonome mobile Systeme, wie der Messroboter, fallen gemäß der Europanorm 291-1 [3] in die Kategorie der Maschinen. Durch diese Tatsache unterliegt er der Maschinenrichtlinie und ist zertifizierungspflichtig.

1.1 Sicherheit

In der heutigen Arbeitsumwelt geht es immer schneller und hektischer zu. Deshalb ist die Sicherheit eine wesentliche Anforderung an moderne Maschinen und Anlagen. Sie dient dem Schutz des Menschen. Als Anforderung gilt, dass die Sicherheit möglichst früh in der Konstruktionsphase einfließen muss. Durch viele vorhandene Richtlinien und Normen in der Europäischen Union und der Schweiz sollen hierdurch Gefahren für Leib und Leben abgewendet werden. Doch Sicherheit in der Industrie heißt nach dem Personenschutz auch Schäden an Anlagen, Maschinen, Waren, Einrichtungen und anderen Gegenständen zu vermeiden. Sichere Maschinen zeigen die Prozessbeherrschung des Herstellers und sind zuletzt auch ein Qualitätsmerkmal für das Produkt.

Gerade autonome mobile Systeme bewegen sich häufig in Bereichen, in denen sich auch Personen aufhalten und bewegen.

1.2 CE-Zeichen

Seit dem Jahre 1995 ist in Europa das CE-Zeichen für die Vermarktung und Inbetriebnahme von Maschinen notwendig. Die Vorraussetzungen der Maschinenrichtlinie sind zu erfüllen, bevor eine Maschine, wie ein autonomes mobiles System, das CE-Zeichen tragen darf. Neben einer ausführlichen Dokumentation und einer Gefahrenanalyse parallel zum Konstruktionsprozess, wird das Einhalten der gültigen Normen gefordert. Dies soll dazu dienen, dem Stand der Technik zu entsprechen, der notwendigen Sorgfaltspflicht als Hersteller nachzukommen und somit nicht grob fahrlässig zu handeln.

2 Richtlinien und Normung

Mit der Verwirklichung des europäischen Binnenmarktes am 1. Januar 1993 traten auch die EG-Richtlinien in Kraft. Sie legen ein einheitliches Sicherheitsniveau für Produkte des Maschinenbaus und deren Betrieb in der Europäischen Union und der Schweiz fest. Diese Richtlinien sind in Bezug auf die Sicherheit eine der Voraussetzungen für den freien Verkehr der Produkte innerhalb der Europäischen Union und somit Rechtsgrundlage in diesem Wirtschaftsraum. Insgesamt existieren momentan 14 EG-Richtlinien mit Bewertungsverfahren für die CE-Konformität. Jeder EG-Staat muss diese in sein Gesetzeswerk einbinden. Damit haben diese EG-Richtlinien einen Gesetzescharakter.

2.1 Maschinenrichtlinie

Für alle Maschinen hat in Europa die Maschinenrichtlinie 98/37/EG (früher 98/392/EWG) vom 14. Juni 1989 [4] zweifellos die größte Bedeutung. Die Übergangsfrist für die Einführung der Maschinenrichtlinie als EG-Richtlinie ist am 1. Januar 1995 abgelaufen. Somit ist diese zwingend anzuwenden. Maschinen und Flurförderfahrzeuge dürfen demnach nur dann in Verkehr gebracht werden, wenn sie dieser entsprechen und alle Sicherheitsanforderungen erfüllt sind. Damit ist die Erfüllung der Richtlinie grundlegende Voraussetzung für die CE-Zertifizierung und somit sind die Forderungen für die Entwicklung und die Herstellung klar umrissen.

Im übrigen gilt diese Richtlinien nicht nur für die Herstellung, sondern auch für den Import von Maschinen nach Europa, für das Zusammenfügen von Teilen unterschiedlichen Ursprungs und für Maschinen, die für den Eigengebrauch vorgesehen sind. Auch in diesen Fällen ist die Maschinenrichtlinie Rechtsgrundlage. Als einzige Ausnahme besteht die Möglichkeit bei Messen, Ausstellungen oder Vorführungen vorübergehend und unter bestimmten Bedingungen nicht richtlinienkonforme Maschinen zu präsentieren.

Neben der Maschinenrichtlinie sind für Maschinen auch die „Niederspannungsrichtlinie" und die „Richtlinie zur Elektromagnetischen Verträglichkeit" einzuhalten. Im weiteren sollen jedoch die Forderungen der Maschinenrichtlinie im Vordergrund stehen und entsprechend betrachtet werden.

2.2 Normen

Es stellt sich die Frage, wie die Anforderungen der Maschinenrichtlinie erreicht werden können. Zur Erklärung der grundlegenden und sehr allgemein gehaltenen Richtlinien wurden von privatrechtlichen Organisationen Normen ausgearbeitet. Diese Normen sind unverbindlich, jedoch zeigen sie Lösungsmöglichkeiten auf, um sicherzustellen, dass der Stand der Technik und die notwendige Sorgfaltspflicht eingehalten werden. Die Anwendung einer Norm steht frei, außer sie ist durch geltendes Recht oder Verträge verbindlich vorgeschrieben. Durch die einheitlichen und eindeutigen Festlegungen, lassen sich Rechtsstreitigkeiten von vornherein vermeiden. So kann anhand einer Norm nachgewiesen werden, ob der Hersteller die entsprechende Sorgfaltspflicht beachtet oder aber fahrlässig gehandelt hat.

Das Normenwerk ist hierarchisch gegliedert, sehr umfangreich und technisch abgefasst, deshalb ist ein entsprechender Sachverstand bei der Umsetzung notwendig. Dies ist ganz besonders wichtig, da bei einer Umsetzung die Verantwortung für das Handeln selbst übernommen werden muss. Die Normen lassen sich in drei Gruppen einordnen: den Grundnormen (A-Normen), den Gruppennormen (B-Normen) und den Produkt- oder Fachnormen (C-Normen).

Der neu entstehende Messroboter muss im Europäischen Wirtschaftsraum vermarktungsfähig sein. Wie wird jedoch dieses Thema bearbeitet und wie sieht die weitere Vorgehensweise aus? Die Absicherung des KALIMERO muss deshalb auf Basis von zwei vorhandenen Normen erfolgen. Erstens auf Basis der Europanorm 1525 [5], welche fahrerlose Flurförderzeuge und ihre Systeme beschreibt und deshalb für das Fahrgestell des mobilen Roboters angewendet werden muss. Zweitens auf die Europanorm 775 [6], welche sich mit Industrierobotern auseinandersetzt. Letztere kann zur Bestimmung der Gefährdungen, die durch den Aufbau entstehen, genutzt werden.

3 Gefahrenanalyse und Risikobetrachtung

Bereits in der Entwicklungsphase ist eine Gefahrenanalyse mit Risikobetrachtung durchzuführen. Der Stand der Technik muss eingehalten werden. Außerdem ist eine technische Dokumentation zu erstellen, die über alle grundlegenden Aspekte der Sicherheit und der Gesundheitsvorsorge Auskunft gibt. Erst nach dem Erfüllen aller Anforderungen ist das Ausstellen und die Unterzeichnung der Konformitätserklärung möglich. Danach darf das CE-Zeichen an der Maschine angebracht werden. Kann die Dokumentation auf Verlangen einer Kontrollstelle nicht vorgelegt werden, bedeutet dies die Nichterfüllung der Maschinenrichtlinie und als Folge ein Verkaufsverbot in der Europäischen Union.

3.1 Gefährdungen

In der Regel gibt es für Maschinen verschiedenster Art sogenannte Produkt- beziehungsweise Fachnormen. In der Fachsprache werden sie „C-Normen" genannt. Diese geben über die möglichen Gefährdungen Auskunft und schlagen entsprechende Lösungswege zur Absicherung vor. Für autonome mobile Systeme existiert bisher allerdings keine solche C-Norm, da solche Systeme noch nicht in großem Stil vermarktet werden. Ein weiterer Grund ist, dass mobile Roboter sehr unterschiedlich sind und ein großes Spektrum abdecken. Sie sind deshalb schwerer zu spezifizieren, als beispielsweise ein Industrieroboter.

Eine Umzäunung, zur Abwehr der Gefahr für Personen, wie es bei Industrierobotern üblich ist, ist für ein autonomes mobiles System nur sehr schwer vorstellbar. Das bedeutet für die Entwicklung und Konstruktion, dass Lösungen für die Sicherheit von Personen erarbeitet werden müssen. Gerade diese Anforderungen an die Sicherheit für die autonomen mobilen Systeme, welche mit Menschen interaktiv arbeiten sollen, erzeugt eine komplexe Problematik. Ideen zum Arbeitsschutz und zur Absicherung von Mobilen Robotern sind in [7] verzeichnet.

3.2 Risikobeurteilung

Die Risikobeurteilung besteht aus einer Folge von vier Schritten, welche eine systematische Analyse von Gefährdungen an Maschinen erlaubt. Diese Abfolge entstammt der Europanorm 1050 [8]. Der gesamte Vorgang und somit die vier Schritte bestehen im einzelnen aus der Systemabgrenzung, der Gefahrenanalyse, der Risikoeinschätzung und der Risikobewertung. Nach der Abarbeitung der vier Schritte wird wieder erneut mit der Systemabgrenzung begonnen, bis das Restrisiko auf ein akzeptables Maß gesunken ist.

Es ist notwendig, die Risikobeurteilung parallel zum Konstruktionsprozess durchzuführen, so wird es in der Maschinenrichtlinie verlangt. Wenn dieser Forderung nachgekommen wird, kann sich eine Gefahrenanalyse beim ersten Projekt amortisieren. Gefährdungen können so bereits in der Konstruktionsphase erkannt und beseitigt werden. Weiter können nicht vermeidbare Gefährdungen für Hinweise in der Betriebsanleitung und für weitere folgende Projekte dokumentiert werden.

Die Analyse der Gefährdungen und die Betrachtung der Sicherheitstechnik muss dokumentiert werden und zählt zu den technischen Unterlagen, welche für den Nachweis der Konformitätserklärung gefordert werden. Weitere Ausführungen zur Gefahrenanalyse sind zum Beispiel in [9] nachzulesen.

4 Sicherheitsabstände

Ein Lösungsansatz zur Absicherung sind die zum Personenschutz eingesetzten Laserscanner und die dazugehörigen Ansteuerungsgeräte. Sie haben sich als praxistauglich erwiesen und durchgesetzt. Aufgrund der unterschiedlichen Laserscanner, müssen jedoch die geeigneten, zertifizierten und abgenommenen Modelle Verwendung finden. Durch programmierte Warn- und Schutzfelder kann das Verhalten der Systeme beeinflusst werden, so dass Gefährdungen auf ein akzeptiertes Minimum reduziert werden können. An dieser Stelle muss ausdrücklich betont werden, dass die Einrichtungen für den Personenschutz die Not-Aus-Einrichtung nicht ersetzt, sondern in den Not-Aus-Kreis eingebunden wird.

Zur Programmierung der Laserscanner ist es notwendig, die Funktionen, die genauen Spezifikationen und die Sicherheitskenndaten des abzusichernden Systems zu kennen. Für die Berechnung wird die Kenntnis der maximalen Geschwindigkeiten beim Fahren und Bewegen der Gelenke und Antriebe, deren Bremszeiten und die Bodenfreiheit des Fahrgestells vorausgesetzt.

In Abhängigkeit von diesen Daten sowie von Zuschlägen der Sicherheitseinrichtung, lassen sich die vorgeschriebene Anbringungshöhe und die Schutzfeldlänge des Schutzfeldes für die Absicherung berechnen. Hierzu werden die verschiedenen Gleichungen aus den verschiedenen Normen (vor allem der Europanorm 999 [10]) für die Berechnung von Sicherheitsabständen und Körpermaßen verwendet und kombiniert (weitere Ausführungen in [11] und [12]).

Im weiteren ist zwischen der statischen und der dynamischen Absicherung zu unterscheiden. Dabei soll als Voraussetzung gelten, dass die Schutzeinrichtung für beide Absicherungsarten mit der gleichen Anbringungshöhe genutzt wird.

4.1 Statische Absicherung

Es folgt die Betrachtung der statischen Absicherung für den stationären Betrieb. Hierbei ist das Drehen des Roboters mit der Drehbewegung entsprechend abzusichern. Dabei muss eine Absicherung von vorn und von hinten sowie gegen seitliches Eingreifen erfolgen.

Für die Absicherung im statischen Betrieb wurde durch die Kombination der verschiedenen Vorgaben die folgende Gleichung (1) ermittelt:

$$S_{\text{statisch}} = [K \cdot (t_a + t_b)] + 1.200 \text{ mm} - 0{,}4\,H + Z_F + Z_R + Z_L \tag{1}$$

Der Sicherheitsabstand für den statischen Zustand errechnet sich aus den folgenden Faktoren: dem abgeleiteten Parameter aus Annäherungsgeschwindigkeiten von Körper und Körperteilen K, der Summe der Ansprechzeiten der Sicherheitseinrichtungen t_a und der Bremszeit zwischen Auslösen der Bremse und Stillstand der Maschine t_b. Des weiteren fließt die Anbringungshöhe H und die Zuschläge für den generellen Messfehler Z_F, für den Einsatz von Reflektoren in der Messebene des Sensors Z_R und für die manuelle Programmierung Z_P in die Berechnung mit ein.

4.2 Dynamische Absicherung

Soll gleichzeitig für den dynamischen Betrieb die Schutzeinrichtung der statischen Absicherung genutzt werden, so gilt als Vorgabe für die Befestigungshöhe der Sensoren eine Höhe von maximal 20 cm.

Für eine Absicherung im dynamischen Betrieb ist die Gleichung (2) anzuwenden:

$$S_{\text{dynamisch}} = 1{,}1 \cdot s_{\text{Brems}} + v_{\text{max}} \cdot t_{\text{Reaktion}} + Z_F + Z_R + Z_L + Z_{\text{Fuß}} \tag{2}$$

Der Sicherheitsabstand errechnet sich aus dem Bremsweg des Systems bei maximaler Geschwindigkeit s_{Brems} plus 10% für das Fading der Bremsen, der maximalen Geschwindigkeit des Systems v_{max} multipliziert mit der maximalen Reaktionszeit der Sicherheitseinrichtungen t_{Reaktion}. Zusätzlich wird neben den bereits erwähnten Zuschlägen ein Zuschlag für die mangelnde Fußfreiheit am mobilen System addiert.

5 Ergebnis

Das Ziel ist die größtmögliche Sicherheit für Personen durch die Absicherung des Gefahrenbereichs. Trotzdem ist die Anzahl der einzusetzenden Laserscanner auf ein mögliches Minimum zu reduzieren. Dies hat auch wirtschaftliche Gründe. Die Anordnung der Laserscanner bestimmt im wesentlichen die vollflächige Überwachung bis direkt an den mobilen Roboter heran. Dabei dürfen keine Lücken entstehen, in denen sich eine Person unerkannt aufhalten könnte. Rechnerisch werden für eine Rundumabsicherung 4 Laserscanner benötig, von denen je einer eine Seite der vier Gehäuseseiten überwacht und absichert. Unter gewissen Umständen kann die Anzahl aufgrund des Systemverhaltens reduziert werden.

Der KALIMERO hat nur eine Fahrtrichtung. Dies ermöglicht eine Realisierung mit einem Laserscanner für die dynamische Absicherung. Gleichzeitig übernimmt dieser Laserscanner auch die statische Absicherung für den durch die Montage festgelegten und definierten Detektionsbereich. Bei der Drehbewegung stellt der horizontale Linearantrieb eine Gefährdung für Personen dar. Durch den Einsatz eines weiteren Laserscanners auf der rechten Gehäuseseite und Kombination mit dem Schutzfeld des in Fahrtrichtung wirkenden Sensors, wird die Gefahr am KALIMERO abgesichert.

Auf der Grundlage der vorgenannten Formeln wurde der optimale Befestigungspunkt ermittelt. Dabei sind die verschiedenen maschinenbezogenen Werte einzubeziehen. Für den Messroboter KALIMERO ergeben sich nach dem Einsetzen der systemspezifischen Werte und Daten der Sicherheitseinrichtung folgende Ergebnisse. Dabei wurde die Anbringungshöhe H optimalerweise mit 20 cm festgelegt.

Für die dynamische Absicherung ergab sich nach dem Einsetzten der Werte ein Sicherheitsabstand $S_{statisch}$ mit 240 cm. Für die statische Absicherung wurde gemäß der Gleichung ein Sicherheitsabstand $S_{dynamisch}$ mit 50 cm errechnet.

Diese Ergebnisse werden in den Abbildungen 2 und 3 dargestellt. Dabei ist der mobile Messroboter in der Ansicht von oben zu sehen. Die Schutzfelder wurden dabei in der entsprechenden Größe eingezeichnet.

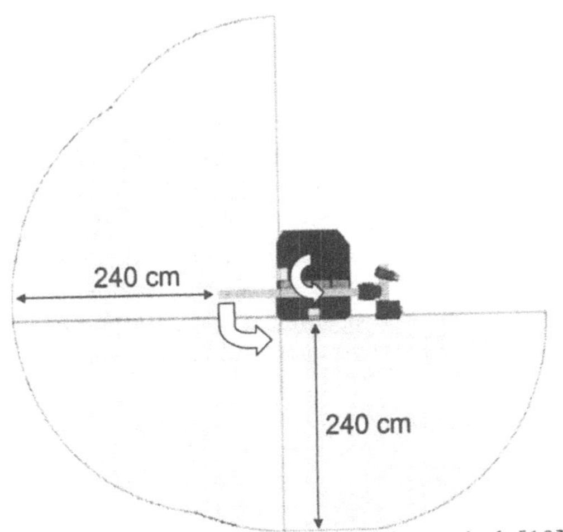

Abbildung 2: Absicherungsbereiche statisch [10]

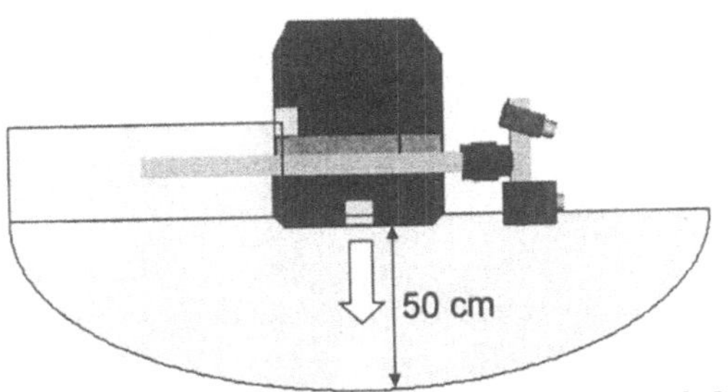

Abbildung 3: Absicherungsbereiche dynamisch [10]

Die Werte sind für die Programmierung der Schutzfelder von Bedeutung. Die Warnfelder sind entsprechend größer auszulegen. Für die Implementierung der Sicherheitstechnik in das System sind im weiteren entsprechende Schnittstellen festzulegen und zu spezifizieren.

6 Zusammenfassung und Ausblick

Dieser Artikel soll die dargelegte Problematik der Absicherung von autonomen mobilen Systemen ansprechen und anhand des Messroboters KALIMERO technische und sicherheitsrelevante Lösungsmöglichkeiten aufzeigen. Aufgrund der dargestellten Informationen sollen Rückschlüsse auf andere autonome mobile Systeme möglich gemacht werden. Weitere Ausführungen zu mobilen Robotern auf der Basis von Flurförderfahrzeugen gibt Schwinning in [13].

Letztlich ist durch diesen Anstoß der Thematik vielleicht auch das Erstellen einer allgemein gültigen Vornorm für autonome mobile Systeme möglich.

Literatur

[1] Huber, M.: *Entwurf und Aufbau eines mobilen Roboters zur dreidimensionalen Datenerfassung*. Diplomarbeit. Institut für Prozeßrechentechnik, Automation und Robotik, Universität Karlsruhe (TH). Karlsruhe. 1998.

[2] Graf, R.; von Ehr, M.; Dillmann, R.; Zilker, A. und Vogt, S.: *Automatische Vermessung großer Objekte mittels eines mobilen Roboters*. In: Wörn, H. und Dillmann R. (Hrsg.): *14. Fachgespräche Autonome mobile Systeme (AMS)*, Karlsruhe (30. November - 1. Dezember 1998), S. 261-270. Gesellschaft für Informatik, Springer. Berlin, Heidelberg, New York. 1998.

[3] *DIN EN 291-1, Sicherheit von Maschinen: Grundbegriffe, allgemeine Gestaltungsleitsätze Teil 1: Grundsätzliche Terminologie, Methodologie*, Europanorm, Beuth Verlag, Berlin. 2000.

[4] *Maschinenrichtlinie 98/37/EG*, Richtlinie des Europäischen Parlamentes und des Rates. Juni 1998.

[5] *DIN EN 1525, Sicherheit von Flurförderzeugen: Fahrerlose Flurförderzeuge und ihre Systeme*, Europanorm, Beuth Verlag, Berlin. 1997.

[6] *DIN EN 775, Industrieroboter, Sicherheit*, Europanorm, Beuth Verlag, Berlin. 1993.

[7] Freud, E.; Dierks, F. und Roßmann, J.: *Untersuchungen zum Arbeitsschutz bei Mobilen Robotern und Mehrrobotersystemen*. Schriftenreihe der Bundesanstalt für Arbeitsschutz (Forschung), Fb 682. Wirtschaftsverlag NW, Verlag für neue Wissenschaft. Dortmund. 1993.

[8] *DIN EN 1050, Sicherheit von Maschinen: Leitsätze zur Risikobeurteilung*, Europanorm, Beuth Verlag, Berlin. 1997.

[9] Schulz, M. *Gefahrenanalyse und Risikobeurteilung – Warum und wie?*, Matthias Schulz Verlag. Abtsgmünd. 1999.

[10] *DIN EN 999, Sicherheit von Maschinen: Anordnung von Schutzeinrichtungen im Hinblick auf Annäherungsgeschwindigkeiten von Körperteilen*, Europanorm, Beuth Verlag, Berlin. 1998.

[11] Bertagnolli, F.: *Analyse und Spezifikation der Hardware eines mobilen Roboters zur Dreidimensionalen Datenerfassung*. Diplomarbeit. Industrial Applications of Informatics and Microsystems. Universität Karlsruhe (TH). Ulm. 2001.

[12] Firma Sick AG. *Tastender Laser Scanner PLS*. Technische Beschreibung. 8008315.06-04-00. Waldkirch. 2000.

[13] Schwinning, S.: *Mobile Roboter auf der Basis Automatischer Flurförderfahrzeuge: Technische Gestaltung*. In: Jünemann; R. (Hrsg.): *Logistik Leitfaden - Mobile Roboter*. Zugleich Dissertation 1989, Universität Dortmund. Verlag TÜV Rheinland. Köln. 1990.

A Vision-Guided Robot for Manipulation of Domino Tokens

Johannes Bitterling and Bärbel Mertsching

University of Hamburg, Dept. of Computer Science, IMA Lab
Vogt-Kölln-Straße 30. 22527 Hamburg, Germany

Abstract. We introduce an autonomous vision-guided mobile robot system based on the *Pioneer-2* platform, which is equipped with a single camera. For safety reasons, a LRF is utilized if the camera data are not interpretable. The scenario is designed to demonstrate characteristics of indoor robot activity, as it consists of typical sub-tasks such as visual object localization and identification, map building, planning, navigation with self-localisation, and autonomous interaction with the environment: The task of the robot is to explore the near-range visible region, and to detect randomly chosen domino tiles.

1 Sensors

By just measuring the robot joint dimensions, a simple model of the forward kinematics can be set up. So, a camera matrix dependant on the pan- and tilt-angle (ϑ, φ) can easily be calculated.

Using the inverse of this matrix, it is possible to project the image to a plane parallel to the floor, where the tile spots are to be expected. This will create a distance invariant mapping of the object pixels originating from the projection plane. Remote tiles are shown with the same pixel size – although with lesser resolution and therefore poorer quality due to the interpolation during projection – as near ones; and without perspective distortion. In case the lids are actually on the assumed projection plane, it is possible to take their coordinates in respect to the robot platform directly from the projected image.

Due to the restricted viewing angle, a pan-/tilt-unit is used. Multiple images can be conjoined using camera matrices reflecting the varying pan angle values (cf. fig. 1a). Due to the time consuming repeated head movements and image acquisition processes, the system is restricted to scenes without moving objects.

2 Object Identification

After identification of the pieces using their marker spots (cf. fig. 1b) and determination their location and orientation, the system has to pre-plan a sequence of navigational steps for gripping the tiles in a reasonable order for placing them in

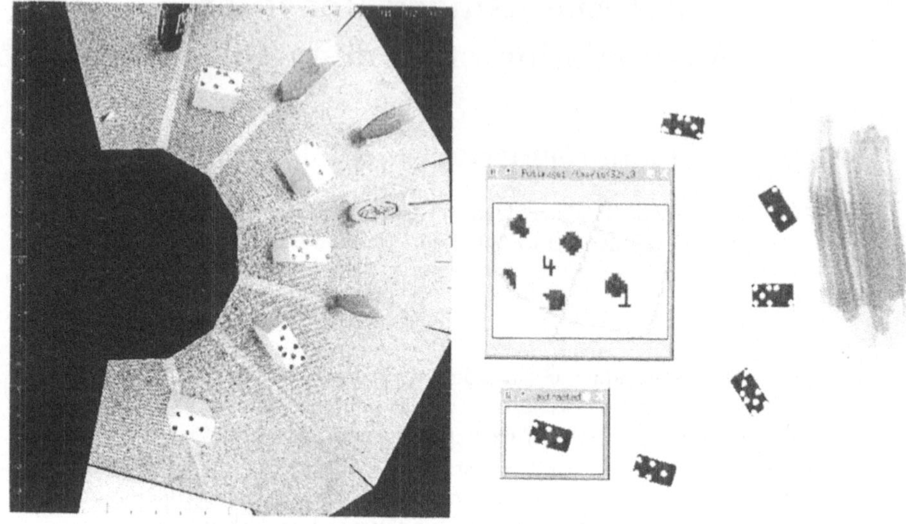

(a) conjoined projections

(b) identification of a single tile; left: identified tile, right: segmented tile candidates

Fig. 1. Combination of camera images for obtaining an overview image; detection and identification of images

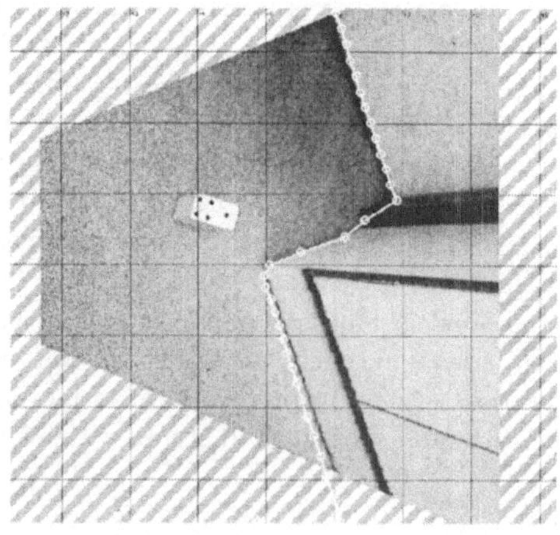

Fig. 2. LRF wall/obstacle detection

a row, and to carry out this sequence under the presence of obstacles. In practice, sometimes even the tiles themselves have to be considered as obstacles.

In addition, walls and other obstacles limit the navigational freedom of the robot while executing the task of aligning the pieces. These obstacles are detected by the LRF; this process yields directly a polygon limiting the work area (fig. 2, these data are also used for invalidating parts of the back-projected image, before further processing is applied).

3   Planning

Due to the gripper and tile dimensions, the robot has to reach *intermediate points*, before being able to drive straight towards a tile. Because of this constraint, a simple "move and turn"-approach for robot motion seems quite reasonable, which easily can be implemented with *Saphiras* "direct motion" commands.

Result of sensor data processing is a list of relative tile positions and orientations in robot coordinates. For the evaluation of different planning strategies, a simulator is used. – In most cases the robot is able to approach intermediate waypoints and the target directly (fig. 3a). This can be verified in a *vector-based planning algorithm* by simply checking each leg against all objects, adding obstacle radius, robot radius and safety margin.

If this direct method is not able to verify the existence of an unobstructed path, a kind of grid planner is instantiated. Planning' in raster-based maps results in a considerable overhead in processing time, so *partial planning* is used. Not the entire grid map is build on first request, but will grow gradually with each occupancy test (see fig. 3b/c, circles depict calls to an occupancy check function). The data structure used here is not an array (the boundaries are completely unknown and depend on scenario *and* planning resolution), but an association list of coordinate pair and occupancy status.

Using a *local coordinate system* (here: with both robot and target on its x-axis) has the advantage that parts of the resulting polyline will be directed straight to the target – which has to be reached in any case, as explained above. The handicap for building a new grid map *every time* the direct way is obstructed is more than outweighted by the quality of the resulting routes.

The *raster-based planning algorithm* itself resembles a distance propagation calculation, but with (relative high) costs for turn manoeuvres in the relative directions $\pm 60°$ and $\pm 120°$. This will keep the number of turns relative low, which is a pleasant effect, as this will maintain the precision of position estimates. Tuples of coordinates, robot orientation, costs so far and estimated minimum costs to target are kept in a priorized queue, so the most promising alternatives (least sum of costs) will be expanded first. In best case, this will behave like depth-search, in worst case the algorithm will degenerate to width-first search – with the refinement of leaving out alternatives, which lead to waypoints which already have proven to be reachable with lower costs.

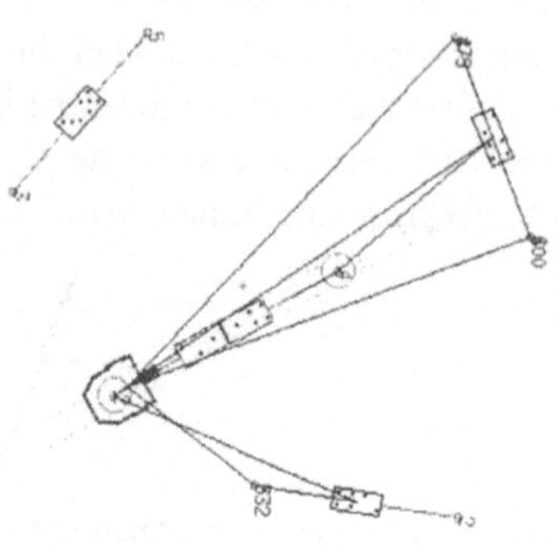

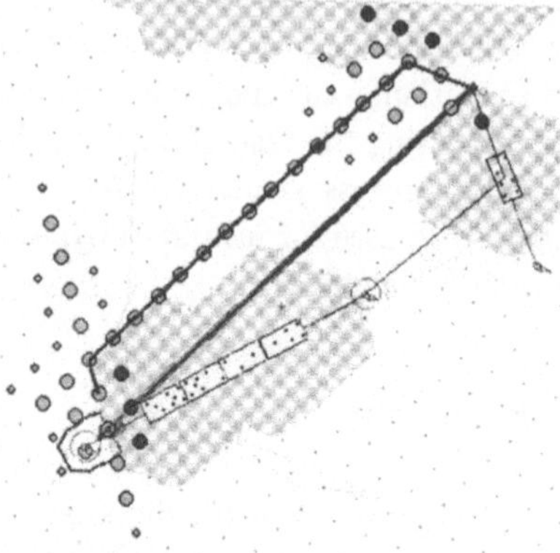

(a) Unobstructed access to piece 4.2, no grid planner invoked

(b) Circumvention manoeuvre planned with local hexagonal grid

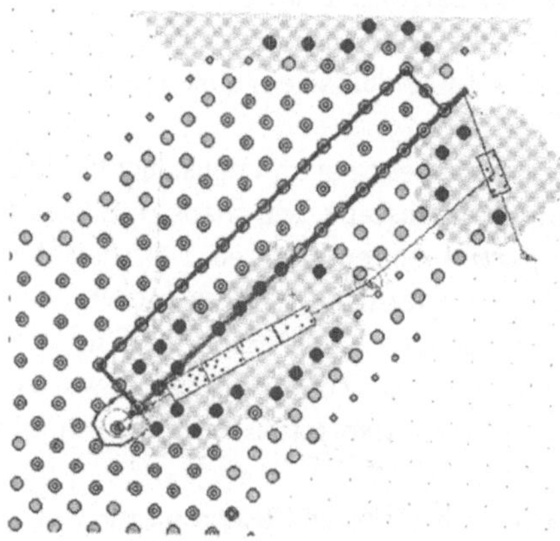

(c) Same situation as in (b), but using a local square grid

Fig. 3. Simulator for evaluating planning strategies for standard game situations

4 Navigation

The planning can be applied to a real environment configuration simply by switching planning input from simulated random tile distribution to sensor data processing. A major drawback of this concept is the growing localization error resulting from inprecise movements of the robot platform; therefore after some steps (i.e. after grasping a new tile or after the sequence of adding the tile to the chain) a complete re-orientation is performed. As the maps are always temporary, this will not cause much overhead.

5 Summary

The presented system is able to locate and identify scattered domino tiles in a distance up to about 2 m with an error of less than 2 cm (in the distal region), to plan routes according to the game requirements and to interact with the tiles in a correct manner by moving itself and operating the gripper. Limits of operation result from inaccurate movements and limits of control. For the future, stereo vision will be introduced to avoid limitations caused by the monocular approach. Potentially is is feasible to do without some parameters, such as the domino tile dimensions.

References

1. M. Bollmann, R. Hoischen, M. Jesikiewicz, C. Justkowski, B. Mertsching: *Playing Domino: A Case Study for an Active Vision System.* In: Christensen, H. I. (ed.): Computer Vision Systems. Berlin et al. (Springer), 1999, pp. 392-411
2. S. Feyrer, O. Schimmel, A. Zell: *Dreidimensionale Umgebungsmodellierung durch monokulare Exploration mit einem mobilen Roboter.* In: [8]
3. B. Jähne: *Digitale Bildverarbeitung.* Berlin (Springer) 1997, 4. Aufl.
4. Y. Kakazu, M. Wada, T. Sato (eds.): *Intelligent Autonomous Systems.* (IOS Press), 1998
5. M. Krabbes, S. Weber, V. Stephan, H.-J. Böhme, H.-M. Groß: *Monokulare visuelle Hindernisdetektion auf Basis merkmalsbasierter Bildsegmentierung.* In: [9]
6. P. J. McKerrow: *Introduction to Robotics.* (Addison-Wesley), 1990
7. T. Rupp, P. Levi: *Globale Lokalisation mobiler Roboter mit natürlichen Landmarken in dynamischen Umgebungen.* In: [8]
8. G. Schmidt, U. Hanebeck, F. Freyberger (eds.): *Autonome mobile Systeme 1999.* GI Informatik aktuell, 1999
9. H. Wörn, R. Dillmann, D. Henrich (eds.): *Autonome mobile Systeme 1998.* (Springer), 1998

Kollisionserkennung und -vermeidung für einen mobilen Manipulator

Thomas Wösch und Werner Neubauer

Corporate Technology, Information & Communications
Siemens AG
D-81739 München
{thomas.woesch,werner.neubauer}@mchp.siemens.de

Zusammenfassung Im Bereich der mobilen Servicerobotik sind Interaktionsmöglichkeiten zwischen Mensch und Maschine erwünscht, die deutlich über derzeit verfügbare hinausgehen. In diesem Beitrag werden ein *Kollisionsvermeidungssystem* und *Kontaktreflexsystem* vorgestellt, die zusammen mit einer *„künstlichen Haut"* die unmittelbare Interaktion im gleichen Arbeitsbereich ermöglichen. Die berührungslose und taktile Sensorik des Systems dient der Umgebungswahrnehmung und trägt darüber hinaus zur Sicherheit des Benutzers bei. Beispielhafte Ergebnisse werden mit Hilfe einer Simulation und anhand von Experimenten mit einem realen Roboter gezeigt.

1   Einleitung

Mobile Serviceroboter werden bereits erfolgreich bei Transport- und Reinigungsaufgaben eingesetzt. Mehr und mehr rückt der Arbeitsbereich der Roboter dabei in die Nähe des Menschen, wenn zum Beispiel ein Reinigungsroboter während der Öffnungszeiten im Supermarkt reinigt [1]. Noch näher kommt der Mensch dem Roboter, sobald der Roboter unmittelbare Aufgaben für den Menschen ausführt, wie zum Beispiel Hol- und Bringdienste, oder wenn Aufgaben sogar interaktiv durchgeführt werden. Dazu soll der Roboter entsprechend nachgiebig auf Berührungen reagieren oder auch manuell „geführt" werden können (Softrobotik). Solche Fähigkeiten benötigt zum Beispiel ein Haushaltsassistent. Für derartige Szenarien braucht der Roboter eine Steuerung, die die Sicherheit von Personen und Umgebung gewährleistet. Gleichzeitig muß die Roboterbewegung für den Menschen vorhersehbar und plausibel sein, um die Akzeptanz solcher Systeme zu gewährleisten. Dieser Beitrag beschäftigt sich mit der Umgebungswahrnehmung und der Bewegungssteuerung von Robotern in Alltagsumgebungen von durchschnittlicher Komplexität, wie beispielsweise einer Büroumgebung.

Für die Bewegungssteuerung von Robotern wurden in den letzten 10 Jahren bevorzugt probabilistische Planer entwickelt [2,3]. Planer dieser Klasse zeichnen sich besonders durch die Eigenschaft aus, verhältnismäßig einfach auf höherdimensionale Problemstellungen erweiterbar zu sein. Die Beliebtheit dieser Planer ist in der steigenden Effizienz der Algorithmen im Bereich der Computergrafik zur Berechnung von Abstandsinformationen [4,5] aus einem Umgebungsmo-

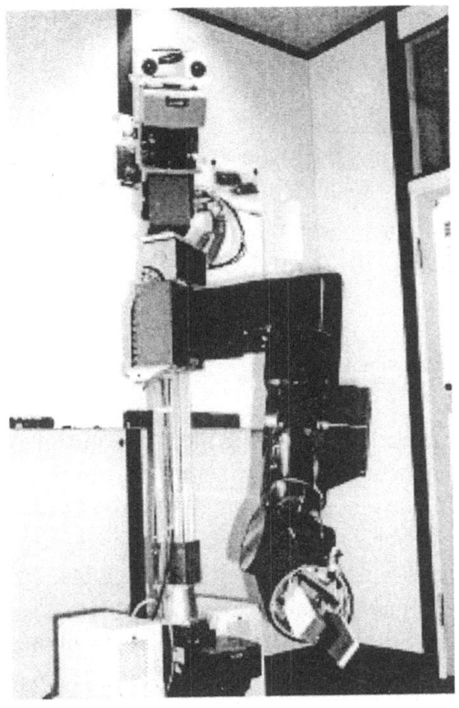

Abbildung 1. Experimentalsystem

dell und in der steigenden Rechnerleistung begründet. Trotz der ständig schneller werdenden Planer benötigt man für eine erfolgreiche Bewegungsplanung ein System, welches auf unvorhergesehene Hindernisse reagiert. Um eine Bewegungsplanung zu ermöglichen, ist ein vollständig bekanntes Umgebungsmodell erforderlich. Im Bereich der Servicerobotik kann jedoch im allgemeinen mit der eingeschränkten Sensorik die Umgebung nur unvollständig wahrgenommen werden. Die Umgebung ist zudem in den meisten Fällen dynamisch, so daß wiederholtes Neuplanen erforderlich wäre. Dabei können Kollisionen unter Umständen nicht in Echtzeit vermieden werden. Eine Möglichkeit, dieses Problem zu lösen, wird in [6] vorgeschlagen. Dabei wird ein Bewegungsplan generiert, der bei der Ausführung einen lokalen reaktiven Handlungsspielraum zuläßt.

Im vorliegenden Beitrag wird ein rein reaktiver Ansatz zur Bewegungssteuerung innerhalb dieses Handlungsspielraumes vorgeschlagen. Ähnlich der Potentialfeldmethode werden dabei zielführende und kollisionsvermeidende Bewegungsvorgaben überlagert. Für sehr viele Situationen erzeugt dieses Vorgehen bereits das gewünschte Roboterverhalten. Da die Potentialfeldmethode jedoch zu lokalen Minima neigt, wird dem System zu einem späteren Zeitpunkt noch eine Planungskomponente hinzugefügt.

Zur Erzeugung der kollisionsvermeidenden Bewegungsvorgaben verwendet die vorgeschlagene Steuerung ein 3D-Modell der Umgebung, welches aus den Sensordaten eines Laserscanners berechnet wird. Sobald sich der Roboter einem

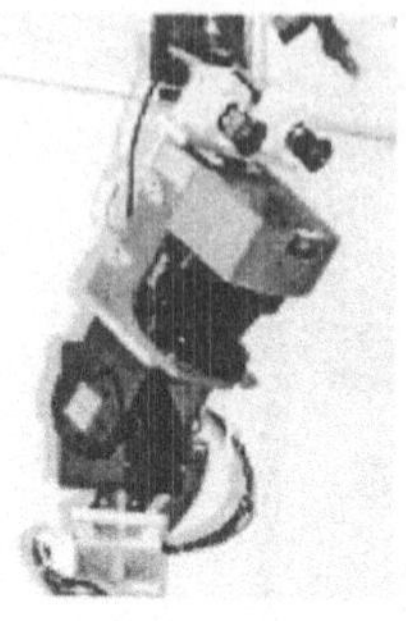

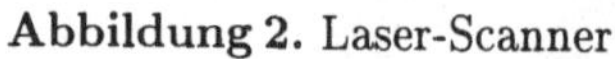

Abbildung 2. Laser-Scanner　　　　**Abbildung 3.** Taktiler Sensor

Objekt im Umgebungsmodell unzulässig nähert, ermittelt ein *Kollisionsvermei-dungssystem*, basierend auf den berechneten Abstandsinformationen, eine Bewegung, die den Arm in einen sicheren Abstand relativ zu den Hindernissen führt. Aufgrund der hohen Dynamik der Roboterumgebung und der zum Teil großen Abschattung des Sensorsichtbereiches durch den eigenen Roboterarm ist das Umgebungsmodell unvollständig. Deshalb ist das gesamte Robotersystem zusätzlich mit taktilen Sensoren umgeben, siehe Abbildung 1 und 3. Diese haben die Funktion einer „künstlichen Haut"[1]. Sollte es zu einem oder mehreren Kontakten zwischen Hindernissen und dem Roboter kommen, leitet ein *Kontaktreflexsystem* abhängig von Ort und Anpreßdruck der Kontakte eine entsprechende Ausweichbewegung ein.

Die Ergebnisse werden in einer Simulationsumgebung und auf dem in Abbildung 1 dargestellten Experimentalsystem demonstriert. Das Robotersystem besteht aus einem redundanten Roboterarm mit 8 Freiheitsgraden, der auf einer nicht-holonomen mobilen Plattform mit Differentialantrieb montiert ist. Am Kopf des Experimentalsystems befinden sich ein Laserscanner und eine Stereokamera. Beide Sensoren liefern die benötigten 3D-Tiefeninformationen. Für eine detailliertere Beschreibung des Experimentalaufbaus und des gesamten Steuerungsansatzes siehe [7].

2　Umgebungserfassung

Für die Erstellung und Aktualisierung des Umgebungsmodells stehen drei Informationsquellen zur Verfügung. Zunächst hat der Roboter Kenntnis über die eigene Position in der Umgebung und über die Position des Roboterarmes. Mit Hilfe der bekannten Robotergeometrie kann das Kollisionsvermeidungssystem Selbstkollisionen ausschließen. Das Navigationssystem des Roboters [8] besitzt eine zweidimensionale Karte der Umgebung. Diese Karte wird entweder vorgegeben, oder der Roboter erstellt und aktualisiert diese selbst. Wände und andere Objekte dieser Karte können zusammen mit der Robotergeometrie ebenfalls in

---

[1] Siemens-Patent, amtl. Aktz. 19959703.0

das dreidimensionale Umgebungsmodell übernommen werden. Die dritte Informationsquelle zur Aktualisierung des Umgebungsmodells sind alle Sensoren, also der Laserscanner, die Stereokamera und die taktile Haut.

Der verwendete Laserscanner kann die Umgebung nur in einer Ebene wahrnehmen. Für eine dreidimensionale Szenenansicht wird der Scanner mit einem Servoantrieb über die Szene geschwenkt (Abbildung 2). Aus den Sensorrohdaten wird ein 3D-Oberflächenmodell der Szenenansicht generiert.

Die Stereokamera liefert wesentlich schneller ein dreidimensionales Bild der Szene, da sie nicht geschwenkt werden muß. Die Tiefendaten der Stereokamera sind ohne den Einsatz von strukturiertem Licht jedoch dünn besetzt, falls die Objekte nicht genügend Struktur aufweisen.

Die taktile Haut dient im wesentlichen dazu, bei unvollständigem Umgebungswissen die Sicherheit für Mensch und Maschine zu gewährleisten. Jedes Flächenstück der Haut liefert dazu Position und Anpreßdruck einer Kontaktstelle. Abbildung 3 zeigt ein Flächenstück, bestehend aus zwei leitfähigen Schaumstoffschichten, einer netzförmigen Isolationsschicht und einer Auswerteelektronik. Im Ruhezustand werden die aufeinanderliegenden Schaumstoffschichten durch die Isolationsschicht getrennt gehalten. Bei einem Kontakt werden die Schaumstoffflächen aufeinandergepreßt. Über Spannungsteiler und Übergangswiderstand beider Schichten werden der Ort des Kontakts und die Größe des Drucks ermittelt. Alle Elektroniken der Hautstücke sind durch ein Bussystem verbunden, so daß auch mehrere Kontakte gleichzeitig detektiert werden können.

3 Bewegungssteuerung

Die mit dem Experimentalsystem in Abbildung 1 zu realisierenden Manipulationsaufgaben, lassen sich in verschiedene Bewegungklassen einteilen. Die nachfolgend aufgelisteten Bewegungsklassen leiten sich aus den unterschiedlichen Anforderungen für die Einhaltung von Position und Orientierung des Endeffektors sowie die Nutzung der Redundanz des Roboterarms während des Bewegungsablaufes ab.

- **Aufgabenorientierte Bewegung:** Die Endeffektorposition *und* -orientierung folgt einer vorgegebenen Trajektorie. Das Kollisionsvermeidungssystem kann bei Hindernissen in Armnähe die Redundanz des Roboterarmes für Ausweichbewegungen nutzen. Ist die Ausweichbewegung nicht ohne Abweichen des Endeffektors von seiner vorgeschriebenen Trajektorie möglich, muß die Trajektorie neu geplant werden.
- **Semi-Aufgabenorientierte Bewegung:** Hier muß gegenüber der aufgabenorientierten Bewegung für die Endeffektorlage nur Position *oder* Orientierung eingehalten werden. Ein Beispiel hierfür ist der Transport eines offenen Flüssigkeitsbehälters, bei dem die Position eventuell abweichen darf, jedoch die Orientierung eingehalten werden muß.
- **Umgebungs-Aufgabenorientierte Bewegung:** Bei dieser Bewegung wird die Restriktion für die Endeffektorlage weiter gelockert. Abweichungen von der vorgegebenen Trajektorie für den Endeffektor sind bis zu einem gewissen

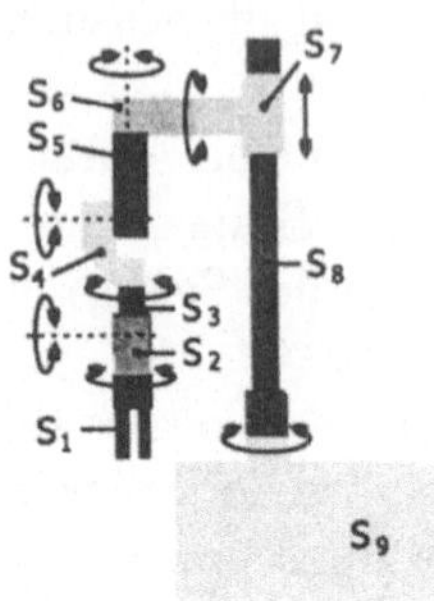 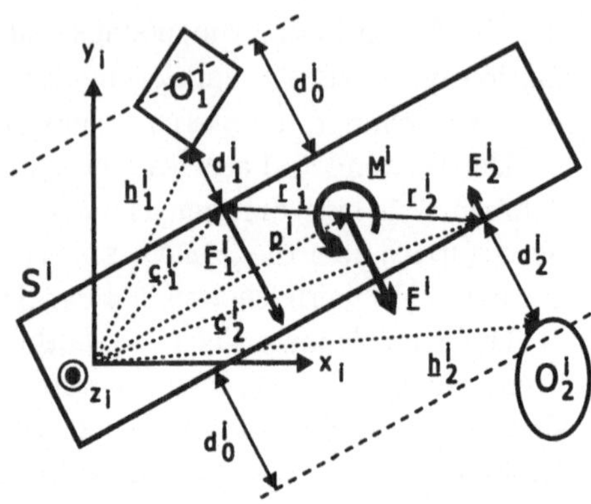

Abbildung 4. Segmente S^i des Roboters dargestellt in unterschiedlichen Grautönen.

Abbildung 5. Geometrische Definitionen und virtuelle Kräfte und Momente für ein vereinfachtes Robotersegment S^i mit 2 Hindernissen in dessen Sicherheitsbereich.

Grad zulässig, sofern ein Kompromiß mit der Hindernisvermeidung gefunden werden kann.

– **Umgebungsorientierte Bewegung:** Hier ist keine Bewegung für den Endeffektor vorgegeben. Bewegungen werden bei dieser Klasse ausgelöst, sobald sich ein Hindernis dem Roboter unzulässig nähert.

3.1 Roboter-Segmentierung

Der Roboter wird, entsprechend seiner Kinematik, in Segmente $S_i \in \mathbb{S}$ aufgeteilt. Abbildung 4 zeigt $I = 9$ Segmente S^i ($1 \leq i \leq I$) des Roboters in unterschiedlichen Grautönen. Zu bemerken ist an dieser Stelle, daß die nicht-holonome Plattform und der Roboterarm nicht getrennt, sondern als eine kinematische Kette betrachtet werden. Um jedes Segment ist ein Sicherheitsbereich $\mathbb{Z}^i \subseteq \mathbb{R}^3$ angeordnet. Sobald der Abstand eines Robotersegment $S_i \in \mathbb{S}$ zu einem Hindernis den minimalen Sicherheitsabstand $d_0^i > 0$ unterschreitet, wird diese Sicherheitszone verletzt. Die Berechnung der daraufhin einzuleitenden Ausweichbewegung wird im folgenden Abschnitt beschrieben.

3.2 Kollisionsvermeidungsstrategie

Abbildung 5 zeigt ein vereinfachtes Segment S^i mit $L = 2$ Hindernissen innerhalb desssen Sicherheitsbereichs $\mathbb{Z}^i$. Für jedes Hindernis berechnet das Kollisionsvermeidungssystem eine virtuelle Kraft $\underline{F}_l^i \in \mathbb{R}^3$ ($1 \leq l \leq L$). Diese liegt parallel zum minimalen Abstandsvektor zwischen Hindernis und Segment

$$\underline{d}_l^i = \underline{h}_l^i - \underline{c}_l^i \quad . \tag{1}$$

Die Stärke der Kraft ist proportional zur Eindringtiefe

$$e_l^i = d_0^i - d_l^i \quad . \tag{2}$$

mit

$$d_l^i = \|\underline{h}_l^i - \underline{c}_l^i\| \quad . \tag{3}$$

Daraus ergibt sich eine virtuelle Kraft

$$\underline{F}_l^i = \begin{cases} -K_f^i e_l^i \underline{\nabla}\left(d_l^i\right) & d_l^i \leq d_0^i \\ 0 & d_l^i > d_0^i \end{cases} \tag{4}$$

mit

$$\underline{\nabla}\left(d_l^i\right) = \frac{\underline{h}_l^i - \underline{c}_l^i}{d_l^i} \quad . \tag{5}$$

Der konstante Faktor K_f^i in (4) berücksichtigt den Dimensionsunterschied zwischen Kraft und Länge. Da die Eindringweite (2) immer positiv ist, erhält man für $K_f^i > 0$ eine Kraft, die das Armsegment vom Hindernis abstößt. Im Falle mehrerer generierter Kräfte, an demselben Segment, werden diese zu einer resultierenden Kraft

$$\underline{F}^i = \sum_{l=1}^{L} \underline{F}_l^i \tag{6}$$

zusammengefaßt. Diese Kraft setzt dabei an einem Kontrollpunkt $\underline{p}^i$ (7) des Segments S^i an. Die Position des Kontrollpunktes errechnet sich unter Verwendung der Segmentaufpunkte $\underline{c}_n^i$ zu

$$\underline{p}^i = \frac{1}{N} \sum_{n=1}^{N} \underline{c}_n^i \quad . \tag{7}$$

Betrachtet man den Kontrollpunkt $\underline{p}^i$ und die einzelnen Kräfte $\underline{F}_l^i$, so ergibt sich ein Moment $\underline{M}^i \in \mathbb{R}^3$ zu

$$\underline{M}^i = K_m^i \sum_{l=1}^{L} \underline{r}_l^i \times \underline{F}_l^i \tag{8}$$

mit

$$\underline{r}_l^i = \underline{c}_l^i - \underline{p}^i \quad .$$

K_m^i dient dabei als Verstärkungsfaktor. Wenn sich nur ein Hindernis im Sicherheitsbereich eines Segments befindet, bildet sich kein Drehmoment um den Kontrollpunkt. Die Kraft $\underline{F}^i$ (6) und das Moment $\underline{M}^i$ (8) werden zu einem verallgemeinerten Kraft-Momenten-Vektor

$$\underline{\delta}^i = \begin{bmatrix} \underline{F}^i \\ \underline{M}^i \end{bmatrix} \tag{9}$$

zusammengefaßt, der nun alle auf Segment S^i wirkenden virtuellen Kräfte und Momente vereint.

Um aus dem Kraft-Momenten-Vektor (9) eine Ausweichbewegung zu bestimmen, wird dieser mit Hilfe der transponierten Jakobimatrix $\left(\underline{\underline{J}}^i_p\right)^T$ [9] in den Gelenkraum abgebildet. Damit erhält man den resultierenden Gelenk-Momenten-Vektor

$$\underline{\tau}^i = \left(\underline{\underline{J}}^i_p\right)^T \underline{\delta}^i \quad . \tag{10}$$

Betrachtet man alle Segmente, erhält man für das Gesamtsystem den Gelenk-Momenten-Vektor

$$\underline{\tau} = \sum_{i=1}^{I} \underline{\tau}^i \quad . \tag{11}$$

Durch die Überlagerung der Gelenk-Momenten-Vektoren (10) der Einzelsysteme zu einem gemeinsamen Vektor (11) wird das gesamte System vor möglichen Kollisionen bewahrt. Durch Multiplikation von (11) mit der Verstärkungsmatrix $\underline{\underline{K}}_q(\underline{q})$, die unter anderem systembedingte Restriktionen, wie beispielsweise Gelenkwinkelbeschränkungen, maximale Geschwindigkeiten oder Beschleunigungsgrenzwerte, berücksichtigt, erhält man schließlich den Gelenkwinkelgeschwindigkeitsvektor

$$\underline{\dot{q}} = \underline{\underline{K}}_q(\underline{q})\underline{\tau} \quad . \tag{12}$$

Mit obigen Geschwindigkeitsvektor (12) werden die Gelenke des Roboters angesteuert, und es kommt zu einer Ausweichbewegung.

Die taktile Sensorik des Roboters liefert bei Kontakten unmittelbar Abstandsvektoren der Länge $d_l^i = 0$. Diese Abstandsvektoren werden ohne den Umweg über das Umgebungsmodell in obigem Verfahren, zusammen mit den modellbasiert berechneten Abstandsvektoren, verwendet. Der Betrag des Kontaktdrucks wird dabei als Maß für den Abstand verwendet, der Normalenvektor zur Roboteroberfläche als Richtungsvektor und der Ort des Kontakts als Aufpunkt am entsprechenden Segment.

4 Ergebnisse

Abbildung 6 zeigt Simulationsergebnisse, aus denen eine qualitative Aussage über die Auswirkung des Kollisionsvermeidungssystem auf das Bewegungsverhalten des Roboters abgeleitet werden kann. Der Roboter hat in diesem Szenario keine Aufgabe zu lösen, er soll lediglich Hindernissen ausweichen. Tatsächlich soll er hier nur mit seinem Arm ausweichen, Position und Orientierung der Plattform bleiben unverändert. Die Positionen der Hindernisse sind dem System zu jedem Zeitpunkt bekannt. Zwei Hindernisse bewegen sich in Abbildung 6a in Richtung Roboter. Sobald ein Hindernis in einen Sicherheitsbereich des Roboters gelangt, siehe Abbildung 6a, berechnet das Kollisionsvermeidungssystem eine geeignete Ausweichbewegung, siehe Abbildungen 6b-c.

Abbildung 7 zeigt die Funktionsweise des Kontaktreflexsystems am realen Roboter. Die Steuerung des Roboters besitzt lediglich Informationen über Lage und Geometrie des Arms und der Plattform. Die Umgebung wird in diesem

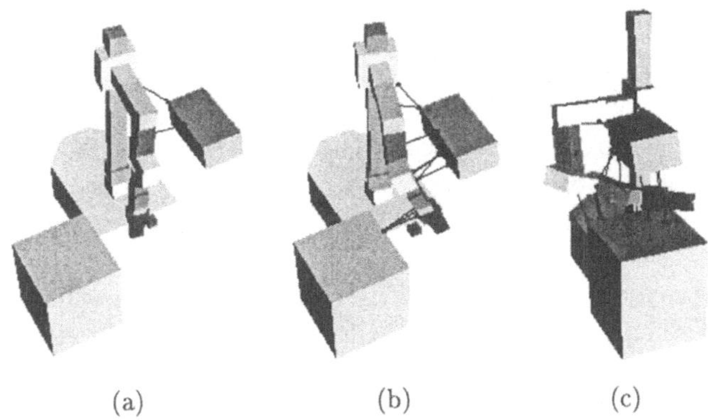

(a) (b) (c)

Abbildung 6. Simulationsbeispiel einer empfohlenen Armbewegung des Kollisionsvermeidungssystems, wenn zwei bekannte zum Roboter sich hin bewegende Objekte in dessen Sicherheitsbereiche gelangen.

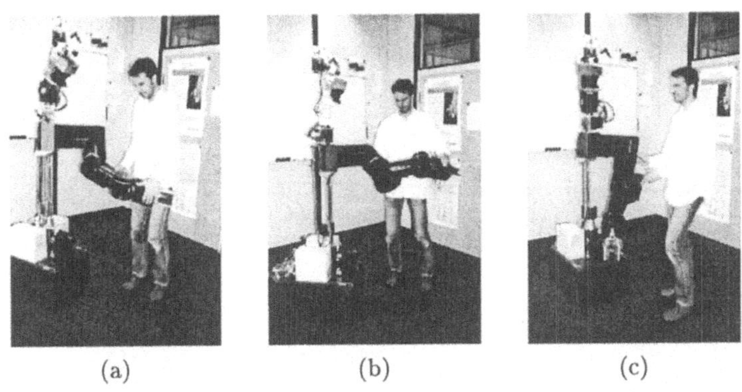

(a) (b) (c)

Abbildung 7. Beispiel einer Ausweichbewegung infolge eines physikalischen Kontakts am realen System.

Anwendungsbeispiel nur über die taktile Sensorik wahrgenommen. Das Kollisionsvermeidungssystem ist deaktiviert, um unmittelbare Interaktionen mit dem Roboter zu ermöglichen. Das Kontaktreflexsystem kann somit von einem Anwender benutzt werden, um den Roboter interaktiv in eine gewünschte Position zu „führen" (siehe Abbildungen 7a-c).

5 Zusammenfassung und Ausblick

Der vorliegende Beitrag beschreibt eine Methode zur Kollisionsvermeidung eines auf einer nicht-holonomen Plattform montierten redundanten Manipulators. Das Kollisionsvermeidungssystem generiert Ausweichbewegungen, die die Kollisionsfreiheit zu dynamischen Objekten sicherstellen. Darüber hinaus wurde ein Kontaktreflexsystem vorgestellt, das über einen taktilen Sensor auf physikalische Kontakte reagiert, indem geeignete Ausweichbewegungen eingeleitet werden. Beide Ansätze beruhen auf der gleichen Strategie und können deshalb einfach zu einem Gesamtsystem integriert werden. Die resultierenden Bewegungen des Roboters erscheinen „plausibel" und fügen sich deshalb harmonisch in das Interaktionsszenario Mensch-Maschine ein. Für die Überlagerung der Ausweichbewegungen mit den Bewegungsvorgaben für den Endeffektor gibt es verschiedene Möglichkeiten, die sich in die hier vorgeschlagenen Bewegungsklassen einteilen lassen.

Weiterführende Arbeiten beschäftigen sich mit der Erweiterung der Funktion des Sicherheitsbereichs. Neben der Eindringtiefe eines Hindernisses, können auch die Eindringgeschwindigkeit in den Sicherheitsbereich und die Verweildauer im Sicherheitsbereich berücksichtigt werden. Schließlich werden die hier vorgestellten Systeme in die bereits am Roboter implementierten planenden Komponenten integriert, um deren lokalen reaktiven Handlungsspielraum zur Kollisionsvermeidung und Interaktion auszunutzen.

Die diesem Bericht zugrundeliegenden Arbeiten wurden teilweise mit Mitteln des Bundesministeriums für Bildung und Forschung unter den Föderkennzeichen *01IN601A2* und *01IL902DO* gefördert. Die Verantwortung für den Inhalt dieser Veröffentlichung liegt bei den Autoren.

Literatur

1. G. Lawitzky, "A Navigation System for Service Robots - From Research to Products," in *FSR 2001* (A. Halme, R. Chatila, und E. Prassler, Hrsg.), S. 15–20, Yleisjäljennös–Painopörssi, 2001.
2. L. E. Kavraki, P. Svetka, J. C. Latombe, und M. Overmars, "Probabilistic roadmaps for path planning in high dimensional configuration spaces," in *IEEE Transactions on Robotics and Automation 12(4)*, S. 566–580, 1996.
3. N. M. Amato, O. B. Bayazit, L. K. Dale, C. Jones, und D. Vallejo, "Choosing good distance metrics ans local planners for probabilistic roadmap methods," in *International Conference on Robotics and Automation*, (Leuven Belgium), 1998.
4. M. C. Lin und J. F. Canny, "A Fast Algorithm for Incremental Distance Calculation," in *International Conference on Robotics and Automation*, S. 1008–1014, April 1991.
5. E. Larsen, S. Gottschalk, M. C. Lin, und D. Manocha, "Fast Distance Queries with Rectangular Swept Shere Volumes," in *International Conference on Robotics and Automation*, (San Francisco), April 2000.
6. O. Brock und O. Khatib, "Elastic Strips: A Framework for Integrated Planning and Execution," in *Preprints, 6th International Symposium on Experimental Robotics (ISER'99)*, (Sydney), 1999.
7. G. v. Wichert, T. Wösch, S. Gutmann, und G. Lawitzky, "MobMan – Ein mobiler Manipulator für Alltagsumgebungen," in *Autonome Mobile Systeme (AMS'00)* (R. Dillmann, H. Wörn, und M. v. Ehr, Hrsg.), Informatik aktuell, S. 55–62, Springer Verlag, Heidelberg, 2000.
8. G. Lawitzky, "Das Navigationssystem SINAS," in *Proceedings Robotik 2000, VDI-Berichte 1582*, (Düsseldorf), S. 77–82, VDI-Verlag, June 2000.
9. M. W. Spong und M. Vidyasagar, *Robot Dynamics and Control.* John Wiley & Sons Inc., 1989.

Multimodale Mensch-Maschine-Interaktion für Servicerobotik-Systeme*

H.-J. Böhme, T. Hempel, Ch. Schröter, T. Wilhelm, J. Key & H.-M. Gross

Fachgebiet Neuroinformatik, Technische Universität Ilmenau,
98684 Ilmenau (Thüringen)
email: hans@informatik.tu-ilmenau.de

Zusammenfassung Die Frage der Mensch-Roboter-Interaktion wird für zukünftige erfolgreiche Applikationen von Servicerobotern eine wesentliche, wenn nicht *die zentrale* Rolle spielen. Vor diesem Hintergrund beschreibt der vorliegende Beitrag ein Konzept zur multimodalen Mensch-Maschine-Kommunikation und dessen Realisierungsstand anhand eines konkreten Einsatzszenarios, der Entwicklung eines intelligenten, interaktiven und mobilen Informationskiosks im Baumarkt. Obwohl sich das vorgestellte Konzept an den konkreten Erfordernissen dieses Szenarios orientiert, stellt es einen generischen Ansatz dar, der sich auf eine Vielzahl weiterer Applikationen übertragen lässt.

1 Einleitung

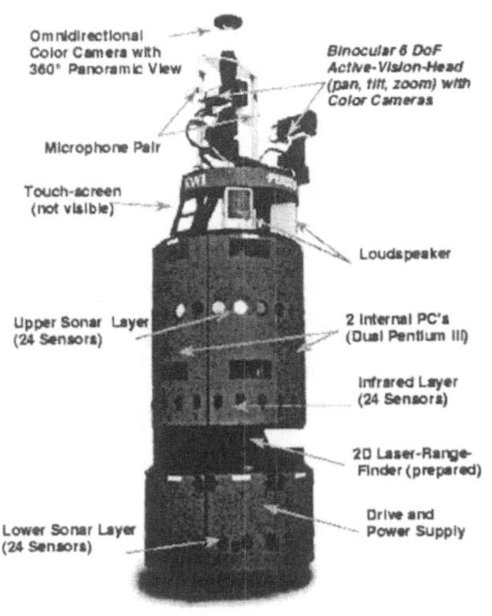

Abb. 1. Experimentalroboter PERSES.

Der Themenkreis Mensch-Roboter-Interaktion (MMI) gewinnt im Kontext angestrebter Serviceroboter-Applikationen zunehmend an Bedeutung [6]. Dies trifft insbesondere dann zu, wenn der Serviceroboter in einem relativ gering technisierten Bereich eingesetzt werden und mit uneingewiesenen Nutzern interagieren soll. Die notwendige Interaktionsfähigkeit hängt dabei auch von der konkret zu erbringenden Serviceleistung des Roboters ab. Für einen Reinigungsroboter, der einen Supermarkt während der Öffnungszeiten reinigen soll, stellen Menschen in erster Linie dynamische Hindernisse dar, die es zu umfahren gilt. Demgegenüber muss ein System, dass als mobiler Informationskiosk in der gleichen Einsatzumgebung operieren soll, hinsichtlich der Mensch-Roboter-Interaktion über völlig andere Möglichkeiten verfügen, da von dieser Interaktion maßgeblich die Erfüllung der Serviceaufgabe abhängt.

* gefördert durch das Projekt PERSES (TMWFK, Nr. B 611-98041)

Der in Abb. 1 dargestellte B21-Roboter PERSES dient als Experimentalplattform. Er verfügt über die technische Ausstattung, die zur multimodalen MMI notwendig ist. Zunächst werden in Abschnitt 2 die einzelnen Stufen der Interaktion mit ihren entsprechenden Methoden erläutert, bevor in Abschnitt 3 ein exemplarischer Interaktionszyklus skizziert und anhand experimenteller Ergebnisse demonstriert wird.

2 Methoden zur MMI

2.1 Aufmerksamkeitssteuerung

Um Hypothesen über das Vorhandensein von Personen in der Umgebung des stehenden Roboters zu generieren, erfolgt eine Bewegungsanalyse im omnidirektionalen Kamerabild, die unbewegte und bewegte Bildregionen segmentiert. Eine Auswertung der Bewegungsrichtung der detektierten Segmente sichert, dass sich der Roboter bevorzugt solchen Regionen zuwendet, die sich auf ihn zu bewegen.

Ein Verfahren zur Geräuschlokalisation, welches auf der Modellierung der menschlichen auditorischen Informationsverarbeitung basiert, bietet dem Interaktionspartner die Möglichkeit, auch akustisch die Aufmerksamkeit auf sich zu ziehen. Damit stehen dem Roboter zwei alternative Aufmerksamkeitstrigger zur Verfügung, die in einem Fusionsmodul integriert wurden, welches letztlich die Richtung determiniert, welcher sich der Roboter dann zuwendet.

2.2 Personenverifikation

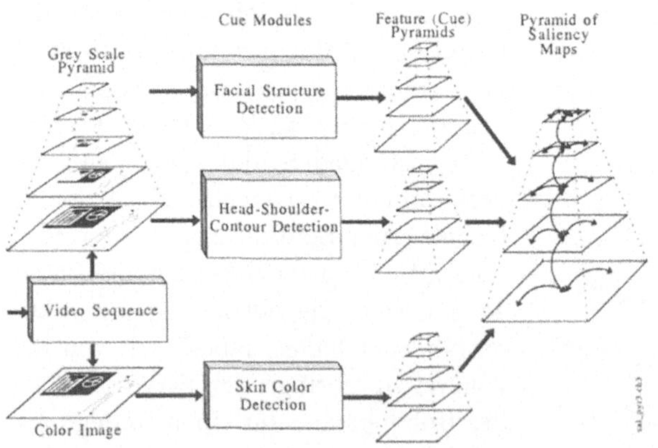

Abb. 2. Multi-Cue-Architektur zur Personenverifikation.

Die Architektur des Moduls zur Personenverifikation zeigt Abb. 2. Weder Bewegung noch Geräusche sind ausreichend, um wirklich sicher auf das Vorhandensein einer Person schließen zu können.

Deshalb erfolgt nach der Zuwendung zu einer interessanten Richtung eine abschließende Personenverifikation, die die visuellen Cues Gesicht, Kopf-Schulter-Silhouette und Hautfarbe miteinander kombiniert und die im Vergleich zu [1, 3] hinsichtlich Robustheit und Performanz deutlich weiterentwickelt wurde. Dies betrifft insbesondere die Gesichtsdetektion, die in der aktuellen Implementierung über ein Cascade-Correlation-Netzwerk (CCNW) [4] realisiert wird. Die Vorteile beim Einsatz eines Neuronalen Netzes zur Gesichtsdetektion (siehe auch [7]) liegen darin begründet, dass die Gesichtsstruktur direkt als Verteilung von Intensitäts(Grau)werten aufgefasst werden kann, und dass durch das vorliegende Zweiklassenproblem (Gesicht vs. kein Gesicht) die Parameter des Klassifikators mittels eines Trainingsdatensatzes adjustiert werden können. Für das konkrete

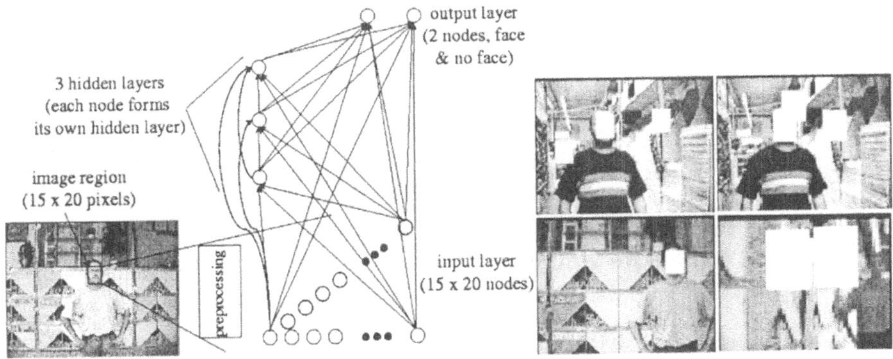

Abb. 3. Links: Topologie des CCNW, das für die Gesichtsdetektion eingesetzt wird. Rechts: Typische Gesichtsdetektionsergebnisse mittels Cascade-Correlation-Netzwerk, vor teilweise extrem strukturiertem Hintergrund. Die obere Reihe zeigt zwei Bilder, die sowohl korrekte als auch falsch-positive Detektionen enthalten, darunter ein Beispiel für ausschließlich korrekte Detektion und ein Bild, welches nur falsch-positive Detektionen aufweist.

CCNW spricht, dass es im Gegensatz zum Multilayer-Perceptron eine gleichzeitige Parameter- und Toplogieadaption gestattet, was letztlich zu einem optimal an die Problemkomplexität angepassten, minimalen Netzwerk führt. Dies ist ein entscheidender Aspekt hinsichtlich der Gesamtperformanz der Personenverifikation. Der Trainingsprozess startet mit einem minimalen (linearen) Netzwerk und generiert sukzessive neue Hiddenknoten, die so trainiert werden, dass sie maximal zur Fehlerreduktion am Netzwerkausgang beitragen.

Das Problem der Gewinnung von Negativbeispielen, also von Bildausschnitten, die typisch für „kein Gesicht" sind, kann durch die Verwendung eines Bootstrap-Algorithmus [7] gelöst werden. Dabei nutzt man für den Beginn des Trainingsprozesses zunächst eine Menge zufällig ausgewählter Bildausschnitte, die kein Gesicht beinhalten. Im fortschreitenden Trainingsprozess wird dann das Netzwerk auf Bildern getestet, die keine Gesichter beinhalten, und alle falsch-positiv detektierten Regionen werden der Menge der Negativbeispiele hinzugefügt, mit der dann der Trainingsprozess fortgesetzt wird. Abb. 3 zeigt die Topologie des gegenwärtig verwendeten CCNW sowie einige typische Detektionsergebnisse des Gesichtsdetektors.

Um die Sicherheit der Personenverifikation zu erhöhen, wird für die Fusion der Beiträge der einzelnen Cues und die daran anschließende Selektion der entsprechenden Position gefordert, dass an der jeweiligen 3D-Position innerhalb der Auflösungspyramide (Abb. 2) mindestens 2 der 3 Merkmalsdetektoren ein signifikantes Ergebnis beitragen. Für eine detailliertere Beschreibung sei auf [1, 2] verwiesen.

Das Verifikationsmodul operiert sowohl auf den Bildern der omnidirektionalen Kamera als auch auf Bildern der Frontalkamera(s). Dabei decken die Frontalkameras einen Entfernungsbereich von ca. 0.8m bis 3m (5 Auflösungsebenen), die omnidirektionale Kamera (3 Auflösungsebenen) von ca. 0.2m bis 1.5m ab. Die Personenverifikation liefert die Initialisierung für das sich anschließende Personentracking.

2.3 Personentracking

Auch das Personentracking nutzt alle zur Verfügung stehenden Kamerasysteme und operiert wiederum auf Auflösungspyramiden, um einen möglichst großen Entfernungsbereich abdecken zu können. Es basiert auf dem in [5] vorgeschlagenen CONDENSATION-Algorithmus, der in Abb. 4 veranschaulicht wird.

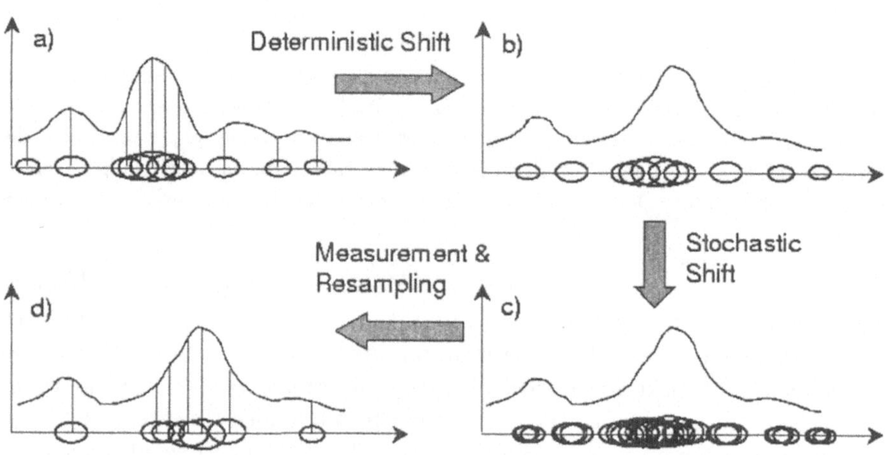

Abb. 4. Teilschritte des Condensation-Algorithmus für eine eindimensionale Verteilungsfunktion. Die Größe der Ellipsen korrespondiert mit dem Funktionswert der Verteilungsfunktion und damit mit der Gewichtung der entsprechenden Stützstelle.

Ziel des Verfahrens ist es, eine unbekannte, möglicherweise multimodale Verteilungsfunktion $f_t(x, y, z)$ zu approximieren, ohne diese im gesamten Definitionsbereich, d.h. an jeder Position innerhalb der Auflösungspyramide, berechnen zu müssen. Diese Verteilungsfunktion repräsentiert die Wahrscheinlichkeit, dass sich das zu verfolgende Objekt zum Zeitpunkt t an Position (x, y, z) befindet. Begonnen wird mit einer ausreichend großen Anzahl an Stützstellen, an denen der Funktionswert $f_t(x, y, z)$ berechnet wird, wobei die Dichte der Stützstellen an der Initialposition, die von der Personenverifikation vorgegeben wurde, am größten ist (Abb. 4 a)). Die deterministische Verschiebung berücksichtigt die vermutete (geschätzte) Bewegung des Objekts (Bewegungsmodell) bis zur Aufnahme des nächsten Bildes (Abb. 4 b)). Dieser wird eine stochastische Verschiebung überlagert, die neue Stützstellen generiert, um Ungenauigkeiten des Bewegungsmodells zu kompensieren (Abb. 4 c)). Im finalen Schritt (Abb. 4 b)) werden die Funktionswerte $f_{t+1}(x, y, z)$ an allen generierten Stützstellen neu berechnet und entsprechend ihres Funktionswertes bewichtet. Stützstellen, die einen vorgegebenen Wichtungswert unterschreiten, werden gelöscht und in der Umgebung von Stützstellen mit hohem Gewichtswert oder zufällig neu eingefügt. Die zufällige Initialisierung neuer Stützstellen sichert, dass auch multimodale Verteilungsfunktionen approximiert werden können.

Die zum Tracking verwendeten Merkmale (Kontur, einfaches Farbmodell) wurden aus der Personenverifikation abgeleitet. Da die Personenverifikation kontinuierlich weiter berechnet wird, können deren Ausgaben in den Trackingprozess eingekoppelt werden, was zu einer enormen Erhöhung der Robustheit führt. Weiterhin erfolgt zur Verifikation des Trackingprozesses eine einfache sonarbasierte Auswertung der Entfernungsinformation in Richtung des aktuell verfolgten Objekts.

2.4 Sprachausgabe und grafisches Interface

Abb. 5. Gesicht des PERSES-Roboters.

Für die unmittelbare MMI finden sowohl eine Sprachausgabe als auch ein grafisches Benutzerinterface Verwendung. Mittels Sprache ist der Roboter in der Lage, sowohl seine eigentlichen Serviceleistungen zu offerieren als auch dem Interaktionspartner seinen aktuellen Status intuitiv mitzuteilen. Ein grafisches Nutzerinterface ist notwendig, um dem Benutzer die Auswahl verschiedener Serviceleistungen auf einfache Weise zu ermöglichen. Inspiriert vom smarten „Gesicht" des MINERVA-Roboters [8], wurde PERSES ebenfalls mit einem Gesicht (siehe Abb. 5) versehen. Durch die augenähnliche Gestaltung der Kamerafronten und einen ansteuerbaren Mund kann der „emotionale" Zustand des Roboters intuitiv besser verdeutlicht werden.

3 Experimentelle Ergebnisse

Die Interaktion startet mit der in Abb. 6 dargestellten Bewegungsanalyse im omnidirektionalen Videodatenstrom. Person P2 bewegt sich auf den Roboter zu, Person P1 geht am Roboter vorbei (oben links). Beide Personen werden detektiert (oben rechts), und nach der Analyse der Bewegungsrichtung beider Personen (unten) wendet sich der Roboter Person P2 zu.

Einige exemplarische Ergebnisse zur sich daran anschließenden Personenverifikation zeigt Abb. 7. Nach erfolgreicher Verifikation begrüßt der Roboter den potentiellen Interaktionspartner mit einer typischen Sprachsequenz und bietet seine Dienste an. Anschließend hat der Kunde die Möglichkeit, über das grafische

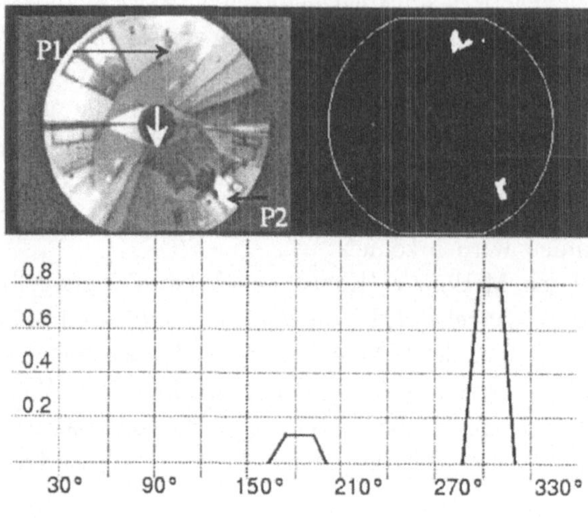

Abb. 6. Bewegungsanalyse im omnidirektionalen Videodatenstrom. Die sich aus etwa 280°-Richtung direkt auf den Roboter zu bewegende Person erzeugt aufgrund der Auswertung der Bewegungsrichtung im Vergleich mit der in ca. 180°-Richtung detektierten Person eine deutlich höhere Aufmerksamkeit, die im unteren Diagramm dargestellt ist. Der weiße Pfeil markiert die Orientierung des Roboters, der Winkel läuft im Uhrzeigersinn.

Abb. 7. Ergebnisse der Personenverifikation für verschiedene Situationen im Baumarkt: in Gängen zwischen den Regalreihen (1. bis 3. von links) sowie vor einem Regal, welches eine sehr schwierige Hintergrundstruktur darstellt. Hervorgehoben werden soll die hohe Spezifität des Verfahrens, die in einigen Fällen zur Nicht-Detektion einer vorhandenen Person (rechtes Beispielbild) führt. Damit soll verhindert werden, dass der Roboter aufgrund fehlerhafter Verifikation auch unbelebte Objekte anspricht.

Interface beispielsweise den gewünschten Marktbereich oder Artikel auszuwählen, zu dem der Roboter ihn dann lotst. Um sicherzustellen, dass der Kontakt zum aktuellen Kunden möglichst kontinuierlich bestehen bleibt, erfolgt ein visuelles Personentracking (siehe Abb. 8), welches durch die Personenverifikation initialisiert wird und dessen Robustheit durch die parallel dazu fortgesetzte Verifikation enorm verbessert werden kann. So lange der Kontakt problemlos aufrecht erhalten werden kann, erfolgt keine Artikulation seitens des Roboters. Detektiert der Roboter einen drohenden Kontaktverlust, bittet er den Kunden via Sprachausgabe, einen kürzeren Abstand zu wahren, oder der Roboter unterbricht alternativ seine Fahrt zur aktuell gültigen Zielregion und versucht seinerseits, dem Kunden hinterherzufahren, um einen Kontaktverlust aktiv zu vermeiden.

4 Zusammenfassung und Ausblick

Es wurde ein Ansatz zur multimodalen Mensch-Roboter-Interaktion vorgestellt, der sich zwar stark am Szenario eines interaktiven Einkaufsassistenten orientiert,

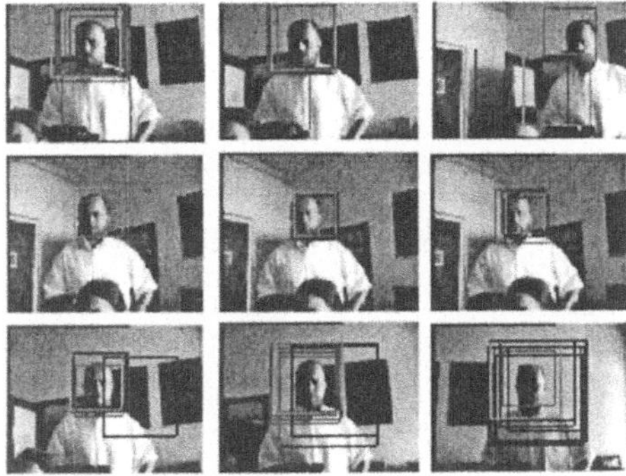

Abb. 8. Ausschnitte aus einer mehrminütigen Trackingsequenz (die Rahmen indizieren die wahrscheinlichste Position des zu verfolgenden Objekts). Der Trackingprozess ist derzeit noch beschränkt auf Personen, die sich dem Roboter in etwa frontal zuwenden.

prinzipiell jedoch für den Einsatz verschiedenster interaktiver Serviceroboter geeignet ist. Die zukünftigen Arbeiten werden die Erweiterung des Trackingprozesses um stereobasierte Verfahren umfassen, um über einen größeren Entfernungsbereich das Kontakthalten zum Benutzer sicherstellen zu können und die derzeitige Limitierung auf in etwa frontal zugewandte Personen zu überwinden.

Literatur

1. Boehme, H.-J., Braumann, U.-D., Corradini, A., and Gross, H.-M. Person Localization & Posture Recognition for Human-Robot Interaction. In *GW'99 - The 3rd Gesture Workshop, Gif-sur-Yvette, France*, pages 105–116. Springer, Lecture Notes in Artificial Intelligence 1739, 1999.
2. Boehme, H.-J., Wilhelm, T., Key, J., Schroeter, Ch., Hempel, T., and Gross, H.-M. An Approach to Multimodal Human-Machine Interaktion for Intelligent Service Robots. In *EUROBOT'01 - the fourth Euromicro Workshop on Advanced Mobile Robots*. IEEE Computer Society Press, 2001.
3. Böhme, H.-J. and Gross, H.-M. Ein Interaktives Mobiles Service-System für den Baumarkt. In *14. Fachgespräch Autonome Mobile Systeme (AMS'99), München*, pages 344–353. Springer, 1999.
4. Fahlmann, S.E. and Lebiere, Ch. The cascade-correlation learning architecture. In *Advances in Neural Information Processing Systems 2*, pages 524–532. Morgan Kaufmann Publishers, Inc., 1990.
5. Isard, M. and Blake, A. CONDENSATION – conditional density propagation for visual tracking. *International Journal on Computer Vision*, 29(1):5–28, 1998.
6. Lawitzky, G. Mensch-Maschine-Interaktion bei Servicerobotik-Systemen. In *15. Fachgespräch Autonome Mobile Systeme, AMS'99*, pages 2–7. Springer Verlag, 1999.
7. Rowley, H. A., Baluja, S., and Kanade, T. Neural Network-Based Face Detection. *IEEE Transactions on Pattern Analysis and Machine Intelligence*, 20(1):23–38, 1998.
8. Thrun, S., Beetz, M., Bennewitz, M., Burgard, W., Cremers, A.B., Dallaert, F., Fox, D., Hähnel, D., Rosenberg, C., Roy, N., Schulte, J., and Schulz, D. Probabilistic algorithms and the interactive museum tour-guide robot minerva. *International Journal of Robotics Research*, 19(11):972–999, 2000.

Reaktive Navigation eines intelligenten Gehhilferoboters

Birgit Graf

Fraunhofer IPA
Nobelstr. 12
706569 Stuttgart
btg@ipa.fhg.de

Diese Arbeit präsentiert den intelligenten Gehhilferoboter Care-O-bot®. Care-O-bot® ist der Prototyp eines multifunktionalen Heim- und Pflegeassistenten, konzipiert zur Benutzung von älteren Personen. Der Roboter soll es diesen Personen ermöglichen, trotz verschiedener Gebrechen weiterhin eigenständig in ihrer heimischen Umgebung wohnen zu können. Um den Umgang mit der intelligenten Gehhilfe möglichst intuitiv zu gestalten, wurde die Form der Benutzung an konventionelle Gehhilfesysteme angepasst. Als Verbesserung gegenüber konventionellen Gehhilfesystemen sind intelligente Verhaltensweisen wie autonome Hindernisumfahrung und intelligente Bahnplanung integriert.

1. Einleitung

Care-O-bot® ist ein erster Prototyp eines mobilen Serviceroboters, der in der Lage sein soll, nützliche Unterstützungs-, Sicherheits- und Versorgungsaufgaben im häuslichen Bereich durchzuführen /11/. Durch die Installation dreier auf derselben Plattform basierenden Museumsroboter im Museum für Kommunikation Berlin im März 2000 hat Care-O-bot® seine Fähigkeit bewiesen, sich sicher und verlässlich auch in von Menschen frequentierten Umgebungen zu bewegen /3/ /4/.

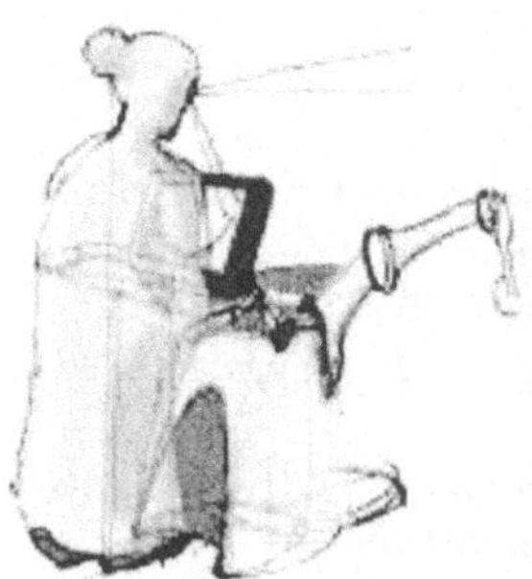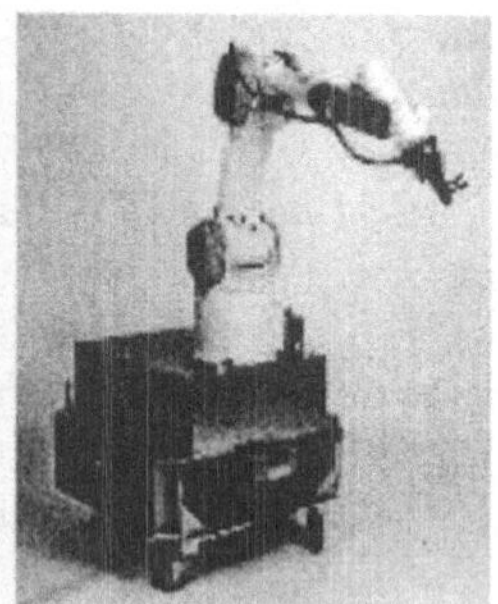

Abb. 1.   Care-O-bot® II Designskizze und Prototypen

Care-O-bot® II (Abb. 1) wird mit einem Manipulatorarm und benutzerspezifisch einstellbaren Gehhilfestützen ausgestattet sein. Ein Prototyp des intelligenten Gehhilferoboters wurde bereits fertiggestellt. Als Stützen zum Aufstehen und Laufen wurden zwei Gehhilfearme integriert. Um die durch den Benutzer ausgeübten Kräfte auf die Stützen zu messen, wurden die Gehhilfegriffe mit Sensoren versehen (Abb. 2).

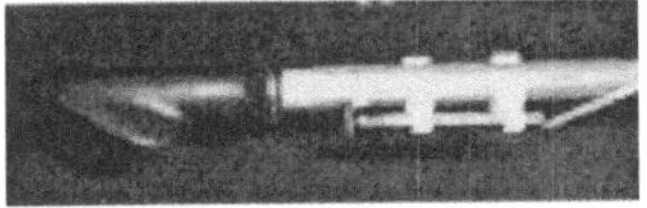

Abb. 2.   Mit Sensor versehener Gehhilfegriff

2.   Existierende Assistenzsysteme

In den letzten Jahren haben verschiedene Forschungseinrichtungen damit begonnen, Prototypen von intelligenten Robotersystemen zu entwickeln, die die Lebensqualität von älteren und behinderten Menschen im häuslichen Bereich verbessern. Das „*Handy 1*" - System /13/ zum Beispiel unterstützt Schwerstbehinderte in verschiedenen Bereichen des täglichen Lebens. „*Moveaid*" /1/ ist ein mobiler Manipulator, der als Pflegesystem für den häuslichen Bereich konzipiert wurde.

Nur wenige Systeme sind darauf ausgelegt, älteren und gebrechlichen Menschen auch eine Unterstützung zum sicheren Aufstehen und Gehen zu bieten. Das „*PAM-AID*" System /9/ stellt eine intelligente Gehhilfe für gebrechliche, blinde und sehbehinderte Menschen dar. Ähnlich den konventionellen Gehhilfen besteht das Gerät aus einem Metallrahmen mit zwei Haltegriffen, auf die sich der Benutzer stützen, bzw. über die der Roboter in verschiedene Richtungen bewegt werden kann. Auf motorisierten Antrieb wurde verzichtet, jedoch können die beiden Vorderräder – z.B. zur Umfahrung von Hindernissen – mit einem Motor gesteuert werden.

Zwei Prototypen des Gehhilfesystems „*PAMM*" /2/ wurden in den letzten Jahren entwickelt. Die erste Version ist der „*Smart Cane PAMM*", der die Form eines (motorisierten) Spazierstocks besitzt. Die zweite Version, der „*Smart Walker PAMM*", wurde in Anlehnung an konventionelle Gehhilfen entwickelt und verfügt über omnidirektionalen Antrieb. Beide Systeme sollen älteren Menschen mit Fortbewegungsproblemen aufgrund von körperlicher Gebrechlichkeit sowie alters- oder krankheitsbedingter Desorientierung körperliche Unterstützung und Führung geben. Die Benutzer können sich mit Hilfe der Stütze innerhalb gewohnter häuslicher Räumlichkeiten bewegen, wobei auftretende Hindernisse, wie Möbel oder Personen, automatische umfahren werden.

Eine andere, von Hitachi /10/ entwickelte Gehhilfe, gibt Unterstützung beim Aufstehen, Laufen und Hinsetzen. Als Gehhilfe dienen zwei elektrisch betriebene Armauflagen. Das Fahren und Steuern der Gehhilfe erfolgt durch Drücken, Ziehen und Drehen der Gehhilfestützen. Die Fahrgeschwindigkeit wird direkt aus den vom Benutzers ausgeübten Kräften generiert.

Die hier vorgestellten Gehhilfesysteme haben eins gemeinsam: Eine mobile Plattform wurde speziell als intelligenten Gehhilfe konstruiert. Eine noch größere Herausforderung ist es jedoch, eine Gehhilfe in einen mobilen Roboter zu integrieren, der gleichzeitig über zahlreiche weitere Funktionen verfügt. Damit ein solcher Roboter auch als Gehhilfe funktionieren kann, muss die Navigationssoftware dynamischen und geometrischen Restriktionen gerecht werden, ohne dabei jedoch die Fortbewegung des Benutzers grundlegend einzuschränken.

3. Systemvoraussetzungen

Um die Benutzung der intelligenten Gehhilfe möglichst nah an konventionelle Gehhilfesysteme anzupassen, muss die Geometrie der am Roboter angebrachten Gehstützen den ergonomischen Anforderungen an konventionelle Gehhilfen entsprechen.
Damit die Nutzung des Roboters als Gehhilfe möglichst intuitiv erfolgen kann, müssen die Kräfte, die auf den Roboter einwirken, in Bewegungsmuster umgewandelt werden, die denen eines nicht angetriebenen Gehhilfewagens entsprechen. Um die Kräfte und Momente, die auf eine konventionelle Gehhilfe während der Bewegung einwirken, zu messen, wurde ein Testmodell, bestehend aus einer dreirädrigen Gehhilfe und einem Kraft-Momentsensor, der zwischen den Haltegriffen und der Basis der Gehhilfe montiert wurde, aufgebaut. Es wurde ein Feldversuch mit sechs Personen aus einem Pflegeheim durchgeführt, die mit der Gehhilfe eine S-förmige Teststrecke abfuhren (Abb. 3).

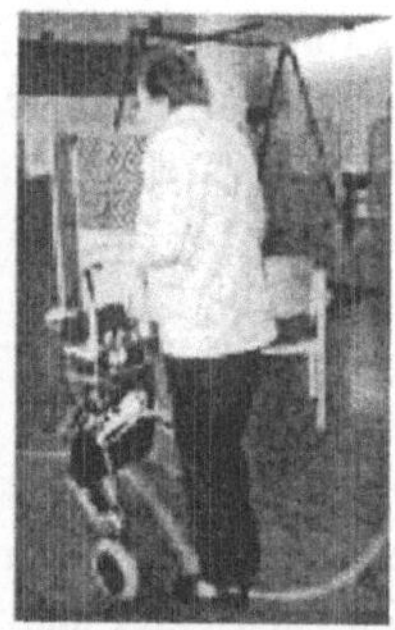

Abb. 3.   Testplattform für Kraft- und Momentenmessungen

Aus den Testergebnissen ließen sich die folgenden Werte ablesen: Die durchschnittlich auf die Gehhilfe eingebrachten Kräfte (Stützfunktion) variierten zwischen 20 N und 80 N, in Abhängigkeit vom jeweiligen Benutzer. Maximale Kraftwerte zwischen 30 N und 120 N konnten beobachtet werden. Um die Gehhilfe in den Kurven zu drehen, wurden maximale Drehmomente zwischen 6 Nm und 13 Nm, sowie laterale Kräfte im Bereich von 10 N and 38 N ausgeübt. Einwirkende Kräfte in und entgegen der Bewegungsrichtung schwankten zwischen 10 N und 20 N. Um das Fahrzeug entlang seiner Route zu schieben wurden durchschnittliche Kräfte von etwa 2 N in Bewegungsrichtung festgestellt. Keine der Testpersonen benutzte die angebrachten Handbremsen, um das Fahrzeug am Ende der Teststrecke anzuhalten.

4. Navigationsmodi

Zwei verschiedene Oparationsmodi wurden auf der intelligenten Gehhilfe implementiert /5/: „Fahren nach Führung" ermöglicht es dem Benutzer, den Roboter in eine gewünschte Richtung zu "schieben". Im Modus „Fahren nach Plan" folgt der Benutzer dem Roboter entlang eines geplanten Pfades zu einem vorher spezifizierten Ziel.

Im ersten Operationsmodus bewegt sich der Roboter ausschließlich aufgrund der Kräfte, die vom Benutzer in Fahrtrichtung auf die Gehhilfestützen ausgeübt werden. Beim Erkennen von Hindernissen in der Bewegungsrichtung des Roboters muss der aus den Sensorwerten errechnete Geschwindigkeitsvektor modifiziert werden, um eine Kollision zu verme iden.

Im zweiten Modus wird dem Roboter über die Benutzeroberfläche eine Zielposition vorgegeben. Anhand einer lokalen Karte plant und folgt der Roboter dem besten Weg zu diesem Ziel. Um die Sicherheit des Benutzers zu gewährleisten, müs sen verschiedene Restriktionen berücksichtigt werden; so darf der Pfad zum Beispiel keine scharfen Kurven enthalten, da der Benutzer dieser Bewegung nicht folgen könnte. Die Geschwindigkeit des Roboters wird auch in diesem Modus durch den Benutzer gesetzt. Eine Modifikation der geplanten Bahn aufgrund dynamischer Hindernisse oder Benutzereingaben (Kräfte, die eine rotatorische Bewegung des Roboters implizieren) kann außerdem stattfinden.

5. Realisierung des intelligenten Gehhilfesystems

Um die optimalen Steuerparameter für die intelligente Gehhilfe leichter zu finden, wurden die beschriebenen Operationsmodi für den Roboter weiter unterteilt. In einem ersten Schritt fährt der Roboter für beide Operationsmodi mit konstanter Geschwindigkeit, nur die Bewegungsrichtung wird durch den Benutzer vorgegeben. Als zweiter Schritt werden sowohl die Geschwindigkeit als auch die Richtung vom Benutzer festgelegt.

Modus	Geschwindigkeit	Richtung
1: Fahren nach Führung		
1a	Konstant	Benutzergesteuert
1b	Benutzergesteuert	Benutzergesteuert
2: Fahren nach Plan		
2a	Konstant	Wegplanung
2b	Benutzergesteuert	Wegplanung
2c	Benutzergesteuert	Wegplanung, Modifikation durch Benutzereingabe

Abb. 4.   Operationsmodi

Fahren nach Führung

In diesem Ansatz wird die Sollgeschwindigkeit für den Roboter direkt aus den Einga-
bedaten des Gehhilfesensors erzeugt (Modus 1b). Zur Berechnung der linearen und
rotatorischen Geschwindigkeiten wird der Minimalwert aus beiden Sensorwerten
verwand. Der Rotationsfaktor der Robotergeschwindigkeit wird gemäß der Differenz
aus den Eingabewerten beider Sensoren bestimmt. Mit s_l, s_r als die analogen Sensorwerte für den linken und den rechten Sensor, s_{max} als den Maximalwert für die Sensoren, können die Linear- und Rotationsgeschwindigkeiten v_{lin} und v_{rot} in Abhängigkeit
von den Maximalgeschwindigkeiten v_{linmax}, v_{rotmax} also wie folgt errechnet werden:

$$v_{lin} = v_{linmax} * min(s_l, s_r))/s_{max}$$
$$v_{rot} = v_{rotmax} * (s_l - s_r)/s_{max}.$$

Während der Experimente wurden etwa 16 Werte pro Sekunde eingelesen. Aufgrund
der fluktuierenden Eingabekräfte erschienen die Bewegungen des Roboters in den
Tests nicht stabil. Deshalb wurden die Eingabekräfte der Sensoren gefiltert. Stabilere
Resultate konnten durch Mittelung der letzten n Sensorwerte erzielt werden:

$$s = \frac{\sum_{i=0}^{n} s_i}{n}$$

Es ist möglich einen konstanten Geschwindigkeitsmodus zu aktivieren (Modus 1a). In
diesem Modus beschleunigt der Roboter gemäß der Eingabe des Benutzers nur bis zu
einem bestimmten Prozentsatz der vorgegebenen Höchstgeschwindigkeit.

Reaktive Hindernisumfahrung

Zur Hindernisumfahrung während des Fahrend nach Führung wird die in /12/ vorgestellte PolarBug-Methode angewandt. Dieser Algorithmus wurde speziell zur Hinder-
niserkennung mit einem Laserscanner entwickelt. Er liefert einen effektive Methode
zur schnellen Reaktion und Navigation in veränderlichen Umgebungen.

Fahren nach Plan

Zur Navigation in bekannten Umgebungen wurde ein intelligentes Bahnplanungssys-
tem, basierend auf einer statischen Umgebungskarte des Roboters entwickelt (Abb. 5)
/6/. Dies erlaubt es, die dynamischen Eigenschaften des Roboters während der Laufzeit zu setzen. Damit können unterschiedliche Wege generiert werden, abhängig davon, ob dem Roboter gerade eine Person folgt oder nicht.
Der Planer basiert auf einem Algorithmus, der in /8/ näher vorgestellt wird. Er verwendet eine global-lokale Strategie und löst das anstehende Problem im 2D Arbeitsraum des Roboters, ohne dabei den Konfigurationsraum zu generieren. Zuerst wird
ein Visibility Graph konstruiert, um für einen punktförmigen Roboter den kürzesten,

kollisionsfreien Weg zu finden. Als zweites wird der gefundene Weg dahingehend evaluiert, ob er sich als Referenz zum Erstellen eines machbaren Wegs für den mobilen Roboter eignet. Falls nicht, wird dieser Weg verworfen und der nächst kürzere Weg wird ausgewählt und evaluiert, solange bis ein geeigneter Referenzweg gefunden wird. Als dritter Schritt werden Roboterkonfigurationen entlang des ausgewählten Wegs so platziert, dass der Roboter von einer Konfiguration zur nächsten fahren kann und dabei alle in der Karte gegebenen Hindernisse umfährt.

Pfad für Roboter ohne kinematische Restriktionen

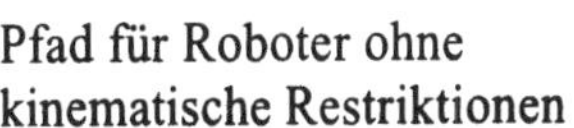
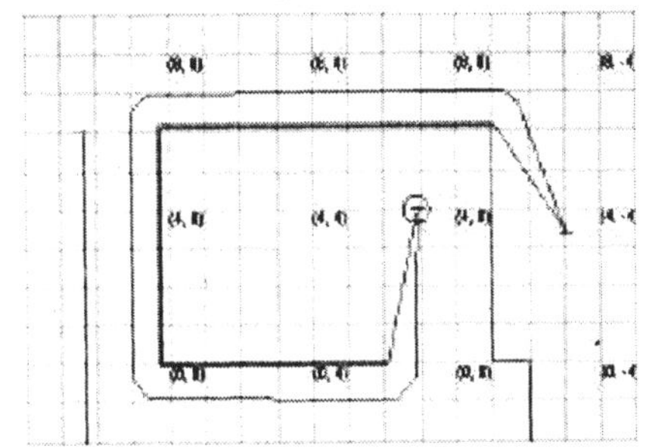

Pfad für Roboter mit limitiertem Drehwinkel

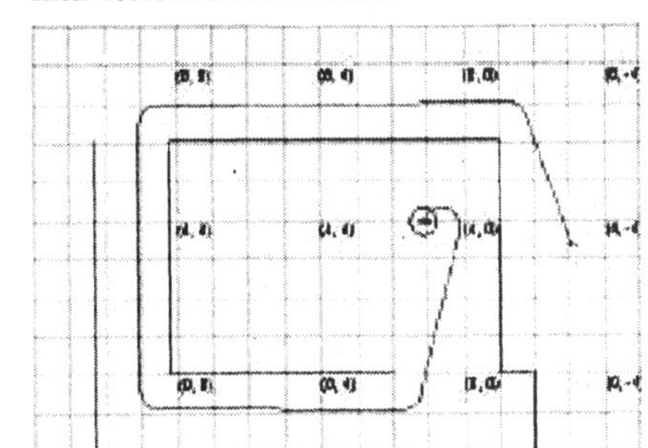

Abb. 5. Beispiele der Bahnplanung

Der Algorithmus arbeitet entweder bei konstanter linearer Geschwindigkeit (Modus 2a) oder mit einer vom Benutzer über die Gehhilfegriffe vorgegebenen (Modus 2b).

Reaktive Bahnmodifikation

Der Bahnplanungsalgorithmus wurde mit Hilfe einer Methode zur dynamischen Bahnmodifikation nach dem Verfahren elastischer Bändern /7/ erweitert. Diese Methode dient einerseits zur dynamischen Hindernisumfahrung (Abb. 6), andererseits um auch während des Abfahrens eines geplanten Pfads auf Eingaben des Benutzers zu reagieren (Modus 2c).

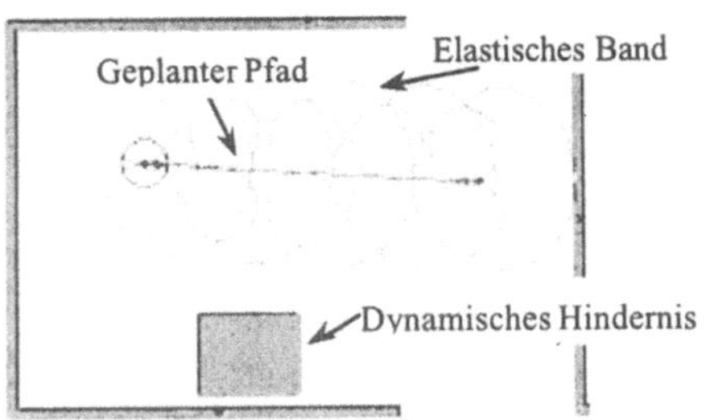

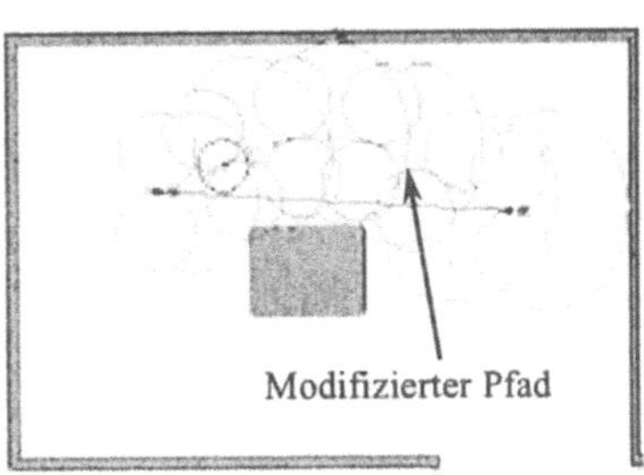

Abb. 6. Bahnmodifikation aufgrund eines dynamischen Hindernisses

6. Literatur

/1/ Dario, P., Guglielmelli, E.; Laschi, C.; Teti, G.: "MOVAID: a mobile robotic system residential care to disabled and elderly people." In: Proc. of the first MobiNet symposium, Athens, 1997, pp. 9-14.

/2/ Dubowsky, Steven; Genot, Frank; Godding, Sara; Kozono, Hisamitsu; Skwersky, Adam; Yu, Haoyong; Yu, Long Shen: "PAMM - A Robotic Aid to the Elderly for Mobility Assistance and Monitoring." In: IEEE International Conference on Robotics and Automation, San Francisco, 2000, pp. 570 -576.

/3/ Graf, B.; Baum, W.; Traub, A.; Schraft, R.D.: "Konzeption dreier Roboter zur Unterhaltung der Besucher eines Museums". In: VDI-Berichte 1552, pp. 529-536, 2000.

/4/ Graf, B.; Schraft, R.D.; Neugebauer, J.: "A Mobile Robot Platform for Assistance and Entertainment." In Proceedings of ISR-2000, Montreal, pp. 252-253.

/5/ Graf, B.: „Reactive Navigation of an Intelligent Robotic Walking Aid". Angenommen zur ROMAN-2001.

/6/ Graf, B., Hostalet Wandosell, J. M.: " Flexible Path Planning for Nonholonomic Mobile Robots." Angenommen zur Eurobot'01.

/7/ Jaouni, H.; Khatib, Maher; Laumond, J.P.: 'Elastic Bands For Nonholonomic Car-Like Robots: Algorithms and Combinatorial Issues." In: 3rd International Workshop on the Algorithmic Foundations of Robotics (WAFR'98), Houston, 1998.

/8/ Jiang, Kaichun; Seneviratne, Lakmal D.; Earles, PP. W. E.: "A shortest Path Based Path Planning Algorithm for Nonholonomic Mobile Robots." In: Journal of Intelligent and Robotic Systems, 24th Ed (1999), pp. 347-366.

/9/ MacNamara, Shane; Lacey, Gerard: "A Smart Walker for the Frail Visually Impaired." In: IEEE International Conference on Robotics and Automation, San Francisco, 2000, pp. 1354-1359.

/10/ Nemoto, Yasuhiro; Egawa, Saku; Koseki, Atsushi; Hattori, Shizuko; Fujie, Masakatsu: "Power Assist Control for Walking Support System." In: IEEE International Conference on Advanced Robotics, Tokyo, 1999, pp. 15-18.

/11/ Schaeffer, C.; May, T: "Care-O-bot: A System for Assisting Elderly or Disabled Persons in Home Environments". In Proceedings of AAATE-99, Düsseldorf, 1999, pp. 340-345.

/12/ Schraft, R.D; Graf, B.; Traub, A.; John, D.: „PolarBug – ein effizienter Algorithmus zur reaktiven Hindernisumfahrung". In Proceedings of AMS 2000.

/13/ Topping, Michael J.; Smith, Jane K.: "Handy 1- A Rehabilitation Robotic System For The Severely Disabled." In Proceedings of ISR-2000, Montreal, pp. 254-257.

Shared Autonomy for Wheel Chair Control: Attempts to Assess the User's Autonomy

Marnix Nuttin, Eric Demeester, Dirk Vanhooydonck, and Hendrik Van Brussel

K.U.Leuven, Dpt. of Mechanical Engineering, Division PMA,
Celestijnenlaan 300 B, B3001 Heverlee, Belgium
Phone: +32-16-322480 FAX: +32-16-322987
marnix.nuttin@mech.kuleuven.ac.be

Abstract. People who suffer from paresis, tremor, spasticity etc. may experience considerable difficulties when driving electric wheel chairs. A sensor-based wheel chair may assist these users in their daily driving manoeuvres. There are two extreme cases: on the one hand, the wheel chair can be fully in control and on the other, the user can be fully in control. It is however difficult to determine a suitable level of shared autonomy situated in between these two extreme cases. This paper presents a framework for shared autonomy and addresses the issue of assessing the user's autonomy.

1 Introduction

This paper argues that there are several significant differences in the control of autonomous mobile robots on the one hand and wheel chairs on the other. An autonomous mobile robot usually has a "travelling phase" during which obstacles are avoided in order to reach a goal position and a "contact phase". The contact phase includes docking, executing service tasks, manipulating objects, etc. A specified goal or mission usually has to be accomplished. This situation is not so clear for wheel chairs. (1) The user may want to drive close to a cupboard and not pass the doorway next to it, notwithstanding the input signals are jerky. (2) The user may want to open a door by pushing it open. (3) The goal may be formed "en route". The user may change his/her mind when s/he notices somebody or when s/he is distracted for some other reason. (4) The user's intent can be hard to detect due to severely degraded input signals. The motion of the wheel chair should be comfortable for the user and correspond to his/her intent. (5) The user should receive an appropriate amount of help: not too much nor too little. The computer system should not take too much initiative. Anticipating unexpectedly is not necessarily comfortable. Note that the desired obstacle avoidance behaviour depends on the degree of disability. There have been several approaches reported to the problem of shared autonomy. We refer to the work of telemanipulation and aeroplane control. Let us mention the work of Sheridan [3]. In the field of wheel chair control we mention OMNI, Bremen Autonomous wheel chair, Senario, Drive Assistant, Tin man, Wheelsley and Navchair [1]. Up to now, we are not aware of approaches which really satisfy a wide range of user requirements. The next section describes our approach to control the wheel chair Sharioto. Our user requirements were collected from several user groups in hospitals, which was possible thanks to an on-going joint research project [6]. This paper focuses in particular on the issue of assessing the degree of autonomy of a user.

2   Shared autonomy approach

The following levels of shared autonomy can be distinguished.

- A0: the user is in full control with the help of signal pre-processing only; Sharioto overrides to avoid hard collisions -
- A1: Sharioto additionally changes direction to assist the user
- A2: Sharioto assists the user for specific tasks (e.g. go through a door way, sit at the table)
- A3: Sharioto drives autonomously to a goal position (e.g. the cafeteria); the user can intervene at any moment.

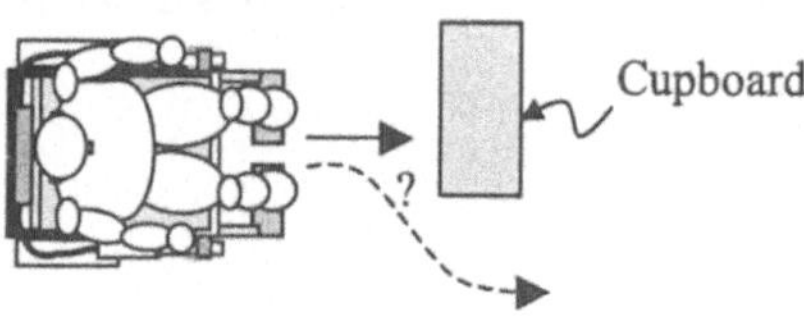

Fig. 1. Determining the user's intent in shared autonomy

This paper focuses on the levels A1 and A2. Consider the following user requirements. During some periods of the day, the user may prefer to control the wheel chair as much as s/he is able to handle. At other times, the user may prefer to focus her/his energy elsewhere. When suffering from fatigue (e.g. with MS), the computer should take control as much as possible. Hence, the shared autonomy approach should be adaptive. Another reason for this requirement is that the user's ability evolves; it can degrade during illness or improve during a learning phase. A disadvantage of this approach is that it introduces new parameters. For a therapist it would be convenient if the additional user dependent parameters could be determined automatically via a standardized test procedure.

The question arises whether it is convenient for the user to specify his/her intent (sit at table, go through door way) explicitly. Some users are able to use a menu-driven system (e.g. users who use the easy rider system [4]) - but this can cause undesirable overhead. For some users, the complexity of understanding and/or operating a menu-based system is prohibitive.

Obstacle avoidance behaviour should also be dependent on the ability or autonomy of the user. For a dextrous user in Figure 1, it makes sense to follow an input signal towards the cupboard and execute the desired velocity until the last moment. However, a more disabled person may be trying to avoid and pass the obstacle. This explains our need to assess the user's autonomy and classify the user's intent. Let us mention at this point that there are several possible problems and possible disadvantages in shared autonomy approaches. The user may experience irritation when an inappropriate level of shared autonomy is used or when the system is not reacting as the user anticipates. Other researchers have also signalled the problem of mode confusion [2].

The shared autonomy approach is shown in figure 2. The items which are preceded with the symbol * are not required and can be omitted. A first module processes the user commands and the sensor signals. The second module deals with shared autonomy. The confidence in the control signal and the user's autonomy are monitored and the human intent probabilities are determined. Various possible drive signals are calculated: v_{user} calculated from the user's input; v_{A1} calculated at level A1; v_{A3} calculated at level A3; v_{hyp-i} corresponding to hypothesis i at level A2; and $v_{act-sens}$ proposed by an active sensing process. These values have to be tested on acceptability and combined taking the degree of conflict into account. The last module implements safety (level A0 and watchdog) and is responsible for the execution of comfortable velocity profiles. This paper focuses on how to determine the user's autonomy.

3　The test set-up

Two test platforms have been developed. The first one is called Sharioto and is shown in figure 3. Sharioto is a wheel chair equipped with a CAN-bus (called DX-bus by the manufacturer). A laptop emulates many functions of the existing system and is able to redirect velocity commands from the joystick via the laptop to the motors. The parallel port is interfaced to a CAN-bus driver. The joystick and the power module driving the motors are connected via the CAN-bus. Two PCMCIA cards (DAQ-700 of National Instruments) are used to interface the sensors. The following sensors are used: ultrasound, infrared and in the future also a cheap LIDAR, developed within the project [6]. Preferably, no encoders are used as our user group claims this will slow down commercialisation. Software runs on win95 and is written in C++ using the ACE library [5]. A watchdog is implemented in hardware to detect when the software crashes. A wireless emergency button enables us to switch the power off at a distance, should this be required. To enable initial tests in a predictable environment, a second test set-up was developed to determine the user's autonomy. It consists of a suitable joystick and a computer screen on which several tasks have to be performed. This is programmed in visual C++ using the document-view architecture and MFC (Microsoft Foundation Classes).

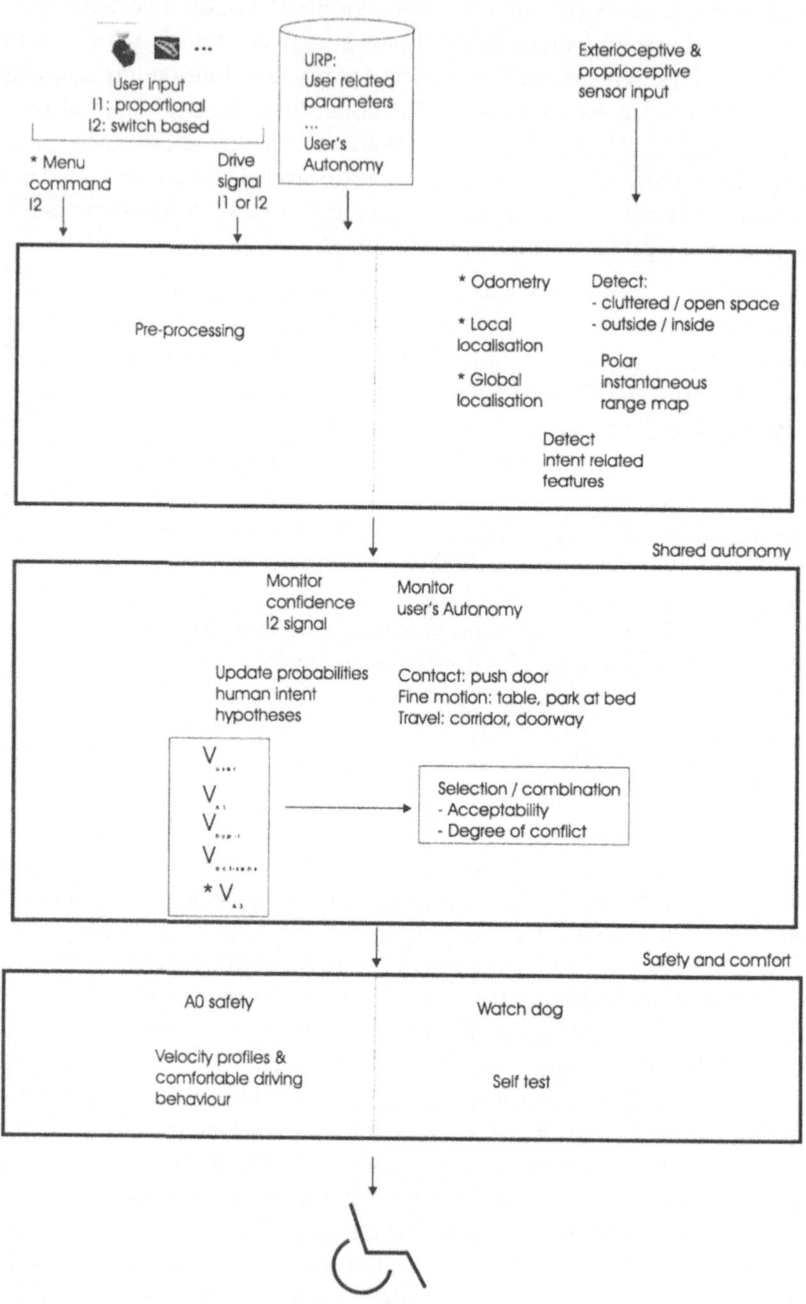

Fig. 2. Approach

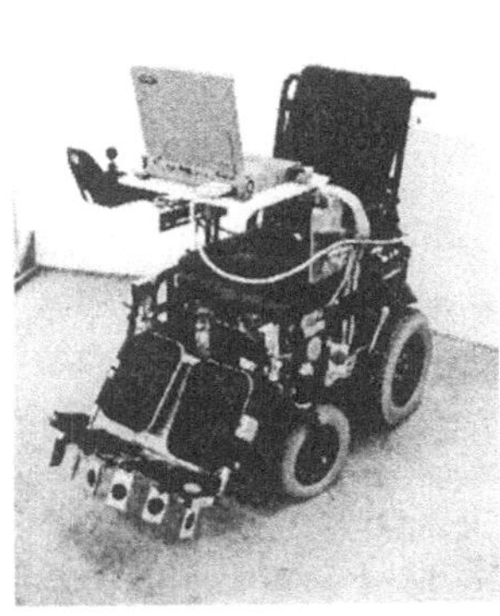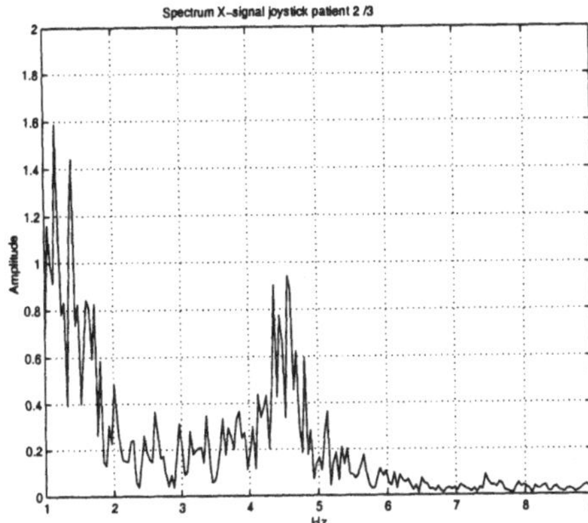

Fig. 3. Left: The wheel chair Sharioto. Right: Frequency analysis of a user's input signal.

4 Experiments

The users (patients) were asked to perform several tasks on a computer screen using a joystick. The tasks are shown in figure 4: (1) following a line, (2) following a line at another angle (45 degrees), (3) following a line with a static obstacle, (4) following a line with dynamic obstacles, (5) following a circle, (6) following a corridor with an obstacle. The users who participated to the tests suffer from intentional tremor, paresis and/or spasticity. The goal is to find a suitable criterion to assess the user's autonomy. In total 6 users performed the tasks. Task 4 and 5 were not used in the analysis, because the moving objects in task 4 were evaluated to be too frightening by hospital staff, and driving downwards in task 5 was too difficult. First a frequency analysis of the users' input signals was made. Figure 3 shows a plot obtained from a user with intentional tremor. An increased frequency content is observed between 3 and 6 Hz. When we performed the same tasks ourselves, the frequency content decreased more or less monotonously with increasing frequency. The amplitude of the peak depends amongst others on the degree of intentional tremor. However, several other factors influence the result. Let us mention the influence of the task itself and the way the user held the joystick. For some users, the peak in the frequency plot was hardly visible. Some users partly suppress their tremor by using the joystick in a particular way: they use the maximal amplitude of the joystick and push the joystick against its mechanical limits and by doing so, stabilise the signal. In a second phase, other criteria were used:

- deviation from the ideal trajectory,
- time required to complete the task,
- number of collisions.

The advantage of these criteria is that they also can be used for patients with paresis and spasticity. The first and second criterion are divided by a reference value to make the numbers dimensionless. These reference values were the results of our own trials. Time and accuracy are conflicting criteria. We experienced that the performance depends on the way the test is explained to the user and on the attitude of the user (psychological influences). The criteria above are combined into one number by using a weighted average using ad hoc weights. The tables with results are not shown here as they are large and require a lot of additional information to interpret. However, our conclusions are as follows. The ranking of the users according to this criterion corresponded to the observed driving ability. Two evolutions were visible. A first one was learning, i.e. an improving performance. The second was fatigue, i.e. decreasing performance. In order to validate this approach, many more experiments have to be performed.

5   Conclusion

A major obstacle in the development of sensor-based wheel chairs is the implementation of a desirable level of shared autonomy. This level is user dependent and may need to be adaptive. For a therapist it would be convenient if the additional parameters could be determined automatically via a standardized test procedure. This paper presents some initial experiments with 6 users to determine the user's autonomy.

Acknowledgements

The authors would like to thank Lieven Dewispelaere and Bert Janssens and four second-year students who implemented the simulator. We wish to thank project partners and user groups and in particular Dr. Ketelaer and Lieve Nuyens who made user trials possible and also the users who performed the tests. This work was possible due to an STWW project funded by the Flemish government and coordinated by the IWT.

References

1. Issue of IEEE robotics and automation magazine: Reinventing the wheelchair- Autonomous Robotic Wheelchair projects in Europe improve mobility and safety vol7 no 1; March 2001.
2. A. Lankenau, Avoiding mode confusion in service robots, Integration of assistive technology in the information age, Ed. M. Mokhtari, IOS Press 2001.
3. T. B. Sheridan, Telerobotics, automation and human supervisory control, The MIT Press 1992.
4. The Easy rider system, example of a menu-based interface for wheel chair control, more info via http://www.hmc-products.com/
5. Umar Syyid, The Adaptive CCommunication Environment ACE, A tutorial, Hughes Network Systems 1998; A good pointer is also the home page of Douglas Schmidt, http://www.cs.wustl.edu/ schmidt/
6. Sensor-assisted wheel chair control featuring shared autonomy, STWW project sponsored by the Flemish government and coordinated by IWT, http://www.mech.kuleuven.ac.be/pma/project/stww/

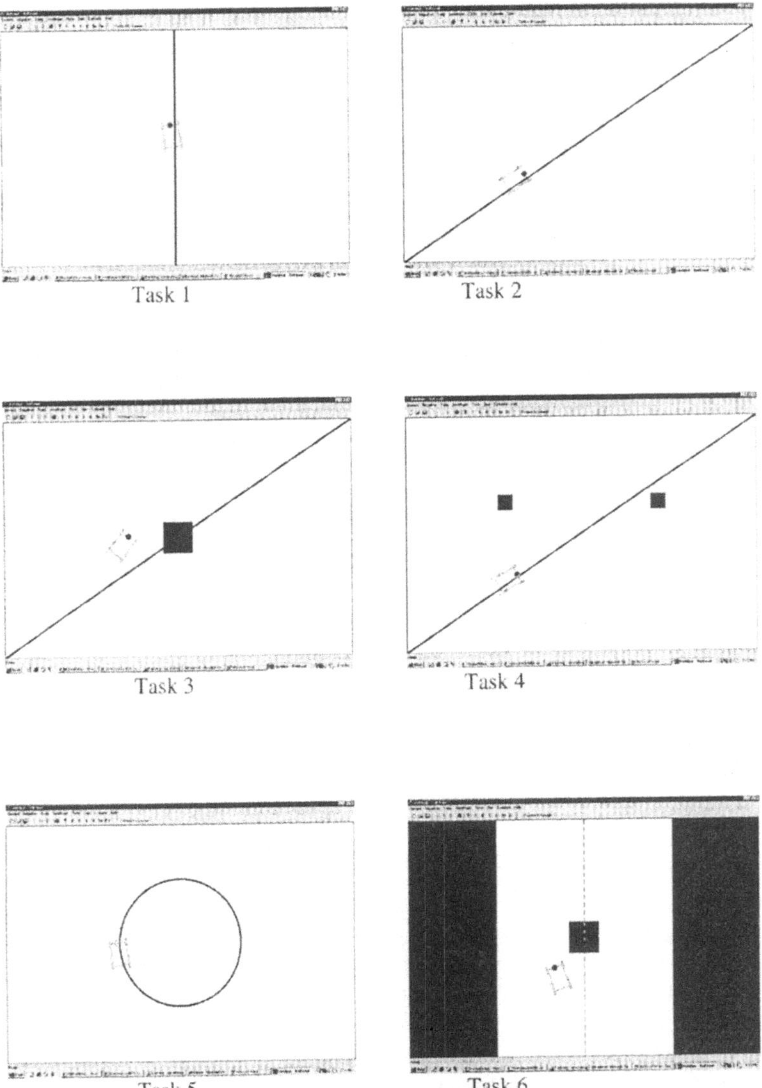

Fig. 4. The tasks which were used to assess the user's autonomy.

Das Rasterelektronenmikroskop als Sensorsystem für die Automation mobiler Mikroroboter

Ferdinand Schmoeckel, Heinz Wörn, Matthias Kiefer

Institut für Prozessrechentechnik, Automation und Robotik
Universität Karlsruhe (TH), Kaiserstr. 12, 76128 Karlsruhe

Zusammenfassung. Die vorgestellten mobilen Mikroroboter arbeiten in der Vakuumkammer eines Rasterelektronenmikroskops. Um den ungewohnten Kraftverhältnissen in der Mikrowelt zu begegnen, ist oft auch für einfache Handhabungsaufgaben der Einsatz zweiter Roboter notwendig. Dieser Artikel beschreibt den Einsatz des REMs als Positionssensorsystem, das Voraussetzung für eine automatisierte Koordination der Mikroroboter ist. Zur Höhenmessung wird ein Triangulationsverfahren mit Hilfe des Elektronenstrahls eingesetzt. Es werden erste Ergebnisse und die notwendigen Kalibrierungsmethoden gezeigt.

Einleitung

Das Rasterelektronenmikroskop (REM) ist in sehr vielen Bereichen ein unverzichtbares Werkzeug, wenn es darum geht, sehr kleine Strukturen sichtbar zu machen. Wenn nicht die Mikrostruktur von größeren Oberflächen von Interesse ist, sondern die zu untersuchenden Proben selbst eine Größe von wenigen Millimetern bis herab zu Bruchteilen von Mikrometern haben, wird ihre Handhabung sehr schwierig. Spätestens wenn man während des Mikroskopierens in die Mikrowelt eingreifen möchte, sei es für in-situ Experimente oder für die Montage hybrider Mikrosysteme, sind kleine flexible Handhabungssysteme unerlässlich. Die an der Universität Karlsruhe (TH) entwickelten mobilen Mikroroboter sind solche Mikrohandhabungswerkzeuge. Sie sind einige Kubikzentimeter groß, werden piezoelektrisch angetrieben, und das eingesetzte Slip-Stick-Bewegungsprinzip ermöglicht ihnen einerseits das Überwinden größerer Entfernungen mit mehreren Zentimetern pro Sekunde, andererseits eine Positionierung mit ca. 20 Nanometern Auflösung [1].

Zweirobotersystem, Teleoperation

Möchte man mikroskopische Objekte handhaben, stößt man sehr bald auf sogenannte Skalierungsprobleme. Der häufigste unerwünschte Effekt ist das Haftenbleiben gegriffener Mikroobjekte am Greifer beim Versuch, sie loszulassen. Wie von Miyazaki [2] vorgeschlagen, ist der Einsatz eines zweiten Manipulators sinnvoll, der mit einer sehr spitzen Nadel das Objekt abstreifen kann. Als Beispiel ist in Abbildung 1 das Ablegen eines Pollenkorns mit dieser Technik zu sehen.

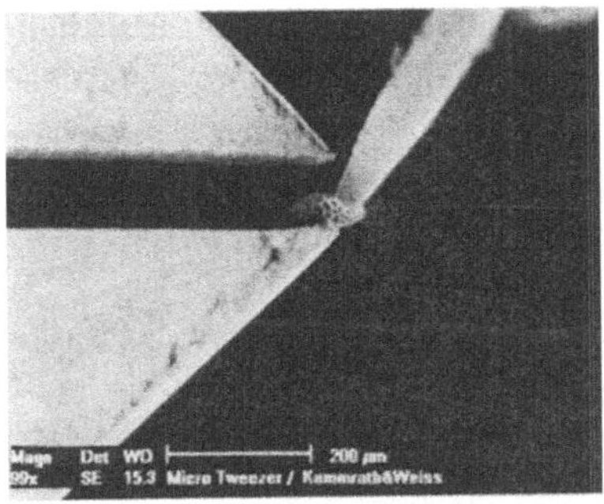

Abbildung 1: Abstreifen eines Pollenkorns, REM-Bild, Kammrath&Weiss GmbH, Dortmund

Solche Operationen können von den beiden in Abbildung 2 dargestellten REM-tauglichen Roboterprototypen gemeinsam ausgeführt werden. Beide bestehen aus einer mobilen Plattform mit drei Freiheitsgraden, die eine Manipulationseinheit mit einem Mikrogreifer trägt. Diese Manipulationseinheit besteht bei Miniman III aus einer auf Piezoelementen gelagerten Kugel, die dem Mikrogreifer zwei zusätzliche Freiheitsgrade gibt (ein Freiheitsgrad ist redundant zur mobilen Plattform) [3]. Während Miniman III eine Probe greifen und bewegen kann, wird sein Nachfolger Miniman IV als „helfende Hand" benutzt. Sein Greifer wird durch einen Mikrolinearantrieb der Firma Kammrath&Weiss GmbH, Dortmund, in z-Richtung bewegt und dient zum Spannen sehr feiner Nadeln (s. Abbildung 1), die bei Verschleiß oder Verschmutzung einfach ausgetauscht werden können.

Abbildung 2: Im REM eingesetzte Mikroroboter Miniman III, links und Miniman IV, rechts)

Um zwei oder mehr Roboter in der Probenkammer eines Rasterelektronenmikroskops einsetzen zu können, müssen sie so klein wie möglich sein. Die Positionierungseinheit von Miniman IV besteht wie die von Miniman III aus drei Piezobeinchen für die Slip-Stick-Bewegung, konnte jedoch erheblich kleiner konstruiert werden (∅ 50 mm). Hauptschwierigkeit bei der Miniaturisierung ist gegenwärtig der Anschluss der Roboter an das Rechnersystem. Da in den bisher realisierten Prototypen keinerlei Elektronik integriert ist, werden je nach Typ bis zu 50 Leitungen benötigt. Daher wurden für Miniman IV lange, flexible Platinen entwickelt, die die dicken Bündel von feinen, vor allem an den Steckern sehr empfindlichen Lackdrähten ersetzen.

Zur Teleoperation dient als intuitive Benutzerschnittstelle eine 6D-Maus, mit der die Roboter zur Zeit abwechselnd gesteuert werden können. Zusammen mit einer automatischen Grobpositionierung über eine globale Kamera [1] in das Sichtfeld des REMs stellt dieses System bereits ein wertvolles Werkzeug für viele Aufgaben in der Rasterelektronenmikroskopie dar.

Das REM als Sensorsystem

Für geregelte Bewegungen und die Automatisierung der Mikroroboter wird ein Wegmesssystem benötigt. Das eingesetzte Slip-Stick-Bewegungsprinzip ermöglicht zwar eine extrem hohe Auflösung (10-20 nm) bei sehr einfachem Roboteraufbau, lässt aber keine interne Positionssensorik zu.

Es liegt daher nahe, für die Automatisierung der Roboter das REM selbst als hochauflösenden, berührungslosen Positionssensor zu benutzten. Dazu müssen die Endeffektoren der Mikroroboter durch eine Bildverarbeitung im REM-Bild erkannt und verfolgt werden. Der Elektronenstrahl kann den gesamten Bildbereich des REMs mit einer Auflösung von 4096 x 4096 Pixeln abrastern. Stellt man diesen Scanbereich des REMs z.B. auf eine Größe von 2 x 2 mm² ein, erhält man eine Auflösung von ca. 0,5 μm. Um REM-Bilder in ausreichender Geschwindigkeit zu erhalten, muss die Auflösung, der Bildausschnitt oder beides stark verkleinert werden. Man erhält dann eine sog. „Region of Interest" (ROI) von beispielsweise 256 x 256 Pixeln. Diese Bildgröße ist auch für eine Echtzeit-Bildverarbeitung sinnvoll.

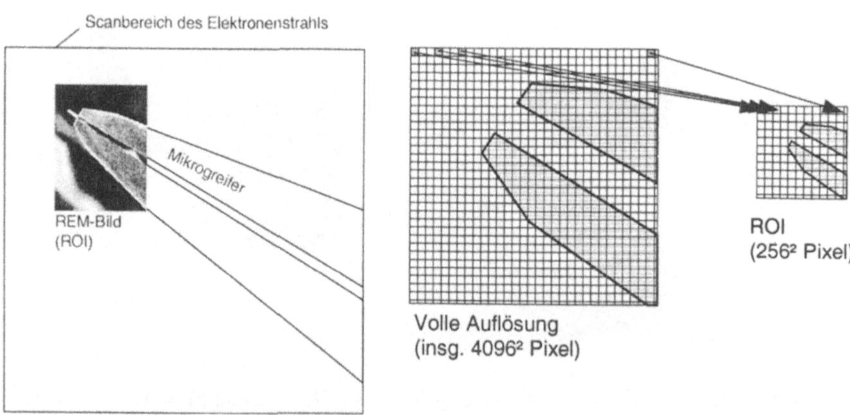

Abbildung 3: Scanbereich des Elektronenstrahls und Zoom-Prinzip der „Region of Interest"

Abbildung 3 veranschaulicht die Wahl der ROI-Parameter für den Kompromiss zwischen Auflösung und Bildausschnitt. Im Beispiel wird für das ROI-Fenster jedes dritte Pixel für ein REM-Bild abgerastert. Es ergibt sich eine dreimal kleinere Auflösung bei entsprechend größerem Bildausschnitt für eine konstante Pixelanzahl.

Da die Position des Mikrogreifers durch die globale Positionierung mit einer Genauigkeit von ca. 0,5 mm bekannt ist, kann zu Beginn der lokalen Bilderkennung ein ROI benutzt werden, das auf jeden Fall die Endeffektoren zeigt. Die Bildverarbeitung, die gegenwärtig entwickelt wird, erhält so außerdem auch Vorwissen über die ungefähre Lage und Orientierung des Greifers. Für die eigentliche Greifererkennung bieten sich Markierungen am Greifer an, die die spezifischen Eigenschaften des Sekundärelektronenbildes ausnutzen. Wird eine höhere Genauigkeit benötigt, kann nach der erfolgreichen Greifererkennung der Bildausschnitt verkleinert und damit durch „Heranzoomen" die Auflösung erhöht werden.

Elektronenstrahltriangulation

Da das Mikroskopbild nur zweidimensionale Positionsinformationen liefert, ist für die Regelung von Robotern in drei Dimensionen ein zusätzlicher Sensor für Tiefeninformationen notwendig. Das Installieren einer zweiten Elektronenkanone für ein zweites, laterales REM-Bild wie z. B. in [4] ist jedoch sehr aufwändig. Aus demselben Grund scheidet der Einsatz eines Stereo-REMs aus. Außerdem ist die Lösung des sog. Korrespondenzproblems für die Zuordnung von Bildpunkten eines Stereobildpaares noch nicht allgemein gelöst und auch im Speziellen sehr rechenintensiv.

Ein gängiges und schnelles Sensorprinzip zur Tiefenmessung ist die Lasertriangulation, die für die Mikroroboter auch unter dem Lichtmikroskop eingesetzt wird. Im REM bietet es sich an, statt eines Lasers den Elektronenstrahl zu verwenden, der sehr schnell und flexibel digital positioniert werden kann. Hierfür wird mit Hilfe eines in der Vakuumkammer installierten Miniaturmikroskops die lumineszierende Spur des Elektronenstrahls aufgenommen. Dieses Triangulationsprinzip ist in Abbildung 4 skizziert. Da die Lage des Miniaturmikroskops und des Elektronenstrahls bekannt sind, kann über das Bild des Brennflecks auf dem CCD-Chip dessen Höhe berechnet werden.

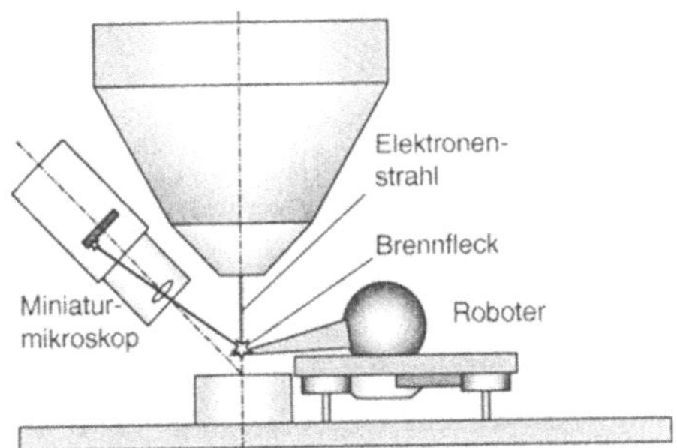

Abbildung 4: Elektronenstrahltriangulation

Die zu vermessenden Objekte – dies sind zunächst die Endeffektoren der Roboter – müssen mit einer kathodolumineszierenden Substanz (Szintillator) versehen werden, um ein ausreichend helles Leuchten des Brennflecks des Elektronenstrahls zu erreichen. Für die Bestimmung der gesamten Roboterkonfiguration wurde Szintillatormaterial in einem Z-Muster auf jeder Greiferbacke appliziert. Wird der Elektronenstrahl in einer Linie über dieses Muster geführt, sind im Bild des Miniaturmikroskops insgesamt bis zu sechs leuchtende Punkte zu sehen (Abbildung 5). Die Koordinaten dieser Punkte im Mikroskopbild werden durch eine einfache Bildverarbeitung erkannt. Durch Triangulation wird nun die Höhe der Punkte berechnet. Ihre Abstände zueinander geben Auskunft über die Lage des Z-Musters und bestimmen so fast die gesamte Greiferkonfiguration inklusive der Greiferöffnung. Um den letzten Freiheitsgrad, die Rotation um die von den Punkten aufgespannte Achse, zu bestimmen, gibt es verschiedene Möglichkeiten. Benutzt man die Daten der globalen Positionierung, erhält man die Höhe der Greiferspitzen aufgrund der Hebelverhältnisse mit im Vergleich zur globalen Positionierung höherer Genauigkeit. Sind die Leuchtpunkte z.B. 2 mm von der Greiferspitze entfernt, ergibt sich eine Unsicherheit von insgesamt ca. 50 μm. Alternativ kann eine zweite Linie mit dem Elektronenstrahl abgefahren werden. Aufgrund der Redundanz der Messungen kann dadurch die Genauigkeit verschiedener Parameter noch gesteigert werden. Allerdings muss dazu die Lage der Z-Muster bereits gut bekannt sein, um einen möglichst großen Abstand der Linienscans einstellen zu können. Die dritte Möglichkeit bedient sich der sehr genauen 2D-Informationen der REM-Bildverarbeitung. Hierzu wird der Schnittpunkt der Sichtlinie des REM-Bilds zur Greiferspitze mit einer Kugeloberfläche berechnet, deren Radius R und Mittelpunkt durch die Triangulation bekannt sind (Abbildung 5). Je höher das Z-Muster dabei über der Greiferspitze liegt desto genauer ist die Bestimmung der Greiferhöhe.

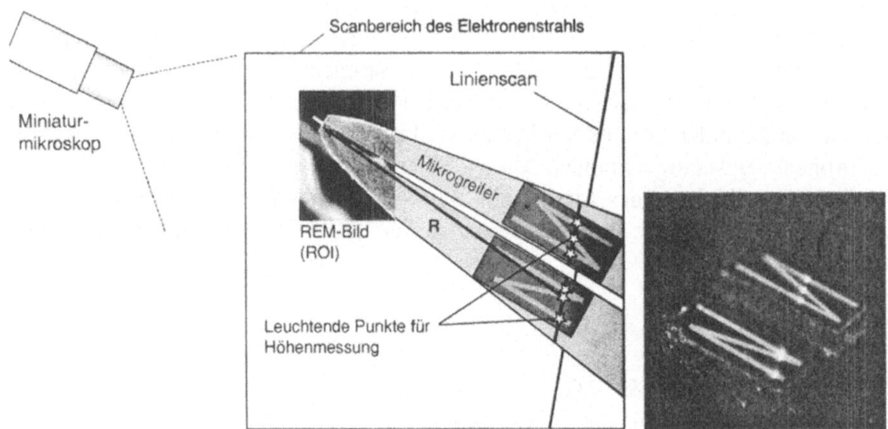

Abbildung 5: Schema des Sensorprinzips und Bildausschnitt der Miniaturkamera (rechts)

Für die ersten Versuche mit diesem Sensorprinzip wurden Siliziumchips mit 2 mm langen mikrostrukturierten Nuten auf den Greifer geklebt. Diese Nuten wurden mit dem Szintillatorpulver P47 gefüllt. Die Lage der Nuten auf dem Greifer muss so genau wie möglich z.B. mit Hilfe des REMs vermessen werden. Auf diese Messung kann verzichtet werden, wenn die Nuten direkt in einen mikrostrukturierten Greifer integriert werden. In diesem Fall könnte man leicht auch weitere kleinere und näher an der Greiferspitze liegende Z-Muster integrieren. In Verbindung mit einem Zoomobjektiv für das Miniaturmikroskop könnte dann zwischen verschiedenen Genauigkeiten und Arbeitsbereichen umgeschaltet werden.

Kalibrierung

Durch eine Kalibrierung des REM-Bildes und des Miniaturmikroskops werden die erforderlichen Parameter bestimmt. Für das Miniaturmikroskop sind dies die 11 Parameter des Kameramodells nach Tsai [5], die mit Hilfe eines Rasters bestimmt werden. Abbildung 6 zeigt das Kamerabild dieses Kalibrierungsgitters. Zur Veranschaulichung der erfolgreichen Kalibrierung wurde das Bildkoordinatensystem des REM-Bildes eingeblendet. Außerdem erkennt man die Übereinstimmung zwischen der im Kamerabild festgelegten Linie und der daraus resultierenden realen Linie, die auf dem mit Leuchtpulver beschichteten Raster leuchtet.

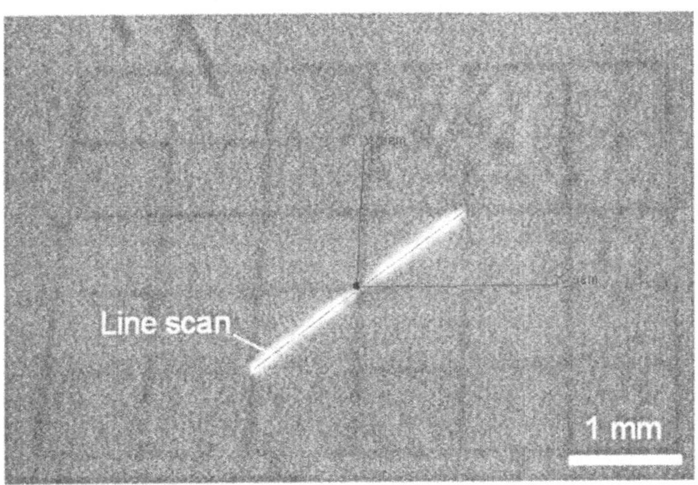

Abbildung 6: Kamerabild des Kalibrierungsgitters mit ausgerichtetem Linienscan

Für das REM-Bild wird eine üblichen Kalibrierung mittels mikrostrukturierter Kalibrierungsraster durchgeführt. Danach ist für jeden fokussierten Arbeitsabstand die Größe eines Bildpunktes bekannt. Zusätzlich muss die Bilddrehung in Abhängigkeit von der Fokussierung bekannt sein. Sie resultiert aus dem Prinzip der Elektronenoptik mittels Magnetlinsen und wird im eingesetzten älteren Rasterelektronenmikroskop noch nicht automatisch kompensiert.

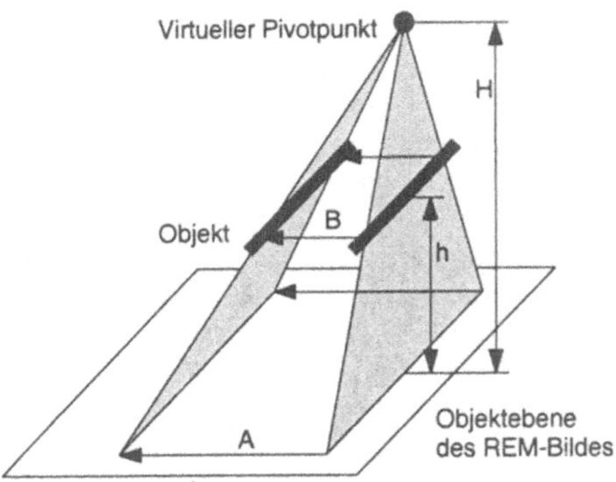

Abbildung 7: Prinzip der Pivotpunktkalibrierung

Da es sich um eine Zentralprojektion handelt, muss für die Bestimmung der Lage des Elektronenstrahls zusätzlich der virtuelle Pivotpunkt bekannt sein, aus dem der Elektronenstrahl zu kommen scheint. Dazu wird die in Abbildung 7 veranschaulichte

Methode verwendet. Ein Objekt – ein möglichst dünner Draht – wird auf der Mittelachse des REM-Bildes und in der Höhe h über der eingestellten Objektebene positioniert. Wird es um die Länge B horizontal versetzt, so sieht es auf dem aufgenommenen REM-Bild aus, als sei es um den Betrag A verschoben worden. Dieser Betrag wird im REM-Bild vermessen. Über den Strahlensatz kann schließlich die Höhe H des Pivotpunktes berechnet werden.

Ergebnisse und Ausblick

Derzeit ist die Genauigkeit der Höhenmessung – vor allem durch das verwendete Miniaturmikroskop – auf ca. 30 μm beschränkt. Mithilfe einer höher auflösenden Kamera und bei kleinerem Bildausschnitt wird sich insgesamt eine Genauigkeit von wenigen Mikrometern erreichen lassen. Darunter wird die geringe Schärfentiefe der Lichtmikroskopie zum begrenzenden Faktor. Im Vergleich zur möglichen Auflösung eines Rasterelektronenmikroskops erscheint die erreichbare Genauigkeit immer noch gering. Sie ist aber für viele Aufgaben im Mikro- bis Millimeterbereich ausreichend, insbesondere wenn bei Handhabungsaufgaben Berührungen mit Hilfe eines geplanten Kontaktsensors an der Unterseite des Mikrogreifers detektiert werden.

Danksagungen

Diese Forschungsarbeit wird am Institut für Prozessrechentechnik, Automation und Robotik (Leitung: Prof. H. Wörn), Fakultät für Informatik, Universität Karlsruhe (TH) durchgeführt. Die Arbeit wird von der Europäischen Union (ESPRIT-Projekt „Miniman", Nr. 33915) unterstützt.

Literatur

[1] Fatikow, S.; Buerkle, A.; Seyfried, J.: "Automatic Control System of a Microrobot-Based Microassembly Station Using Computer Vision", SPIE's International Symposium on Intelligent Systems & Advanced Manufacturing, Conference on Microrobotics and Microassembly, SPIE, pp. 11-22, Boston, USA, 19-22 Sept. 1999

[2] Miyazaki, H. et al.: "Adhesive forces acting on micro objects in manipulation under SEM"; Microrobotics and Microsystem Fabrication, SPIE 3202, Pittsburgh, 1997, pp. 197-208

[3] Schmoeckel, F.; Fatikow, S.:"Smart flexible microrobots for SEM applications", Journal of Intelligent Material Systems and Structures, Vol. 11, No. 3, 2000, pp. 191-198

[4] Nakao, M.; Hatamura, Y.; Sato, T.: „Tabletop factory to fabricate 3D microstructures: nano manufacturing world", Proc. of the SPIE's Int. Symp. on Intelligent Systems & Advanced Manufacturing, Boston, MA, 1996, Vol. 2906: Microrobotics: Components and Applications, pp. 58–65

[5] Tsai, R.Y.: "A Versatile Camera Calibration Technique for High-Accuracy 3D Machine Vision Metrology Using Off-the-Shelf TV Cameras and Lenses"; IEEE Journal of Robotics and Automation, No 4, 1987, pp. 323-344

Demonstration von Bildverarbeitung und Sprachverstehen in der Dienstleistungsrobotik

Matthias Zobel, Joachim Denzler, Benno Heigl, Elmar Nöth, Dietrich Paulus, Jochen Schmidt, Georg Stemmer

Lehrstuhl für Mustererkennung, Institut für Informatik
Universität Erlangen-Nürnberg, Martensstr. 3, 91058 Erlangen
info@immd5.informatik.uni-erlangen.de,
URL: http://www5.informatik.uni-erlangen.de

Zusammenfassung Die typischerweise gewünschten Einsatzgebiete für Dienstleistungsroboter, z. B. Krankenhäuser oder Seniorenheime, stellen sehr hohe Anforderungen an die Mensch-Maschine-Schnittstelle. Diese Erfordernisse gehen im Allgemeinen über die Möglichkeiten der Standardsensoren, wie Ultraschall- oder Infrarotsensoren, hinaus. Es müssen daher ergänzende Verfahren zum Einsatz kommen. Aus der Sicht der Mustererkennung sind die Nutzung des Rechnersehens und des natürlichsprachlichen Dialogs von besonderem Interesse. Dieser Beitrag stellt das mobile System MOBSY vor. MOBSY ist ein vollkommen integrierter autonomer mobiler Dienstleistungsroboter. Er dient als ein automatischer dialogbasierter Empfangsservice für Besucher unseres Instituts. MOBSY vereinigt vielfältige Methoden aus unterschiedlichsten Forschungsgebieten in einem eigenständigen System. Die zum Einsatz kommenden Methoden aus dem Bereich der Bildverarbeitung reichen dabei von Objektklassifikation über visuelle Selbstlokalisierung und Rekalibrierung bis hin zu multiokularer Objektverfolgung. Die Dialogkomponente umfasst Methoden der Spracherkennung, des Sprachverstehens und die Generierung von Antworten. Im Beitrag werden die zu erfüllende Aufgabe und die einzelnen Verfahren dargestellt.

1 Motivation

Die Entwicklung von Dienstleistungsrobotern erfordert das Zusammenspiel zahlreicher Forschungsrichtungen, z. B. Sensorik, Regelungstechnik, künstliche Intelligenz und neuerdings auch Rechnersehen und automatisches Sprachverstehen. Die beiden letztgenannten Disziplinen erlangten in der jüngsten Vergangenheit eine größere Bedeutung, da Dienstleistungsroboter dem Menschen in Bereichen wie zum Beispiel der Versorgung pflegebedürftiger Personen als persönlicher Assistent dienen sollen. Das bedeutet, dass sich Dienstleistungsroboter von anderen mobilen Robotersystemen hauptsächlich durch deren intensive Interaktion mit Menschen in natürlicher Umgebung unterscheiden. In den typischen Bereichen, in denen man Dienstleistungsroboter in Zukunft antreffen wird und teilweise schon antrifft, beispielsweise in Krankenhäusern oder

Diese Arbeit wurde durch die DFG gefördert im Rahmen des Sonderforschungsbereichs SFB 603/TP B2 und durch die BFS im Projekt DIROKOL. Die Verantwortung für den Inhalt dieses Beitrags liegt bei den Autoren.

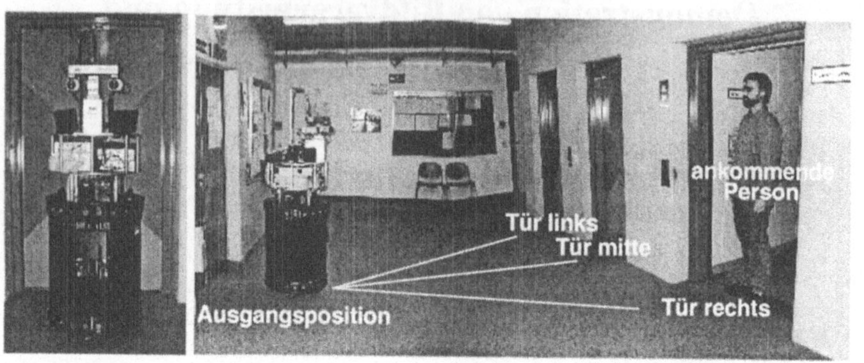

Abbildung 1. Der autonome mobile Dienstleistungsroboter MOBSY (links); Test- und Entwicklungsumfeld (rechts).

Altenpflegeeinrichtungen, übersteigen die Anforderungen an die Mensch-Maschine-Schnittstelle die Möglichkeiten klassischer Robotersensoren, wie Ultraschall-, Laser- oder Infrarotsensoren. Rechnersehen und natürliche Kommunikation und Dialogführung stellen somit eine notwendige Ergänzung der Sensorik solcher Systeme dar.

Dieser Beitrag konzentriert sich deshalb auf die beiden genannten Aspekte: Rechnersehen und natürlichsprachliche Kommunikation mit Dialogführung. Anhand des Anwendungsszenarios „automatischer Empfangsservice" wird die erfolgreiche Integration aktueller Forschungsergebnisse aus beiden Bereichen in ein prototypisches System demonstriert. Angemerkt sei, dass im Gegensatz zu Arbeiten bei anderen Systemen, z. B. [2, 8], die technische Konstruktion eines Dienstleistungsroboters hier nicht im Vordergrund steht. Auch spielt der Aspekt des automatischen Wissenserwerbs und Lernens, obwohl hierzu bereits eigene Untersuchungen (u. a. [6, 10]) vorliegen, im präsentierten Stadium des Systems im Vergleich z. B. zu [4] eine untergeordnete Rolle.

Im nächsten Abschnitt wird die Aufgabe spezifiziert, die das mobile System MOBSY zu lösen hat. In Abschnitt 3 werden kurz die einzelnen eingesetzten Techniken aus dem Bereich des Rechnersehens und der Dialogkomponente beschrieben. Der Ansatz zur Selbstlokalisation wird dabei genauer vorgestellt, da dieses Problem typischerweise mittels klassischer Robotiksensoren gelöst wird. Der Beitrag schließt mit Ergebnissen und einem Ausblick auf zukünftige Verbesserungen und Anwendungen.

2 Anwendungsszenario

Das gewählte Umfeld, in dem MOBSY arbeitet, ist in Abbildung 1 dargestellt. Dabei handelt sich um einen Bereich vor den Aufzügen in unserem Institut. In dieser Umgebung agiert MOBSY als mobiler Empfangsservice für Besucher und Gäste. Näher spezifiziert bedeutet dies die Ausführung der folgenden Schritte:

- MOBSY wartet in seiner Ausgangsposition darauf, dass sich eine der drei Aufzugstüren öffnet. Dazu bewegt MOBSY seinen Kamerakopf so, dass die Türen in der Reihenfolge *Links, Mitte, Rechts, Mitte, ...* gesehen werden können.

- Wenn eine Person ankommt, nähert sich MOBSY dieser auf den in Abbildung 1 als Linien eingezeichneten Pfaden. Während dieser Annäherung stellt MOBSY sich als mobiles Empfangssystem vor und bittet die Person stehen zu bleiben. Gleichzeitig beginnt das System mit dem Kamerakopf das Gesicht der Person zu verfolgen, um einen ersten Kontakt mit der Person herzustellen.
- Nachdem MOBSY vor der Person angekommen ist, beginnt MOBSY mit dem natürlichsprachlichen Informationsdialog. Dabei wird weiterhin das Gesicht der Person verfolgt.
- Nach Beendigung des Dialogs dreht MOBSY sich um und fährt in seine Ausgangsposition zurück. Dort angekommen muss sich MOBSY auf Grund von Fehlern in der Odometrieinformation repositionieren.
- Danach fängt MOBSY wieder an, auf eine ankommende Person zu warten.

Diese Schleife wird so lange wiederholt, bis MOBSY extern unterbrochen wird. Die Ausführung der oben genannten Schritte erfordert das koordinierte Zusammenspiel von *Objektdetektion* und *Objektklassifikation, visueller Gesichtsverfolgung* und *Kamerasteuerung, natürlichsprachlichem Dialog, Roboternavigation einschließlich Hindernisvermeidung* und *visueller Selbstlokalisierung und Rekalibrierung*.

Die für diese Gebiete verwendeten Methoden werden detaillierter im folgenden Abschnitt 3 beschrieben. Da die Navigation und Hindernisvermeidung mit klassischen Infrarotsensoren realisiert ist und MOBSY auf vordefinierten Pfaden fährt, wird auf eine Darstellung dieses Moduls im Folgenden verzichtet.

3 Systemdesign und Module

Das eingesetzte mobile System besteht aus der eigentlichen mobilen Plattform, ein XR4000 der Firma Nomadic Technologies, und einem Aufbau zur Aufnahme von zusätzlicher Ausrüstung, z. B. Kamerakopf, Richtmikrofon, etc. Der Kamerakopf besitzt 10 Freiheitsgrade und ist ein Bisight/Unisight binokulares System der Firma HelpMate Robotics. Die gesamte Bild- und Sprachverarbeitung wird auf einem in die Plattform integrierten Dual Pentium II 300 MHz Rechner durchgeführt.

Die im Folgenden beschriebenen Module realisieren die Teilaufgaben der Spezifikation aus Abschnitt 2, in denen Bild- und Sprachverarbeitung verwendet wird. Ein wichtiger Aspekt, der hier aus Platzgründen nicht näher behandelt wird, ist die Integration dieser Module, damit ein koordiniertes Zusammenspiel gewährleistet ist.

Objektklassifikation. In dem gewählten Szenario wird erwartet, dass die Besucher des Instituts mit einem der drei Aufzüge ankommen. Daraus folgt, dass der Ankunft einer Person das Öffnen einer der Aufzugstüren voraus geht. Der Mechanismus, der das Ankommen einer Person anzeigt, basiert daher auf der Unterscheidung zwischen offenen und geschlossenen Aufzugstüren.

Zu diesem Zweck werden von Support Vektor Maschinen (SVM) als Klassifikator eingesetzt, da diese prädestiniert für das Lösen von Zweiklassenproblemen sind (vgl. [13] für eine detaillierte Beschreibung). Die verwendete SVM arbeitet auf Farbbildern der Größe 96×72, die vom Kamerakopf geliefert werden, und klassifiziert diese in die beiden Klassen *offen* und *geschlossen*.

Zum Training der SVM wurde eine Trainingsmenge von 337 Bildern der Aufzugstüren zusammengestellt. Die Trainingsmenge wurde manuell klassifiziert in 130 *geschlossene* und 207 *offene* Fälle. Eine Aufzugstür gilt dabei als *offen* bei einem Öffnungsgrad zwischen komplett offen und halb geschlossen. Im anderen Fall wird die Tür als *geschlossen* behandelt. Als SVM wurde das System SVM^{light} [9] benutzt.

Eine offene Aufzugstür ist alleine nicht ausreichend, um über die Ankunft einer Person zu entscheiden. Man denke beispielsweise an die Situation, dass sich die Aufzugstüren öffnen und keine Person aussteigt. In der derzeitigen Realisierung von MOBSY führt dies dazu, dass das System auch in diesen Fällen das Ankommen einer Person fälschlicherweise annimmt und mit der Annäherungsphase beginnt; dies wird dann allerdings durch eine Zeitüberschreitung in der Dialogkomponente abgefangen.

Gesichtsverfolgung. Während MOBSY sich einer angekommenen Person nähert und auch während der eigentlichen Dialogphase sollen beide Kameras des Kamerakopfs auf das Gesicht der Person ausgerichtet sein, um den Kontakt zwischen Mensch und Maschine aufrechtzuerhalten. Die Fixation könnte dabei vom System auch dazu benutzt werden, um visuell über das Vorhandensein einer Person zu entscheiden, z. B. wenn die Person während des Dialog weggeht, oder auch zur Erkennung von Gesichtern.

Für die Gesichtsverfolgung müssen zwei Hauptprobleme gelöst werden: Gesichtsdetektion und Bewegungssteuerung der Kameras. Gesichtsdetektion basiert auf der Bestimmung von Hautfarbenregionen in Farbbildern [5] wobei für jeden Bildpunkt ein Farbabstand berechnet wird. Es werden Bilder der Größe 96×72 verwendet. Der Schwerpunkt der bestimmten Hautfarbenregion wird dabei als die Position des Gesichts interpretiert. Ausgehend von diesen Positionen werden Steuerungswinkel für die Neige- und Vergenzachsen des binokularen Kamerakopfs berechnet. Um die Bewegungen möglichst glatt zu halten, werden die Vergenzbewegungen mit der Zeit durch entsprechende Schwenkbewegungen des gesamten Kamerasystems ausgeglichen.

Natürlich ist Hautfarbensegmentierung nicht sehr spezifisch für Gesichter, aber die folgenden Fakten rechtfertigen aus unserer Sicht die Wahl dieses Vorgehens. Erstens ist es sehr wahrscheinlich, dass eine Hautfarbenregion in einer Höhe von ca. 1,7 m in dem gewählten Szenario durch ein Gesicht hervorgerufen ist, und zweitens hat es sich in der Experimenten durch seine Robustheit und Schnelligkeit bewährt.

Dialog. Sobald der Roboter die Person erreicht hat, initiiert das Dialogmodul das Gespräch mit einer Begrüßung und einer kurzen Einführung in die Fähigkeiten des Systems. Das Dialogmodul ist in vier Untereinheiten gegliedert, die eine Verarbeitungshierarchie bilden: Für jede Benutzeräußerung wird vom Spracherkenner eine Hypothese der gesprochenen Wortfolge ausgegeben. Diese Wortfolge wird von einem Parser in eine semantisch-pragmatische Repräsentation umgewandelt. Unter Berücksichtigung des aktuellen Dialogzustands erzeugt der Dialogmanager daraus eine Systemantwort. Diese wird schließlich sprachsynthetisch ausgegeben.

Alle Untereinheiten des Dialogmoduls müssen sowohl mit dem relativ hohen Geräuschpegel als auch mit den unterschiedlichen Benutzeräußerungen zurechtkommen. Der Geräuschpegel ist zum Teil auf die Umgebung des Roboters, z. B. die Aufzugstüren oder unbeteiligte Personen, aber auch auf die Plattform selbst zurückzuführen, da z. B. ständig eingebaute Ventilatoren in Betrieb sind. Auch sind die Äußerungen der Besucher des Instituts entsprechend vielfältig.

Damit die Hintergrundgeräusche vor und nach einer Benutzeräußerung die Erkennung nicht stören, fängt der Spracherkenner nur an zu arbeiten, wenn ein bestimmter Energieschwellwert im Signal für eine Mindestdauer überschritten wird. Sobald der Schwellwert für ein längeres Zeitintervall unterschritten worden ist, wird der Spracherkenner wieder angehalten. Hochfrequente Störungen, etwa durch die Eigengeräusche des Roboters, werden durch einen Tiefpassfilter entfernt. Der Erkenner verarbeitet kontinuierliche Sprache; das Lexikon enthält z. Zt. knapp 100 Wörter. Als akustische Merkmale werden Mel-Cepstrum-Koeffizienten und ihre ersten Ableitungen verwendet. Eine detaillierte Beschreibung des Spracherkenners findet sich in [7].

Die akustischen Modelle des Erkenners wurden mit ca. 900 gelesenen Sätzen an die Empfangsservice-Domäne adaptiert, das Sprachmodell des Erkenners enthält Bigramme. In der erkannten Wortkette erfolgt das Sprachverstehen durch eine Suche nach sinnvollen Phrasen, die bei der Entwicklung des Systems festgelegt wurden (vgl. [12]). Jede Phrase hat eine vordefinierte semantisch-pragmatische Repräsentation, auf die sie abgebildet wird. Dabei werden alle Wörter ignoriert, die keiner sinnvollen Phrase zugeordnet werden können. Diese einfache Strategie erhöht die Robustheit gegenüber falsch erkannten Wörtern und toleriert ein relativ hohes Maß an Variabilität der gesprochenen Eingabe. Der Dialogmanager speichert den aktuellen Dialogzustand und generiert regelbasiert unter Berücksichtigung der Eingabe eine angemessene Antwort. Wenn der Besucher z. B. fragt: „Und wo gibt's das?", informiert MOBSY über den Ort, an dem die im Satz zuvor nachgefragte Information zu finden ist. Durch den gespeicherten Dialogzustand können Erkennungsfehler gefunden werden, die einen Widerspruch zwischen Dialogzustand und semantisch-pragmatischer Repräsentation verursachen.

Die Phrasen zur Begrüßung und zur Auskunft werden zufallsgesteuert aus einer Menge von gleichwertigen Phrasen ausgewählt. Die Sprachsynthese selbst basiert auf dem German Festival Sprachsynthesesystem [3, 11].

Selbstlokalisierung. Zur Selbstlokalisierung des Roboters wird eine an der Decke montierte Leuchtstoffröhre ausgenutzt. Die Roboterposition und -orientierung kann aus einem einzelnen Bild dieser Lampe berechnet werden, falls die gewünschte Lage des Roboters relativ zur Lampe aus vorhergehenden Messungen bekannt ist. Durch geeignete Korrekturbewegungen wird anschließend die gewünschte Position angefahren.

Abbildung 2 (rechts) zeigt die hier verwendete 3D-Konfiguration. Die Lampenposition sei definiert durch den Endpunkt p_1 und einen beliebigen zweiten Vektor p_2 auf der Röhre. Eine der beiden Kameras wird so positioniert, dass sie in Richtung p_1 blickt. Eine aus dieser Position gewonnene Aufnahme ist in Abbildung 2 (links) zu sehen. Ist die Lampe in dieser ersten Ansicht nicht vollständig sichtbar, führt die Kamera Suchbewegungen durch. Im Bild können die projizierten Punkte q_1 und q_2 der entsprechenden 3D-Punkte p_1 und p_2 durch einfache Analyse des binarisierten Bildes ermittelt werden, wobei sich q_2 auf einem beliebigen Punkt auf der durch die Leuchtstoffröhre festgelegten Geraden im Bild befinden kann. Diese Gerade wird durch lineare Regression aller hellen Punkte bestimmt. Der sichtbare Endpunkt wird durch einfache Suche entlang dieser Geraden gefunden.

Das 3D-Koordinatensystem wird so positioniert, dass sein Ursprung dem Projektionszentrum der Kamera entspricht, seine z-Achse senkrecht zum Fußboden ist und die y-Achse zur Vorderseite des Roboters zeigt. Außerdem wird angenommen, dass das

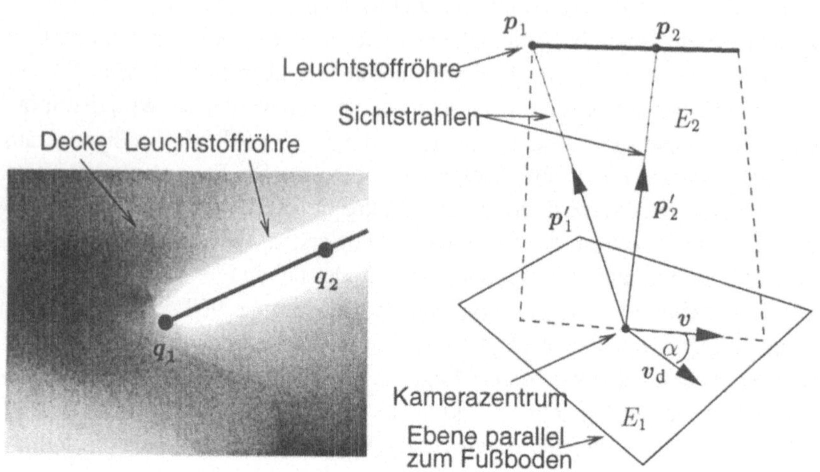

Abbildung 2. Beispielbild zur Selbstlokalisierung (links); die verwendete 3D-Konfiguration mit Bezeichnungen (rechts).

Projektionszentrum der Kamera dem Schnittpunkt von Schwenk- und Neigeachse des binokularen Kamerasystems entspricht und zusätzlich die Rotationsachse des Roboters schneidet. Diese approximierenden Annahmen sind in der Realität nicht exakt erfüllt, sie führen jedoch zu ausreichender Genauigkeit bei den Experimenten.

Die Ebene E_1 sei parallel zum Fußboden. Die Ebene E_2 schneide den Ursprung des Koordinatensystems und die Lampe entlang ihrer Längsachse. Der Vektor v zeige in Richtung der Geraden, die durch Schneiden dieser beiden Ebenen gebildet wird: $v = (p_1' \times p_2') \times (0,0,1)^{\mathrm{T}}$.

Die gewünschten Koordinaten p_d des Lampen-Endpunkts relativ zum Koordinatensystem sowie die gewünschte Richtung v_d der Längsachse der Lampe ergeben sich aus der gewählten Konstellation (im gewählten Szenarion gilt $v_\mathrm{d} = (0,-1,0)^{\mathrm{T}}$). Stünde der Roboter schon an der gewünschten Position, würde p_d in die gleiche Richtung wie p_1' zeigen und v_d in die gleiche Richtung wie v. Ergeben sich Unterschiede, muss der Roboter um den Winkel $-\alpha$ rotiert werden. Die zur Korrektur notwendige Translation wird bestimmt, indem p_1' mit dem Winkel α um die z-Achse rotiert, das Ergebnis auf die Länge von p_d skaliert und letztlich p_d davon abgezogen wird.

4 Ergebnisse und Ausblick

Das vorgestellte System war während der 25-Jahrfeier unseres Instituts für mehr als zwei Stunden ohne Funktionsstörungen oder externe Eingriffe in Betrieb. MOBSY befand sich in dieser Zeit in einer Umgebung, in der permanent neue Besucher ankamen, Besucher sich unterhielten und dadurch ein hohes Hintergrundrauschen entstand, sowohl aus Sicht der Bild- als auch der Sprachverarbeitung (Bilder und Videoclips finden sich im Internet [1]). Es stellte damit seine Robustheit in einer für mobile Systeme typischerweise schwierigen Umgebung unter Beweis.

Auch weiterhin wird MOBSY regelmäßig für Demonstrationen eingesetzt, wobei die Fähigkeiten ständig erweitert werden. Ein erstrebenswertes Szenario ist, dass MOBSY nicht nur Auskunft gibt, sondern die Besucher basierend auf visueller Objektverfolgung und Navigation zu den Büros der Mitarbeiter oder zu anderen interessanten Positionen begleitet.

Der Aspekt der intelligenten Interaktion mit Menschen spielt eine immer wichtiger werdende Rolle im Bereich der Dienstleistungsrobotik. Daher müssen die Bereiche Rechnersehen und natürlichsprachlicher Dialog verstärkt mit der klassischen Sensorik zusammengeführt und integriert werden.

Literatur

1. http://www5.informatik.uni-erlangen.de/~mobsy.
2. R. Bischoff: *Recent Advances in the Development of the Humanoid Service Robot HERMES*, in *3rd EUREL Workshop and Masterclass - European Advanced Robotics Systems Development*, Bd. I, 2000, S. 125–134.
3. A. Black, P. Taylor, R. Caley, R. Clark: *The Festival Speech Synthesis System*, http://www.cstr.ed.ac.uk/projects/festival.html.
4. W. Burgard, A. Cremers, D. Fox, D. Hähnel, G. Lakemeyer, D. Schulz, W. Steiner, S. Thrun: *The Interactive Museum Tour-Guide Robot*, in *Proceedings of the Fifteenth National Conference on Artificial Intelligence*, 1998, S. 11–18.
5. D. Chai, K. N. Ngan: *Locating Facial Region of a Head-and-Shoulders Color Image*, in *Proceedings Third IEEE International Conference on Automatic Face and Gesture Recognition*, Nara, Japan, 1998, S. 124–129.
6. F. Deinzer, J. Denzler, H. Niemann: *Classifier Independent Viewpoint Selection for 3-D Object Recognition*, in G. Sommer, N. Krüger, C. Perwass (Hrsg.): *Mustererkennung 2000, 22. DAGM-Symposium, Kiel*, Springer, Berlin, September 2000, S. 237–244.
7. F. Gallwitz, M. Aretoulaki, M. Boros, J. Haas, S. Harbeck, R. Huber, H. Niemann, E. Nöth: *The Erlangen Spoken Dialogue System EVAR: A State-of-the-Art Information Retrieval System*, in *Proceedings of 1998 International Symposium on Spoken Dialogue (ISSD 98)*, Sydney, Australia, 1998, S. 19–26.
8. U. Hanebeck, C. Fischer, G. Schmidt: *ROMAN: A Mobile Robotic Assistant for Indoor Service Applications*, in *Proceedings of the IEEE RSJ International Conference on Intelligent Robots and Systems (IROS)*, 1997, S. 518–525.
9. T. Joachims: *Making Large-Scale Support Vector Machine Learning Practical*, in Schölkopf et al. [13], S. 169–184.
10. F. Mattern: *Automatische Umgebungskartenerstellung durch probibilistische Fusion von Sensordaten mit einem autonomen mobilen System*, Studienarbeit, Lehrstuhl für Mustererkennung (Informatik 5), Universität Erlangen-Nürnberg, 2000.
11. G. Möhler, B. Möbius, A. Schweitzer, E. Morais, N. Braunschweiler, M. Haase: *Speech Synthesis at the IMS*, http://www.ims.uni-stuttgart.de/phonetik/synthesis/index.html.
12. E. Nöth, J. Haas, V. Warnke, F. Gallwitz, M. Boros: *A Hybrid Approach to Spoken Dialogue Understanding: Prosody, Statistics and Partial Parsing*, in *Proceedings European Conference on Speech Communication and Technology*, Bd. 5, Budapest, Hungary, 1999, S. 2019–2022.
13. B. Schölkopf, C. Burges, A. Smola (Hrsg.): *Advances in Kernel Methods: Support Vector Learning*, The MIT Press, Cambridge, London, 1999.

Berechnung der zeitoptimalen Bewegung von Robotersystemen: Direkte Methode

Konstantin Kondak   Günter Hommel

Institut für Technische Informatik
Technische Universität Berlin
{kondak,hommel}@cs.tu-berlin.de

Zusammenfassung In diesem Beitrag wird das Problem der zeitoptimalen Steuerung/Regelung behandelt. Es wird eine Methode vorgestellt, die es erlaubt, die zeitoptimale Bewegung für einige praxisrelevante Robotertypen zu berechnen. Die Idee der Methode ist die folgende: Die Theorie der optimalen Steuerung liefert einige Aussagen über den Verlauf des Steuervektors bei zeitoptimaler Bewegung. Diese Aussagen, zusammen mit dem Wissen über die zu betrachtende Anwendung, erlauben es, den Verlauf des Steuervektors bis auf wenige Parameter zu bestimmen. Der Algorithmus zur Berechnung der zeitoptimalen Bewegung reduziert sich somit auf die Berechnung dieser unbekannten Parameter. Der Zeitaufwand dieser Berechnung ist gering, so daß der Algorithmus als ein Regelgesetz verwendet werden kann.

Obwohl diese Methode keinen universalen Charakter aufweist, liefert sie eine Lösung für bestimmte praxisrelevante Probleme, die bisher nur durch numerische Optimierungsverfahren mit bedeutend größerem Aufwand gelöst werden konnten. Als Beispiel dafür wird in diesem Beitrag das Problem des autonomen Einparkens betrachtet. Es wird ein von den Autoren nach dieser Methode entwickelter Algorithmus für zeitoptimale Steuerung eines Fahrzeugs für das parallele Einparken vorgestellt.

1 Einführung

Beim Einsatz von Robotersystemen in der Praxis wird oft nicht nur die Kollisionsfreiheit, sondern auch eine bestimmte Qualtität der Bewegung verlangt. Für viele praktische Anwendungen ist die zeitoptimale Bewegung von besonderem Interesse. In einigen Anwendungen geht es dabei um die Erzielung einer besseren Wirtschaftlichkeit des Einsatzes von Robotersystemen, in anderen wird die Anwendung dadurch überhaupt erst ermöglicht. Die Berechnung der zeitoptimalen Bewegung realer Robotersysteme ist das Thema dieses Beitrags.

Im Abschnitt 2 wird auf theoretische Aspekte des Themas eingegangen. Nach einigen Bemerkungen zu den Grundlagen der Theorie der optimalen Steuerung wird eine Vermutung über den Verlauf der Steuergrößen bei einer zeitoptimalen Bewegung formuliert. Diese Vermutung legt die Menge der Werte fest, die von den Steuergrößen angenommen werden können.

Im Abschnitt 3 wird der von den Autoren entwickelte Algorithmus zur Berechnung der zeitoptimalen Bewegung eines Fahrzeugs für das parallele Einparken vorgestellt.

In früheren Arbeiten haben die Autoren die Ergebnisse der Berechnungen der zeitoptimalen Einparkbewegung mit numerischen Methoden demonstriert (s. z.B. [2]). Die Berechnungen zeigten, daß die nach der Zeit optimierte Steuerung das Fahrzeug bedeutend schneller zum Ziel bringt, als Steuerungen, die nach anderen bekannten Methoden berechnet wurden (s. z.B. [4], [5]). Die benötigte Zeit verringerte sich in manchen Situationen um den Faktor drei oder mehr. In Anbetracht dessen, daß das Rangieren in Parklücke einige Minuten dauern kann, hat ein solcher Zeitgewinn eine große Relevanz für die praktische Anwendung. Leider ist der praktische Einsatz der numerischen Methoden nicht so einfach. Der Hauptgrund liegt in der Beobachtung, daß für manche Situationen das Verfahren divergiert. Dies hat die Autoren dazu motiviert, nach alternativen Verfahren für die Berechnung einer zeitoptimalen Steuerung zu suchen.

Zum Schluß sind im Abschnitt 3.3 die Ergebnisse der Berechnung vorgestellt und im Abschnitt 4 Zusammenfassung und Ausblick gegeben.

2 Zeitoptimale Bewegung

Das Modell der Bewegung der meisten realen Roboter ist linear bezüglich des Steuervektors und wird mit folgender Gl. beschrieben:

$$\dot{\mathbf{s}}(t) = \mathbf{f}(\mathbf{s}(t), \mathbf{u}(t)) = \mathbf{a}(\mathbf{s}(t)) + \mathbf{b}(\mathbf{s}(t))\,\mathbf{u}(t) \tag{1}$$

Hierbei ist $\mathbf{s}(t)$ der Zustands- und $\mathbf{u}(t)$ der Steuervektor des Roboters. $\mathbf{a}(\mathbf{s})$ ist im allgemeinen Fall eine nicht lineare Vektorfunktion und $\mathbf{b}(\mathbf{s})$ eine Matrix, deren Spalten ebenfalls nicht lineare Vektorfunktionen sind.

Die Berechnung der zeitoptimalen Bewegung bedeutet hier die Berechnung des Steuervektors $\mathbf{u}(t)$ des Roboters, der diesen Roboter aus dem Anfangszustand $\mathbf{s}_{start}$ in den gewünschten Zielzustand $\mathbf{s}_{end}$ in minimaler Zeit überführt.

2.1 Das Minimum-Prinzip und seine Folgerung

Die praxisrelevanten theoretischen Grundlagen zur Untersuchung des oben formulierten Problems bildet folgendes Theorem über die notwendigen Bedingungen für den gesuchten Steuervektor $\mathbf{u}(t)$, das in der Literatur als das Minimum-Prinzip von PONTRYAGIN bezeichnet wird (hier in Kurzform):

Theorem: Bei zeitoptimaler Bewegung des Roboters, beschrieben mit Gl. (1), existiert eine nicht triviale differenzierbare Vektorfunktion $\lambda(t)$, *so daß der Steuervektor* $\mathbf{u}(t)$ *die* HAMILTON-*Funktion minimiert:*

$$H(\mathbf{s}, \mathbf{u}, \lambda) = \min_{\tilde{\mathbf{u}} \in U} H(\mathbf{s}, \tilde{\mathbf{u}}, \lambda)$$

dabei ist die HAMILTON-*Funktion wie folgt definiert:*

$$H(\mathbf{s}, \mathbf{u}, \lambda) = 1 + \lambda^{T}(t)\,\mathbf{f}(\mathbf{s}, \mathbf{u}) \tag{2}$$

Die Vektorfunktion $\lambda(t)$ wird oft als Kozustandsvektor bezeichnet. U ist die Menge der erlaubten Steuerfunktionen.

Mit Hilfe dieses Theorems kann leicht gezeigt werden (s. z.B. [3]), daß für den Verlauf des Steuervektors bei zeitoptimaler Bewegung folgendes gilt:

$$u_i(t) = \begin{cases} u_{imax}, & \text{wenn } \lambda^T(t)\,\mathbf{b}_i(\mathbf{s}) < 0 \\ u_{imin}, & \text{wenn } \lambda^T(t)\,\mathbf{b}_i(\mathbf{s}) > 0 \\ \text{unbestimmt}, & \text{wenn } \lambda^T(t)\,\mathbf{b}_i(\mathbf{s}) \equiv 0 \end{cases}$$

Hier sind u_i Komponenten des Steuervektors und $\mathbf{b}_i(\mathbf{s})$ die Spaltenvektoren der Matrix $\mathbf{b}(\mathbf{s})$. Die letzte Aussage ist, soweit den Autoren bekannt, die stärkste bekannte Aussage über zeitoptimale Bewegung nicht linearer Systeme der Form (1).

Das Problem bei dieser Aussage liegt in der Tatsache, daß die Kozustände $\lambda(t)$ genauso schwer zu berechnen sind, wie die Lösung selbst, d.h. sie sind unbekannt. Folglich kann nicht entschieden werden, ob der singuläre Fall $\lambda^T(t)\,\mathbf{b}_i(\mathbf{s}) \equiv 0$ oder einer der beiden ersten eingetreten ist. Dies bedeutet, daß über die Steuergrößen zu einem bestimmten Zeitpunkt nichts ausgesagt werden kann.

2.2 Die Vermutung

Folgende Vermutung über den Verlauf der Steuergrößen für eine zeitoptimale Bewegung der mit Gl. (1) beschriebenen Systeme wurde von den Autoren aufgestellt:

Vermutung: Bei zeitoptimaler Bewegung des Roboters, beschrieben mit Gl. (1), muß für alle Zeitpunkte folgendes gelten:

$$u_i(t) = \begin{cases} u_{imax}, & \text{wenn } \lambda^T(t)\,\mathbf{b}_i(\mathbf{s}) < 0 \\ u_{imin}, & \text{wenn } \lambda^T(t)\,\mathbf{b}_i(\mathbf{s}) > 0 \\ \dfrac{\mathbf{b}_i^T(\mathbf{s})\,\mathbf{a}(\mathbf{s})}{\mathbf{b}_i^T(\mathbf{s})\,\mathbf{b}_i(\mathbf{s})}, & \text{wenn } \lambda^T(t)\,\mathbf{b}_i(\mathbf{s}) \equiv 0 \end{cases} \tag{3}$$

Diese Vermutung garantiert, daß zu jedem Zeitpunkt der Bewegung die Steuergrößen einen der drei möglichen Werte annehmen können: Mininum, Maximum oder den nach der letzten Gleichung der Vermutung berechneten Wert. Neben der theoretischen Bedeutung hat die aufgestellte Vermutung folgende praktische Relevanz: Stimmt die Vermutung, so sind nicht *die ganzen Verläufe* der Steuergrößen unbekannt, sondern nur *die Schaltpunkte* zwischen den drei möglichen Werten. Wie schon erwähnt, kann dieses Wissen sowohl zur Verbesserung der existierenden Algorithmen zur Berechnung der zeitoptimalen Bewegung als auch zur Entwicklung neuer Algorithmen benutzt werden, die diese Schaltpunkte und folglich die ganze zeitoptimale Bewegung berechnen.

Die letzte Gl. in (3) ist so zu verstehen, daß für den Fall, wenn

$$\frac{\mathbf{b}_i^T(\mathbf{s})\,\mathbf{a}(\mathbf{s})}{\mathbf{b}_i^T(\mathbf{s})\,\mathbf{b}_i(\mathbf{s})} < u_{imin} \quad \text{oder} \quad \frac{\mathbf{b}_i^T(\mathbf{s})\,\mathbf{a}(\mathbf{s})}{\mathbf{b}_i^T(\mathbf{s})\,\mathbf{b}_i(\mathbf{s})} > u_{imax}$$

der entsprechende minimale oder maximale Wert zu nehmen ist.

2.3 Zur Begründung der Vermutung

Es wird eine Funktion $T(\mathbf{s})$ betrachtet, deren Wert die kürzeste Zeit ist, die für die Überführung des Systems aus dem Zustand $\mathbf{s}$ in den vorgegebenen Endzustand $\mathbf{s}_{end}$

notwendig ist. Es kann gezeigt werden (s. [1]), daß für bestimmte Fälle folgendes gilt:

$$\nabla T(\mathbf{s}) = \lambda(t)$$

wobei $\lambda(t)$ die gleiche Vektorfunktion ist, wie in der HAMILTON-Funktion (2). Der Gradientenvektor $-\nabla T(\mathbf{s})$ gibt nach seiner Definition die Richtung an, in die sich das System bewegen sollte, um die restliche für das Erreichen des Endzustandes $\mathbf{s}_{end}$ notwendige Zeit am stärksten zu reduzieren. Somit stimmt die Richtung $-\lambda(t)$ mit der Richtung der gewünschten Geschwindigkeit des Systems $\dot{\mathbf{s}}(t)$ überein.

Zum Zweck der Anschaulichkeit werden weiter Systeme mit nur einer Steuergröße betrachtet. Die mögliche Anordnung der Vektoren $\mathbf{a}(\mathbf{s})$, $\mathbf{b}(\mathbf{s})\,u(t)$, $\dot{\mathbf{s}}(t)$ und $\lambda(t)$ ist in Abb. 1 dargestellt. Da $\lambda^T(t)\,\mathbf{b}_i(\mathbf{s}) \equiv 0$ gilt, kann die Steuerung $\mathbf{b}(\mathbf{s})\,u(t)$ keinen Bei-

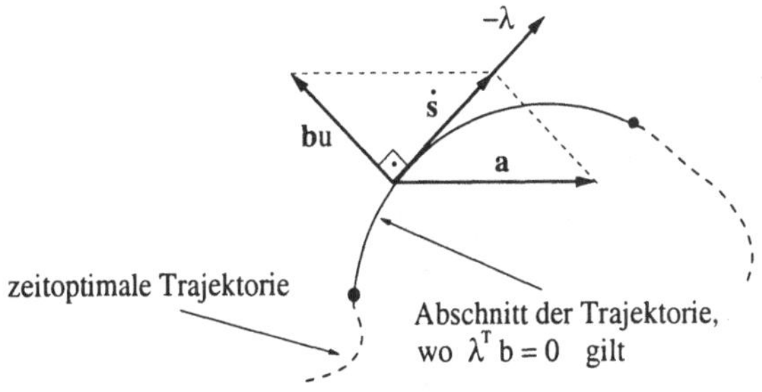

Abbildung 1. Anordnung der Vektoren $\mathbf{a}(\mathbf{s})$, $\mathbf{b}(\mathbf{s})\,\mathbf{u}(t)$, $\dot{\mathbf{s}}(t)$ und $\lambda(t)$ bei zeitoptimaler Bewegung wenn $\lambda^T(t)\,\mathbf{b}_i(\mathbf{s}) \equiv 0$

trag zu der Komponente der Geschwindigkeit $\dot{\mathbf{s}}$ leisten, die in Richtung der maximalen Verringerung der verbleibenden Zeit, also in Richtung $-\nabla T(\mathbf{s}) = -\lambda(t)$ zeigt. Die Autoren vermuten, daß der beste Beitrag, den die Komponente $\mathbf{b}(\mathbf{s})\,u(t)$ für die Bildung des Geschwindigkeitsvektors $\dot{\mathbf{s}} = \mathbf{a}(\mathbf{s}) + \mathbf{b}(\mathbf{s})\,u(t)$ leisten kann, so groß sein muß, daß der gesamte Geschwindigkeitsvektor $\dot{\mathbf{s}}$ genau in Richtung $-\nabla T(\mathbf{s}) = -\lambda(t)$ zeigt.

Ist das der Fall, so existiert eine reellwertige Funktion $k(\mathbf{s})$, für die folgendes gilt:

$$-k(\mathbf{s})\lambda = \dot{\mathbf{s}}$$

oder nach dem Einsetzen in die Gl. (1):

$$-k(\mathbf{s})\lambda = \mathbf{a}(\mathbf{s}) + \mathbf{b}(\mathbf{s})\,u$$

Die letzte Gl. wird auf beiden Seiten von links mit $\mathbf{b}^T(\mathbf{s})$ multipliziert:

$$-k(\mathbf{s})\,\mathbf{b}^T(\mathbf{s})\lambda = \mathbf{b}^T(\mathbf{s})\,\mathbf{a}(\mathbf{s}) + \mathbf{b}^T(\mathbf{s})\,\mathbf{b}(\mathbf{s})\,u$$

Unter Berücksichtigung, daß $\lambda^T\,\mathbf{b}(\mathbf{s}) \equiv 0$, erhält man für u:

$$u = -\frac{\mathbf{b}^T(\mathbf{s})\,\mathbf{a}(\mathbf{s})}{\mathbf{b}^T(\mathbf{s})\,\mathbf{b}(\mathbf{s})} \tag{4}$$

Wie in Abb. 1 zu sehen ist, kann man theoretisch für jedes verschiedene und nicht singuläre $\mathbf{a(s)}$ und $\mathbf{b(s)}$ ein Steuersignal u bestimmen, das die Geschwindigkeit des Systems in die gewünschte Richtung $-\nabla T(\mathbf{s}) = -\lambda(t)$ zwingt. Da aber das Steuersignal u bei allen realen Systemen begrenzt ist, kann es Fälle geben, in denen eine solche Ausrichtung des Geschwindigkeitsvektors nicht möglich ist. Wie oben schon erwähnt wurde, nimmt das Steuersignal des Systems in diesen Fällen einen der extremen Werte an.

3 Zeitoptimale Steuerung für das parallele Einparken

Die Idee des Algorithmus ist, die komplexe Einparkbewegung aus nacheinander ausgeführten ähnlichen Musterbewegungen zusammenzusetzen. Jede der Musterbewegungen erzeugt einen seitlichen Versatz des Fahrzeugs in Richtung der Parklücke.

Die geometrischen Parameter der Bewegung (beide Koordinaten und die Orientierung) werden nicht direkt berechnet, sondern ergeben sich aus den berechneten zeitoptimalen Steuersignalen (Translationsgeschwindigkeit und Lenkwinkel). Der Verlauf der Steuersignale wird bis auf wenige unbekannte Parameter festgelegt, die dann berechnet werden. Diese Parameter sind die Umschaltzeiten von einem möglichen Wert des Steuersignals auf den anderen.

3.1 Berechnung einer Musterbewegung

Die Bewegung des Fahrzeugs wird mit folgendem Gleichungssystem modelliert:

$$
\begin{pmatrix} \dot{x} \\ \dot{y} \\ \dot{\theta} \\ \dot{\upsilon} \\ \dot{\phi} \end{pmatrix} = \begin{pmatrix} \upsilon \cos(\theta) \\ \upsilon \sin(\theta) \\ \upsilon/L \tan(\phi) \\ 0 \\ 0 \end{pmatrix} + \begin{pmatrix} 0 & 0 \\ 0 & 0 \\ 0 & 0 \\ 1 & 0 \\ 0 & 1 \end{pmatrix} \begin{pmatrix} a_\upsilon \\ v_\phi \end{pmatrix} \tag{5}
$$

Hier sind: $x(t)$, $y(t)$ – die Koordinaten des Referenzpunktes (Mitte der Hinterachse), $\theta(t)$ – Orientierung des Fahrzeugs, $\upsilon(t)$ – Translationsgeschwindigkeit und $a_\upsilon(t)$ – Beschleunigung des Referenzpunktes, $\phi(t)$ – Lenkwinkel und $v_\phi(t)$ – Geschwindigkeit seiner Änderung, L – Abstand zwischen den Achsen des Fahrzeugs.

Um die berechnete Bewegung mit einem realen Fahrzeug ausführen zu können, müssen folgende Beschränkungen der Komponenten des Zustands- und Steuervektors betrachtet werden: $|\upsilon(t)| \le \upsilon_{max}$, $|\phi(t)| \le \phi_{max}$, $|a_\upsilon(t)| \le a_{\upsilon max}$ und $|v_\phi(t)| \le v_{\phi max}$.

Die Anwendung der Vermutung (3) auf das Modell des Fahrzeugs (5) ergibt die Menge möglicher Werte für jedes Steuersignal: Minimum, Maximum, Null.

Eine Musterbewegung, die den seitlichen Versatz des Fahrzeugs in vorgegebener Richtung abbaut, besteht aus drei Intervallen. Diese Intervalle und die dazugehörigen qualitativen Verläufe des Steuerwinkels $\phi(t)$ und seiner Änderung $v_\phi(t)$ sind in Abb. 2 zu sehen.

Es wird jetzt angenommen, daß das Fahrzeug die Musterbewegung mit konstanter Geschwindigkeit $\upsilon(t) = V$ ausführt. Die Werte des Steuersignals $v_\phi(t)$ sind auf allen Intervallen konstant und haben folgende Werte: $v_{\phi max}$, $-v_{\phi max}$ und $v_{\phi max}$. Zu berechnen

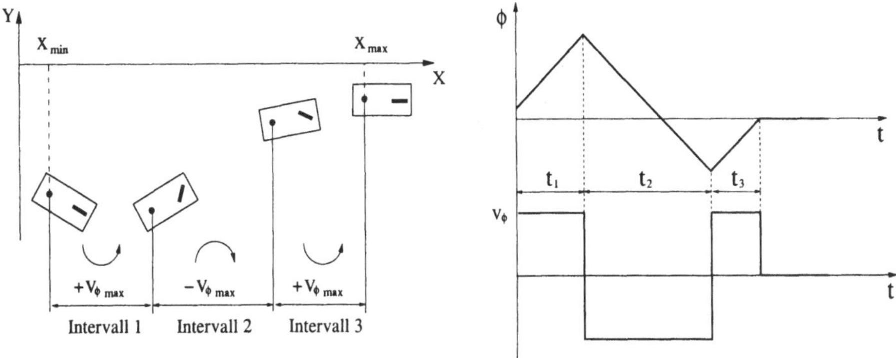

Abbildung 2. Drei Intervalle einer Musterbewegung

bleiben nur die Umschaltpunkte t_1, t_2 und t_3. Das Vorzeichen von $v_\phi(t)$ ändert sich abwechselnd von Intervall zu Intervall. Das Vorzeichen auf dem ersten Intervall kann aus der Lage des Fahrzeuges relativ zu der Parklücke ermittelt werden und wird weiter als bekannt betrachtet.

Die Kollisionsfreiheit der Bewegung wird durch die Forderung $x(t) \leq x_{max}$ erreicht. Hier ist x_{max} die gegenüberliegende Grenze des für die Bewegung des Referenzpunktes erlaubten Bereichs.

Die Integration der Gleichungen für $x(t)$, $\theta(t)$ und $\phi(t)$ des Systems (5) für einen konstanten Wert der Steuerfunktion $v_{\phi i}$ auf dem Intervall i ergibt folgendes:

$$x(\tau) = V \int \cos\left(\theta(\tau)\right) d\tau + x_i \tag{6}$$

$$\theta(\tau) = -\frac{V}{L v_{\phi i}} \log\left(\cos\left(v_{\phi i}\tau + \phi_i\right)\right) + \frac{V}{L v_{\phi i}} \log\left(\cos\left(\phi_i\right)\right) + \theta_i \tag{7}$$

$$\phi(\tau) = v_{\phi i}\tau + \phi_i \tag{8}$$

für $\tau \in [t_i; t_{i+1}]$ und $i = \{1, 2, 3\}$. $x_i = x(t_i)$, $\theta_i = \theta(t_i)$ und $\phi_i = \phi(t_i)$ sind die Werte am Anfang des i-ten Intervalls. Die beiden letzten Gln. (7) und (8), aufgeschrieben für die Grenzen der Intervalle 1, 2 und 3, also für die Zeiten $\tau = \{t_{start} + t_1, t_{start} + t_1 + t_2, t_{start} + t_1 + t_2 + t_3\}$, und ineinander eingesetzt (Gln. für Intervall 1 in die Gln. für Intervall 2 und dieses Ergebnis in die Gln. für Intervall 3, unter Berücksichtigung der Tatsache, daß $t_3 = (\phi_3 - \phi_2)/v_{\phi 3}$ und $v_{\phi 2} = -v_{\phi 1}$, $v_{\phi 3} = v_{\phi 1}$), ergeben nach der Auflösung nach t_2 folgende Gl.:

$$t_2 = \frac{1}{v_{\phi 1}} \left(\alpha \pm \arccos\left(\frac{\exp\left(L v_{\phi 1} \left(\theta_{end} - \theta_{start}\right)/(2V)\right) \sqrt{\cos\left(\phi_{end}\right)} \cos\left(\alpha\right)}{\sqrt{\cos\left(\phi_{start}\right)}} \right) \right) \tag{9}$$

Hier sind $\theta_3 = \theta_{end}$, $\phi_3 = \phi_{end}$ Orientierung des Fahrzeugs und Lenkwinkel am Ende und θ_{start}, ϕ_{start} am Anfang der Musterbewegung. α steht für $v_{\phi 1}t_1 + \phi_0$, wo ϕ_0 der Lenkwinkel am Anfang der Bewegung ist.

Die Werte für θ_{end} und ϕ_{end} können im Prinzip frei vorgegeben werden. Es kann durch eine Simulation gezeigt werden, daß die Werte $\theta_{end} = 0$ und $\phi_{end} = 0$ für Fahrzeuge mit praxisrelevanten Parametern sinnvoll sind.

Die Quadratwurzeln haben immer reale Werte, da bei allen Fahrzeugen der Lenkwinkel begrenzt ist: $|\phi(t)| < \pi/2$. Ist das Argument der arccos-Funktion ungültig, war das Vorzeichen von $v_{\phi 1}$ falsch vorgegeben. Es kann gezeigt werden, daß von zwei Werten von t_2 immer der größere gewählt werden muß.

Für die Berechnung der Unbekannte t_3 kann folgende Gl. verwendet werden:

$$t_3 = -\frac{v_{\phi 1} t_1 + \phi_{start} - v_{\phi 1} t_2}{v_{\phi 1}} \tag{10}$$

Zusammengefaßt sind jetzt zwei Gln. (9) und (10) sowie drei Unbekannten t_1, t_2 und t_3 vorhanden. Ungenutzt ist die Gl. (6) geblieben, die es erlauben würde, die drei Unbekannten eindeutig zu bestimmen. Die Benutzung dieser Gl. ist problematisch, da diese sich nicht geschlossen integrieren lässt. Dies kann aber wie folgt umgegangen werden: Die Unbekannte t_1 wird frei vorgegeben. Dies erlaubt mit Gln. (9), (10) die Unbekannten t_2, t_3 zu berechnen. Damit werden auch die Verläufe der Funktionen $\theta(t)$ und $\phi(t)$ bekannt, und die vorher unlösbare Gl. (6) kann ohne Schwierigkeiten numerisch integriert werden. Als Ergebnis erhält man einen Wert für $x(t_{end})$ mit $t_{end} = t_{start} + t_1 + t_2 + t_3$, der im allgemeinen nicht den gewünschten Wert x_{max} hat. Dieser Wert gibt aber die Information darüber, wie t_1 geändert werden soll, damit $x(t_{end})$ sich x_{max} nähert.

Somit gelangt man zu folgendem Algorithmus für die Berechnung aller drei Variablen t_1, t_2 und t_3:

Algorithmus A1:
1. Der Wert der Variable t_1 wird geschätzt.
2. Mit Gln. (9) und (10) werden die Werte für die Variablen t_2 und t_3 berechnet.
3. Durch numerische Integration der Gl. (6) wird $x(t_{end})$ bestimmt.
4. Ist $x(t_{end})$ gleich dem gewünschten Wert x_{max} (mit vorgegebener Genauigkeit), sind t_1, t_2, t_3 und somit der Verlauf der Steuerfunktion $v_\phi(t)$ bestimmt. Im anderen Fall wird t_1 geändert und zum Schritt 2. übergegangen.

Die Änderung von t_1 kann z.B. nach dem Algorithmus für binäre Suche gemacht werden.

Obwohl der Algorithmus (A1) auf den ersten Blick aufwendig erscheint, ist er in realer Anwendung mit einer geschlossenen Formel gleichzusetzen. Für praxisrelevante Genauigkeit durchläuft der Algorithmus in der Regel 10 Iterationen und dauert auf einem PC weniger als $50\,ms$.

Bis jetzt wurde der Fall betrachtet, in dem der Steuerwinkel seine Grenzwerte nicht erreichte. Analog zu den vorgestellten Ausführungen müssen noch weitere drei Fälle betrachtet werden: Steuerwinkel erreicht den Grenzwert auf dem ersten, auf dem zweiten oder gleichzeitig auf beiden Intervallen. Somit hat man vier Formelsätze für die Berechnung der Umschaltpunkte t_1, t_2 und t_3.

Die Variablen t_1, t_2 und t_3 werden unter der Annahme berechnet, daß $v(t) = V = const$. Im Schritt 3 des Algorithmus (A1) wird für die Integration der tatsächliche Verlauf von $v(t)$ in Form einer Rampe verwendet. Dadurch hat die Annahme keine Auswirkung auf die Kollisionsfreiheit der Bewegung.

In Abb. 3 ist ein Beispiel einer nach dem beschriebenen Algorithmus berechneten Musterbewegung dargestellt.

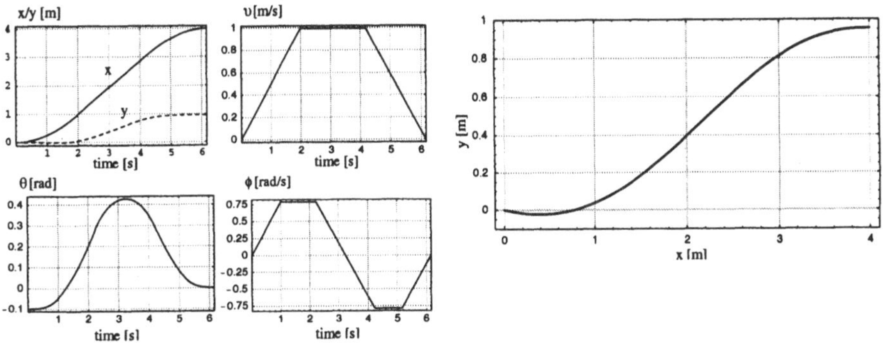

Abbildung 3. Verlauf aller Zustandsgrößen und die Projektion der Trajektorie auf die XY-Ebene

3.2 Berechnung der gesamten Einparkbewegung

Die gesamte Einparkbewegung setzt sich aus ähnlichen Musterbewegungen zusammen. Bei der Steuerung eines Fahrzeugs muß in der Regelschleife nur die aktuelle Musterbewegung berechnet werden.

Beim parallelen Einparken ist der für die Bewegung des Referenzpunktes erlaubte Bereich rechteckig. Die sukzessive Verringerung des seitlichen Versatzes mit Musterbewegungen ergibt immer eine gültige Lösung für das Problem, wenn das Fahrzeug lediglich von einer Seite des erlaubten Bereichs zu der anderen bewegt wird. Die Berechnungen zeigen aber, daß eine solche Lösung äußerst ineffizient ist und in der Praxis kaum anwendbar ist. Für den praktischen Einsatz spielt die erste Musterbewegung eine entscheidende Rolle. Während dieser Bewegung hat das Fahrzeug noch die Möglichkeit, eine längere Bewegung in X-Richtung auszuführen und somit den seitlichen Versatz stark abzubauen. Dies muß in der Steuerung ausgenutzt werden. Somit muß noch folgende Frage beantwortet werden: Von welcher Konfiguration muß die erste Musterbewegung gestartet und mit welchen Parametern ausgeführt werden? Bis jetzt haben die Autoren keine endgültige Antwort auf diese Frage gefunden. Es wurden lediglich einige Heuristiken entwickelt, die es erlauben, eine für die Praxis taugliche Bewegung zu berechnen.

3.3 Ergebnisse der Berechnung

In Abb. 4 links ist das Beispiel einer berechneten Bewegung zu sehen. Mit Punkten sind die Hindernisse der Umgebung und mit Rechtecken das Auto dargestellt. Der Strich in der Mitte der kürzeren Seite kennzeichnet die Vorderseite des Autos. Abb. 4 (rechts) zeigt die dazugehörigen Verläufe der Zustandsgrößen. In dieser Abb. ist zu sehen, daß die Einhaltung der Beschränkungen der Bewegung sowie die Kollisionsfreiheit der Bewegung gewährleistet sind.

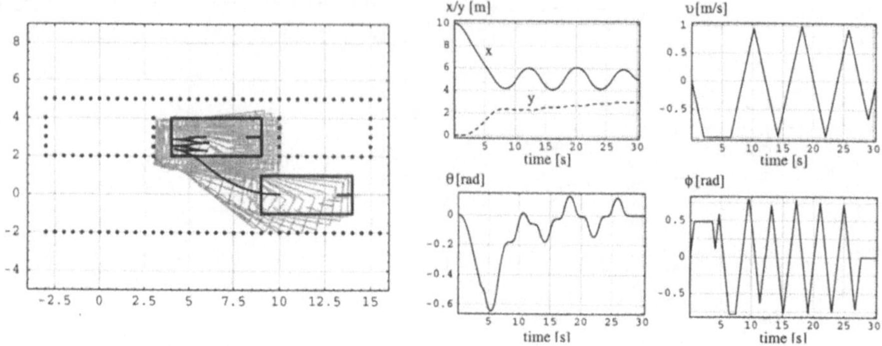

Abbildung 4. Paralleles Einparken eines Fahrzeugs

4 Zusammenfassung und Ausblick

In diesem Beitrag wurde eine Vermutung über den Verlauf der Steuergrößen bei einer zeitoptimalen Bewegung aufgestellt. Auf der Grundlage dieser Vermutung wurde ein Algorithmus für das parallele Einparken entwickelt.

Der vorgestellte Algorithmus ist nicht rechenintensiv und kann als Regelgesetz verwendet werden. Vergleichende Berechnungen zeigen, daß für viele Situationen aus der Praxis dieser Algorithmus im Sinne der für das Einparken benötigten Zeit ein besseres Ergebnis liefert als alle anderen den Autoren bekannten Verfahren (außer den numerischen Optimierungsverfahren mit einem viel höheren Rechenaufwand).

Wie schon erwähnt wurde, ist noch die Frage über die Startkonfiguration der ersten Musterbewegung zu klären. In dieser Richtung müssen nach der Meinung der Autoren weitere Untersuchungen gemacht werden. Diese Frage wird in keiner den Autoren bekannten Publikation betrachtet und sollte für jedes Verfahren für das parallele Einparken interessant sein.

Ferner sind die Aktivitäten der Autoren auf die Suche nach dem Beweis (oder Widerlegung) der im Abschnitt 2.2 aufgestellten Vermutung gerichtet.

Literatur

1. W. G. Boltjanski. *"Mathematische Methoden der optimalen Steuerung"*. Hanser Verlag, 1972.
2. K. Kondak, G. Hommel. *„Computation of Time Optimal Movements for Autonomous Parking of Non-Holonomic Mobile Platforms"*. IEEE International Conference on Robotics & Automation 2001.
3. G. Ludyk. *"Theoretische Regelungstechnik 2"*. Springer, 1995.
4. I. E. Paromtchik, C. Laugier. *"Motion Generation and Control for Parking an Autonomous Vehicle"*. IEEE International Conference on Robotics and Automation 1996.
5. K. Jiang, L. D. Seneviratne. *"A Sensor Guided Autonomous Parking System for Nonholonomic Mobile Robots"*. IEEE International Conference on Robotics and Automation 1999.

Selbstlokalisation in Routengraphen

Axel Lankenau, Thomas Röfer

Bremer Institut für Sichere Systeme, TZI, FB3,
Universität Bremen, Postfach 330440, D - 28334 Bremen
alone@tzi.de, roefer@tzi.de

Zusammenfassung In diesem Beitrag wird ein neues Verfahren zur absoluten Selbstlokalisation eines Roboters in einer strukturierten Umgebung vorgestellt. Da sowohl das benötigte Vorwissen als auch der Bedarf an Sensorik sehr gering sind und der Ansatz aufgrund einer gemischt topologisch-metrischen Repräsentation der Umgebung sehr gut skaliert, eignet sich die Methode für den Einsatz in großflächigen Service-Robotik Anwendungen. Als Experimentierplattform dient der Bremer Autonome Rollstuhl „Rolland".

1 Motivation

Zukünftige Generationen von Service-Robotern werden ein hohes Maß an Mobilität besitzen; dies gilt sowohl für die klassischen Anwendungsgebiete, wie z.B. in der Gebäudereinigung oder in der Überwachung von Grundstücken, als auch in besonderem Maße für Rehabilitationsroboter, wie intelligente Rollstühle. Nach dem Nachweis der technischen Machbarkeit werden zusätzliche Anforderungen wie beispielsweise die Einsetzbarkeit in herkömmlichen und unveränderten Umgebungen sowie niedrige Materialkosten in den Vordergrund rücken – spätestens wenn es zur Markteinführung dieser Geräte kommt. Um diesen Ansprüchen gerecht werden zu können, sind u.a. Verfahren gefragt, die die grundlegenden Probleme der Navigation von Service-Robotern anforderungsgemäß lösen.

Aufgrund dieser Überlegungen wurde im Rahmen des Projekts *Bremer Autonomer Rollstuhl* ein gut skalierendes Selbstlokalisationsverfahren für den Rehabilitationsroboter „Rolland" (siehe Abb. 1 *links* und [8, 12]) entwickelt, das nur eine minimale Sensorausstattung (Odometrie, zwei Ultraschallsensoren) voraussetzt, in unveränderten Umgebungen funktioniert und in Echtzeit bereits in der hier vorgestellten Basisversion eine hinreichende Genauigkeit für die robuste Navigation in (großen) Gebäuden bietet.

2 Stand der Forschung

In der Literatur werden zwei Grundprinzipien zur Selbstlokalisation mobiler Roboter unterschieden [1]: *Relative* Verfahren verfolgen in einer gegebenen Repräsentation der Umwelt bei bekannter (ungefährer) Anfangsposition die Bewegung des Roboters mit („Tracking"). Vertreter dieser Kategorie sind zum Beispiel Ansätze, die auf dem Abgleich von Laser-Scans beruhen. Dabei kommen sowohl direkte Korrelationen [6], als auch die Verwendung eines „Kurzzeitgedächtnisses" in Form einer Rasterkarte [9] oder

Abbildung 1. *Links* Der Bremer Autonome Rollstuhl „Rolland". *Rechts* Experimentierumgebung auf einer Grundfläche von $47 \times 49m^2$ im Mehrzweckhochhaus der Universität Bremen. Die gestrichelte Linie zeigt eine der gefahrenen Routen (Länge ca. 200m).

Histogramm-basierte Verfahren [7] zur Anwendung. Dagegen sollen *absolute* Verfahren ohne a-priori Wissen über die Ausgangsposition den Roboter während der Fahrt in einer gegebenen Karte lokalisieren, bzw. beim sog. „Hijacked-robot"-Problem [4] einen während der Laufzeit für das System unmerkbar an eine andere Position gebrachten Roboter „wiederfinden".

Mächtiger und fehlertoleranter sind die absoluten Verfahren. Sie versuchen, die aktuelle Situation des Roboters, die sich über die Eigenbewegung und die Sensoreindrücke definiert, mit einer bekannten Repräsentation der Umgebung, die z.B. in Form einer metrischen Karte vorliegen könnte, zur Deckung zu bringen. Es gilt eine Hypothese über die Position des Roboters in der Welt aufzustellen. Dazu wird eine Verteilungsfunktion, die jeder möglichen Position des Roboters eine gewisse Wahrscheinlichkeit zuordnet, kontinuierlich adaptiert. Dies geschieht in Abhängigkeit von der erfolgten Eigenbewegung und den Sensoreindrücken. Mangels eines geschlossenen Ausdrucks muss die Funktion approximiert werden. Zu diesem Zweck wurden zunächst Rasterkarten-basierte Markov-Lokalisationsverfahren untersucht. Sie nutzten entweder Ultraschallsensoren [3] oder Laser-Scanner [2], um ein Wahrscheinlichkeitsgitter aufzubauen, aus dem eine Hypothese über die aktuelle Roboterposition abgeleitet werden konnte. Neuerdings werden sog. Monte-Carlo-Verfahren favorisiert, die stattdessen Partikelmengen verwenden, um die Verteilungsfunktion zu approximieren [5, 14]. Dies reduziert den Aufwand erheblich, die Skalierbarkeit lässt sich aber trotzdem schwer vorhersagen, weil nicht ersichtlich ist, wie sich die Anzahl der benötigten Partikel zur Größe der Umwelt verhält. Abseits von der rein metrischen Repräsentation der Umwelt stellen Kuipers *et al.* mit der „Spatial Semantic Hierarchy" eine Integration von metrischen und topologischen Konzepten vor. Dieser Idee folgen [13, 10], indem sie topologische Karten mit metrischen Informationen anreichern. Die Selbstlokalisation erfolgt

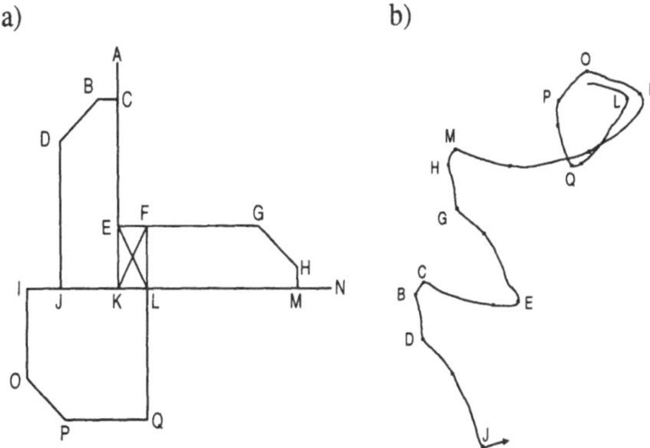

Abbildung 2. *a)* Repräsentation der Umgebung als Routengraph mit 132 Abzweigen. *b)* Aufzeichnung der Eigenbewegung des Rollstuhls auf der in Abb. 1 *rechts* dargestellten Route.

dann ebenfalls probabilistisch auf Basis der Odometrie und eines sensorisch erfassten lokalen Modells der Umwelt.

3   Modellierung der Eigenbewegung und der Umwelt

Die hier präsentierte Methode zur absoluten Selbstlokalisation stützt sich auf die von Röfer vorgestellte inkrementelle Generalisierung gefahrener Strecken [11]. Dabei wird während der Fahrt die Eigenbewegung des Roboters zu einer abstrakten Routenbeschreibung generalisiert, in der die Route als Abfolge von geraden Segmenten, die unter bestimmten Winkeln aufeinander treffen, repräsentiert wird.

In Abb. 3 wird die von der Odometrie des Roboters mitgeschriebene Eigenbewegung als durchgezogene Linie dargestellt. Die vom Generalisierungsalgorithmus erkannten Ecken sind durch ausgefüllte Kreise markiert. Die rechteckigen Kästen zeigen die Akzeptanzgebiete der jeweiligen Segmente, d.h. solange der Roboter solch eine Region nicht verlässt, wird angenommen, dass er sich noch im selben Korridor befindet. Die Breite der rechteckigen Kästen wird mit einem Histogramm-basierten Ansatz aus den Messwerten zweier seitlich angebrachter Ultraschallsensoren bestimmt [11]. Die Generalisierung der zurückgelegten Strecke wird inkrementell durchgeführt, also während der Roboter fährt. Daher verändern sich sowohl die Länge der bisher im aktuellen Segment zurückgelegten Strecke als auch der Winkel zum vorangegangenen Segment zur Laufzeit in Abhängigkeit von der Bewegung des Roboters. Diese Eigenschaft des Routengeneralisierungsverfahrens wirkt sich auf den im folgenden vorgestellten Selbstlokalisationsansatz aus, da alle vorhandenen Informationen über das aktuelle Segment temporärer Natur sind. Die durch die Generalisierung erzielte Abstraktion erweist sich als sehr robust, ist allerdings nur sinnvoll, wenn die Routen in Gangstrukturen gefahren wurden, was jedoch in nahezu allen größeren Gebäuden wie Krankenhäusern, Ämtern und Bürogebäuden üblich ist.

Daher beschränkt sich der hier beschriebene Ansatz momentan auf „ganglastige" Umgebungen, für die zum derzeitigen Stand der Entwicklung zusätzlich eine Karte in

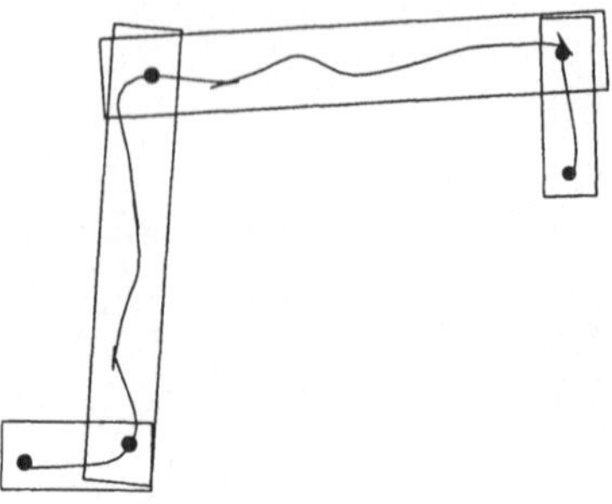

Abbildung 3. Routengeneralisierung [11]. Dargestellt ist die vom Roboter aufgezeichnete Eigenbewegung, die erkannten Ecken sowie die Akzeptanzgebiete für jedes Routensegment.

Form eines sog. *Routengraphen* [15] existieren muss. Die Knoten eines Routengraphen (vgl. Abb. 2*a*) entsprechen Entscheidungspunkten in der realen Welt: Gangecken, Weggabelungen oder Kreuzungen. Die Kanten des Graphen repräsentieren gerade Korridore, die die Entscheidungspunkte verbinden. Neben der topologischen Information enthält der Routengraph auch noch (geo-)metrische Daten über die Länge der Korridore sowie über die eingeschlossenen Winkel. Eine derartige Datenstruktur ist im Hinblick auf die benötigte Rechenzeit sowie den Speicherbedarf um Größenordnungen einfacher zu handhaben als Rasterkarten-basierte Ansätze, die in Abb. 1 *rechts* dargestellte Umgebung wird beispielsweise als Liste von nur 132 Abzweigen repräsentiert. Ein Abzweig definiert sich dabei über den eingehenden Korridor, den eingeschlossenen Winkel und den ausgehenden Korridor sowie dessen Länge.

4 Selbstlokalisationsansatz

Mit einem probabilistischen Verfahren wird fortlaufend der Korridor (repräsentiert durch eine Kante im Routengraphen) bestimmt, in dem sich der Roboter wahrscheinlich befindet. Durch die zusätzlich vorhandene Information über die bisher im entsprechenden Korridor zurückgelegte Strecke lässt sich außerdem noch ein Offset in diesem Gang ermitteln, womit die Position des Roboters ausreichend genau definiert ist. Dieses Vorgehen erweist sich als recht unempfindlich gegenüber Odometriefehlern (siehe Abb. 2*b*), da die Offsets im Normalfall nur kurze Distanzen beschreiben, deren Aufsummierung ohne die fehleranfälligen rotatorischen Bewegungen erfolgte.

4.1 Grundidee

Die grundlegende Idee ist, permanent die Generalisierung der aktuell gefahrenen Route R mit dem Routengraphen zur Deckung zu bringen. Dabei wird jedem Abzweig A im Routengraphen ein Wert p zugeordnet, der beschreibt, wie wahrscheinlich es ist, dass R in A endet. Initial ist p gleichverteilt über alle Abzweige. In induktiver Weise ermittelt sich die Passqualität aus der direkten Passung m der letzten Ecke in der Route R auf A (bzgl. eingeschlossenem Winkel und der Segmentlänge) sowie einem Wert h, der angibt, wie wahrscheinlich es ist, dass R ohne die letzte Ecke so mit dem Routengraphen zur Deckung zu bringen ist, dass der eingehende Korridor von A erreicht wird.

Die Passqualität m errechnet sich dann wie folgt:

$$m = h \cdot s_{\Delta d} \cdot s_{\Delta \alpha} \tag{1}$$

Dabei ist Δd das Verhältnis der Differenz zwischen der real gefahrenen Strecke in einem Segment und dessen Länge selbst zu der Länge des Segments, $\Delta \alpha$ die Differenz zwischen den eingeschlossenen Winkeln der letzten Ecke in der Route und des gerade zu aktualisierenden Abzweigs des Routengraphen. Die sigmoide Funktion s sorgt dafür, dass geringe Abweichungen toleriert werden, starke Differenzen in der Länge bzw. beim Winkel jedoch nur noch eine sehr geringe Passqualität ergeben.

Bliebe der Roboter ewig in einem Korridor, ließe sich mit dieser Methode sehr bald bestimmen, welcher Abzweig im Routengraph den entsprechenden Korridor repräsentiert. Um zusätzlich auch Übergänge in abzweigende Korridore modellieren zu können, müssen diese Übergänge durch die Routengeneralisierung erkannt und die relevanten Wahrscheinlichkeiten im Routengraph weiterpropagiert werden.

4.2 Weiterpropagierung

Wird in der zurückgelegten Trajektorie eine neue Ecke erkannt, sind jeweils die Fälle zu berücksichtigen, dass die gerade generalisierte Ecke in der Realität vorhanden ist (*korrekt erkannt*), dass sie nicht vorhanden ist (*zuviel erkannt*), dass eine in der Realität vorhandene Ecke (noch) nicht erkannt wurde (*übersehen*), und dass der Roboter in einem Gang gewendet hat (s.u.). All diese Fälle werden zunächst parallel betrachtet. Erst bei der Generalisierung einer *weiteren* Ecke in der Route wird durch Bildung des Maximums der jeweiligen Teilwahrscheinlichkeiten endgültig über die Ausprägung der *vorigen* Ecke entschieden (s.o.). Bei der Weiterpropagierung der Wahrscheinlichkeiten im Routengraphen bekommt die „Historie" h eines Abzweigs A (vgl. (1)) dann das Maximum der Wahrscheinlichkeiten derjenigen Abzweige zugewiesen, die ein ausgehendes Segment besitzen, das in A mündet. Das Aktualisieren wie auch das Weiterpropagieren der Wahrscheinlichkeiten lässt sich mit linearem Aufwand realisieren, was eine sehr gute Skalierbarkeit des Verfahrens zur Folge hat.

4.3 Sonderbehandlung für Kehrtwenden

Um mit direkten Kehrtwenden des Rollstuhls in einem Gang umgehen zu können, ist eine Sonderbehandlung erforderlich, da eine Wende im Gegensatz zum Abbiegen in einen angrenzenden Korridor an jeder Stelle eines Ganges möglich ist. Zu diesem Zweck werden bei Programmstart zusätzlich zu den initial im Routengraphen enthaltenen Abzweigen noch sog. Wendeabzweige erzeugt, deren ausgehendes und eingehendes Segment denselben realen Korridor repräsentieren (nur in unterschiedlicher Richtung) und einen Winkel von 180° einschließen. Diese Wendeabzweige werden in der Folge genauso behandelt wie die „normalen" Abzweige, allerdings mit der Ausnahme, dass bei der Berechnung der Passqualität einer generalisierten Ecke in der Route zu einem solchen Wendeabzweig die Längenabweichung ignoriert wird (da bei einer Wende das Unterschießen erlaubt ist).

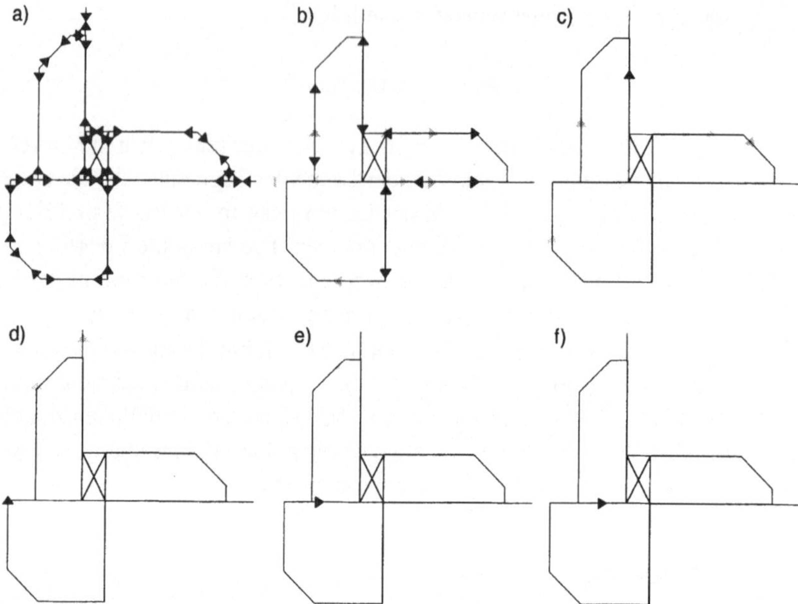

Abbildung 4. Visualisierung der Hypothese über die aktuelle Position während der in Abb. 1 *rechts* dargestellten Route. Die Dreiecke repräsentieren mögliche Aufenthaltsorte, je dunkler die Einfärbung, desto wahrscheinlicher ist die Hypothese. *a)* Zu Beginn herrscht eine Gleichverteilung über alle Abzweige (nach 1m Fahrt). *b)* Nach kurzer Zeit reduziert sich die Anzahl der potenziellen Positionen erheblich (nach 12m). *c)* Nach 45m Fahrt ist die korrekte Hypothese (graues Dreieck unten links) schon recht wahrscheinlich, aber noch nicht dominant. *d)* Die korrekte Hypothese dominiert erstmalig nach 50m. *e)* Nach 57 Metern werden nur noch wenige Alternativen für interessant erachtet. *f)* Bis zum Ziel nach 197m dominiert fortan die korrekte Hypothese.

5 Ergebnisse und Ausblick

Die auf dem Bremer Autonomen Rollstuhl „Rolland" im Mehrzweckhochhaus der Universität Bremen ausgeführten Experimente zeigen, dass selbst in schwierigen Umgebungen bei äußerst schlechten Odometriedaten (vgl. Abb. 2*b*) die Position des Roboters korrekt bestimmt wird. Ausgehend von der anfänglichen Gleichverteilung, dauert es einige Zeit, bis sich eine hinreichende Zuversicht gebildet hat, um eine zuverlässige Hypothese über die Position des Roboters aufstellen zu können. Diese bleibt dann aber auf einer Strecke von ca. 150m erhalten. Das Erkennen von Kehrtwenden, das in dem hier vorgestellten Experiment nicht relevant ist, wird ebenfalls robust realisiert.

In Zukunft soll der Ansatz dahingehend erweitert werden, dass die Selbstlokalisation auch in unbekannten Umgebungen möglich wird. Dafür wird der Roboter während der Fahrt den Routengraphen selbstständig generieren und in der Folge das Problem der Ortsintegration lösen müssen, d.h. erkennen, ob die aktuelle Position bereits im Routengraphen repräsentiert ist, oder ob ein bisher unbekannter Korridor befahren wurde.

Der hier vorgestellte Ansatz ist als ein Grundverfahren zu verstehen, dass bei Bedarf erweitert werden kann. Dabei ist primär an eine Disambiguierung der Situationen und die daraus resultierende Beschleunigung der Erstlokalisierung gedacht, die sich durch eine Anreicherung der Routengeneralisierung und des Routengraphen durch Merkmalsvektoren erreichen lässt.

Literatur

[1] BORENSTEIN, J. ; EVERETT, H. R. ; FENG, L.: *Navigating Mobile Robots – Systems and Techniques*. A. K. Peters, Ltd., USA, 1996

[2] BURGARD, W. ; FOX, D. ; HENNING, D.: Fast Grid-Based Position Tracking for Mobile Robots. In: BREWKA, G. (Hrsg.) ; HABEL, Ch. (Hrsg.) ; NEBEL, B. (Hrsg.): *KI-97: Advances in Artificial Intelligence*. Berlin, Heidelberg, New York : Springer, 1997 (Lecture Notes in Artificial Intelligence), S. 289–300

[3] ELFES, A.: Occupancy Grids: A Stochastic Spatial Representation for Active Robot Perception. In: IYENGAR, S. S. (Hrsg.) ; ELFES, A. (Hrsg.): *Autonomous Mobile Robots* Bd. 1. Los Alamitos, California : IEEE Computer Society Press, 1991, S. 60–70

[4] ENGELSON, S.: *Passive Map Learning and Visual Place Recognition*, Department of Computer Science, Yale University, Diss., 1994

[5] FOX, D. ; BURGARD, W. ; DELLAERT, F. ; THRUN, S.: Monte Carlo localization: Efficient position estimation for mobile robots. In: *Proc. of the National Conference on Artificial Intelligence*, 1999

[6] GUTMANN, J.-S. ; NEBEL, B.: Navigation mobiler Roboter mit Laserscans. In: LEVI, P. (Hrsg.) ; BRÄUNL, Th. (Hrsg.) ; OSWALD, N. (Hrsg.): *Autonome Mobile Systeme*. Berlin, Heidelberg New York : Springer, 1997 (Informatik aktuell), S. 36–47

[7] KOLLMANN, J. ; RÖFER, T.: Echtzeitkartenaufbau mit einem 180°-Laser-Entfernungssensor. In: DILLMANN, R. (Hrsg.) ; WÖRN, H. (Hrsg.) ; EHR, M. von (Hrsg.): *Autonome Mobile Systeme 2000*, Springer, 2000 (Informatik aktuell), S. 121–128

[8] LANKENAU, A. ; RÖFER, T.: The Bremen Autonomous Wheelchair – A Versatile and Safe Mobility Assistant. In: *IEEE Robotics and Automation Magazine, "Reinventing the Wheelchair"* 7 (2001), 3, Nr. 1, S. 29–37

[9] MOJAEV, A. ; ZELL, A.: Online-Positionskorrektur für mobile Roboter durch Korrelation lokaler Gitterkarten. In: WÖRN, H. (Hrsg.) ; DILLMANN, R. (Hrsg.) ; HENRICH, D. (Hrsg.): *Autonome Mobile Systeme*. Berlin, Heidelberg, New York : Springer, 1998 (Informatik aktuell), S. 93–99

[10] NOURBAKHSH, I. ; POWERS, R. ; BIRCHFIELD, S.: Dervish: An Office-Navigating Robot. In: *AI Magazine* 16 (1995), S. 53–60

[11] RÖFER, T.: Route Navigation Using Motion Analysis. In: *Proc. Conf. on Spatial Information Theory '99* Bd. 1661. Berlin, Heidelberg, New York : Springer, 1999, S. 21–36

[12] RÖFER, T. ; LANKENAU, A.: Ein Fahrassistent für ältere und behinderte Menschen. In: *Autonome Mobile Systeme 1999*. Berlin, Heidelberg, New York : Springer, 1999 (Informatik aktuell), S. 334–343

[13] SIMMONS, R. ; KOENIG, S.: Probabilistic Robot Navigation in Partially Observable Environments. In: *Proc. of the Int. Joint Conf. on Artificial Intelligence, IJCAI-95*, 1995, S. 1080–1087

[14] THRUN, S. ; BURGARD, W. ; FOX, D.: A Real-Time Algorithm for Mobile Robot Mapping With Applications to Multi-Robot and 3D Mapping. In: *Proc. of the IEEE Int. Conf. on Robotics & Automation*, 2000

[15] WERNER, S. ; KRIEG-BRÜCKNER, B. ; HERRMANN, Th.: *Lecture Notes in Artificial Intelligence*. Bd. 1849: *Modelling Navigational Knowledge by Route Graphs*. Berlin, Heidelberg, New York : Springer, 2000, S. 295–316

Aufbau topologischer Karten und schnelle globale Bahnplanung für mobile Roboter

Alexander Mojaev, Andreas Zell
Universität Tübingen, Wilhelm-Schickard-Institut für Informatik,
Abt. Rechnerarchitektur,
Sand 1, D-72076 Tübingen
{mojaev, zell}@informatik.uni-tuebingen.de

Zusammenfassung In der Arbeit wird ein Verfahren zur topologischen Umgebungsmodellierung und globalen Pfadplanung vorgestellt. Das Umgebungsmodell erlaubt schnelle Selbstlokalisation und Navigation und kann aus einer Gitterkarte aufgebaut werden. Eine Rücktransformation in metrische Umgebungsrepräsentationen ist möglich, so daß das topologische Modell zur Komprimierung redundander metrischer Karten eingesetzt werden kann. Das auf dem Modell basierende globale Pfadplanungsverfahren ermöglicht eine Echtzeit-Suche nach dem kürzesten Pfad zum Ziel mit Berücksichtigung der Robotergröße.

1 Einleitung

Ein Nachteil von Gitterkarten zur Navigation mobiler Roboter ist der enorme Speicherplatz-Aufwand, was deren Einsatz für die Exploration großer Räume erschwert. Ferner kann die Pfadplanung anhand hochauflösender Gitterkarten nur mit relativ zeitaufwendigen Algorithmen durchgeführt werden und benötigt daher viel Rechenleistung. Eine Alternative ist die Verwendung von topologischen Karten. Hier wird die Umgebung als ein Graph dargestellt, wodurch die Darstellung von großen Räumen unproblematisch wird und globale Lokalisation, Navigation und Pfadplanung in Echtzeit ermöglicht werden.

Die Verwendung von Voronoi-Diagrammen zur topologischen Modellierung der Einsatzumgebung kommt in der Robotik häufig vor [Thrun96, Nagatani98, Mahkovic98, Aurenh00]. Verallgemeinerte Voronoi-Diagramme sind Punktmengen, bei denen jeder Punkt von mindestens zwei unterschiedlichen Hindernissen gleich weit entfernt ist. Diese Punktemengen bilden kontinuierliche Linien, die in der Mitte zwischen den Gegenständen verlaufen und in konvexen Ecken enden.

Ein Nachteil beim Aufbau solcher Voronoi-Diagramme besteht im relativ zeitaufwendigen Berechnungsprozeß, weil für jede Gitterkartenzelle die Abstände in alle Richtungen ermittelt werden müssen. Es wurde ein schnelles Verfahren entwickelt, das die Berechnung des Voronoi-Diagramms nur in wenigen für die Navigation des Roboters relevanten Punkten ermöglicht. Sobald die Umgebung exploriert wurde und eine topologische Karte zur Verfügung steht, ist der Roboter imstande, einen Navigationsauftrag zu erledigen. Das Problem wird formuliert, indem die Start- und Zielpunkte definiert werden. Ein kürzester Pfad soll dabei gefunden werden, um eine schnelle Zielnavigation zu gewährleisten.

2 Topologisches Modell

Das Verfahren beruht auf der Kontinuität des Voronoi-Diagramms: Wenn ein Umkreis mit Zentrum in einem zum Diagramm zugehörigen Punkt gezeichnet wird, schneidet dieser Umkreis zwei oder mehrere weitere Punkte des Diagramms, die auf der Radius-Entfernung liegen.

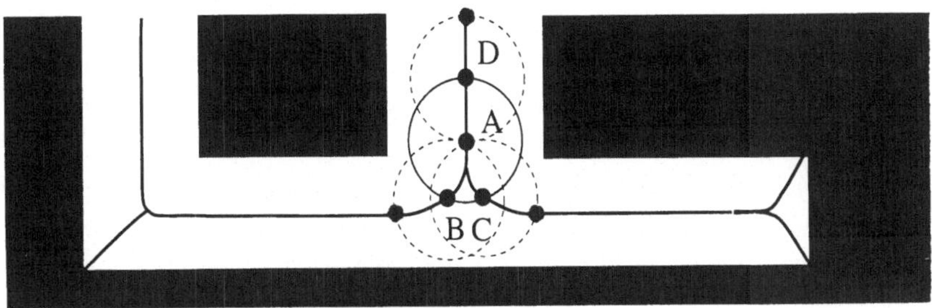

Abbildung 1. Suche nach Voronoi-Punkten beginnend mit A . Das Voronoi-Diagramm (die Linie in der Mitte des Korridors) wird dabei nur in relevanten Punkten (B, C, D u.s.w.) entdeckt

Die Suche wird also nur unter den Umkreispunkten durchgeführt (Abb. 1). Wiederholt man die Vorgehensweise für alle entdeckten Punkte, wird das gesamte Voronoi-Diagramm in relevanten Punkten aufgebaut. Der Algorithmus kann in Pseudo-Kode dargestellt werden:

```
Finde einen beliebigen Voronoi-Punkt (P_0) ;
i = 0 ;
j = 1 ;
Solange i < j {
    Für jeden Punkt P_c auf dem Umkreis des Radius r mit Zentrum in P_i {
        Wenn der Punkt P_c zum Voronoi-Diagramm gehört und
        Wenn der Abstand von allen gefundenen Punkten > r/2 ist, {
            P_j = P_c ; // wurde ein neuer Voronoi-Punkt gefunden.
            j++;
        }
    }
    i++;
}
```

Wenn der Umkreisradius r entsprechend der Robotergröße plus Sicherheitsabstand gewählt wird und die Entfernungen von beiden Diagramm-Punkten zu ihren Basis-Punkten größer als der Radius sind, ist der Weg zwischen beiden Punkten für den Roboter frei. Die Punkte des Voronoi-Diagramms werden sukzessive in alle Richtungen berechnet. Liegt ein Punkt des Umkreises im besetzten Bereich, kann diese Situation als eine Sackgasse (evtl. zu enge Passage für den Roboter) interpretiert werden und der Aufbau in diese Richtung wird abgeschlossen. Der Algorithmus terminiert. Für die endgültige topologische Darstellung wird jedem Punkt der entsprechende Basis-Abstand (Abstand zur nächstgelegenen besetzten Kartenzelle) zugeordnet (Abb. 2).

Die Vorgehensweise beim Aufbau der topologischen Karte besteht also aus folgenden Schritten:

- Binärisierung der Gitterkarte. Es wird für jede Kartenzelle eine endgültige Entscheidung getroffen, ob sie besetzt oder frei ist, indem die Karte durch eine Schwellenfunktion (1) bearbeitet wird. Hier wird der Schwellenwert $P_{threshold} = 0.5$ verwendet.

$$P(x, y) = \begin{cases} 1, & P(x, y) \geq P_{threshold} \\ 0, & P(x, y) < P_{threshold} \end{cases} \tag{1}$$

- Suche nach erstem (beliebigen) Punkt, der dem Voronoi-Diagramm der Gitterkarte zugehört. Hier kann z.B. eine Zufallssuche eingesetzt werden: Zunächst wird eine beliebige nicht besetzte Kartenzelle gewählt; weitere Punkte werden durch die Inkrementierung einer Koordinate gewählt, bis ein Punkt gefunden wird, der dem Diagramm zugehört. Falls kein Diagramm- sondern ein besetzter Punkt gewählt wird, wird die Suche erneut wiederholt.

- Berechnung des Voronoi-Diagramms in relevanten Punkten gemäß dem beschriebenen Verfahren.

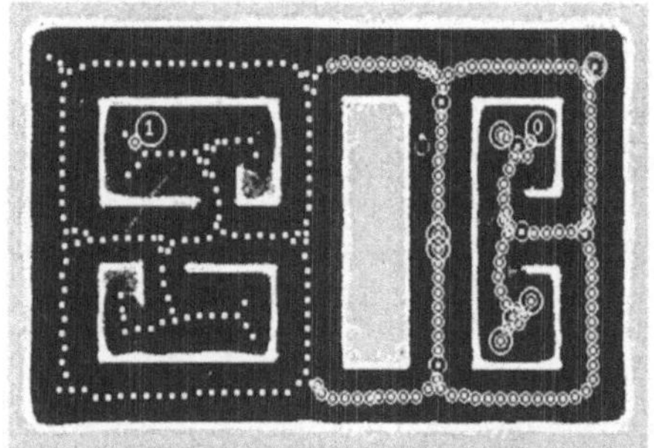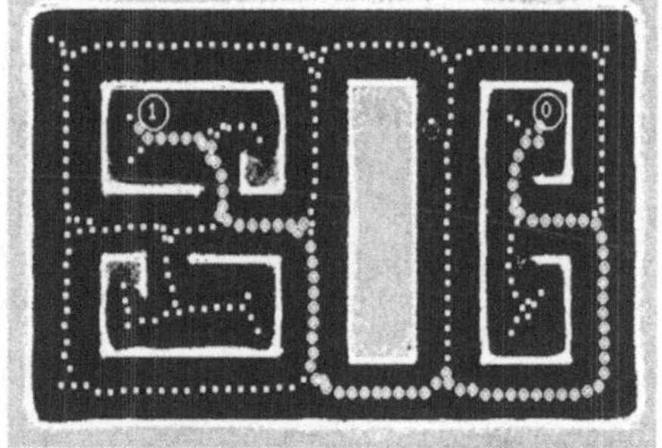

Abbildung 2. Links: Aufbau der topologischen Karte im Prozeß, rechts: aufgebaute topologische Karte mit den Basisabständen

Jeder Diagramm-Punkt wird mit einer zugehörigen Basis-Entfernung gespeichert. Diese Information wird bei der Pfadsuche benötigt. Der Vorteil des Algorithmus liegt darin, daß das Voronoi-Diagramm der Umgebung nur in einzelnen relevanten Punkten berechnet wird, was den Aufbau der gesamten Karte extrem beschleunigt. Diese Darstellung ermöglicht in kurzer Zeit die Suche nach dem kürzesten Pfad zum Ziel mit Berücksichtigung der Robotergröße.

Das beschriebene topologische Modell besitzt folgende wichtige Eigenschaften:

- Transformation in metrische Umgebungsdarstellungen. Werden beim Aufbau der topologischen Karte zu jedem Voronoi-Punkt zusätzlich die Koordinaten der entsprechenden Basispunkten gespeichert, so kann eine metrische Umgebungs-abbildung (polygonale, linien- und punktenbasierte Darstellungen, sogar, falls nötig, die Gitterkarte) wieder hergestellt werden. Der Algorithmus ist dabei sehr einfach: zur Erstellung eines Umgebungsscans werden benachbarte Basispunkte miteinander verbunden (interpoliert). Das topologische Modell kann folglich zur Komprimierung redundander metrischer Darstellungen verwendet werden. Die tatsächliche Auflösung der rücktransformierten metrischen Karten wird direkt durch den Abstand r bestimmt.

- Einsatz zur Selbstlokalisation. Ein weiterer Vorteil besteht darin, daß dieses to-pologische Modell zur schnellen Selbstlokalisation durch den Abgleich lokaler Abbildungen eingesetzt werden kann. Die Komplexität dieses Verfahrens ver-ringert sich drastisch im Vergleich mit traditioneller Gitterkartenkorrelation: es müssen nur die wenigen Voronoi-Punkte mit entsprechenden Basisabständen zum Abgleich verwendet werden.

- Schnelle globale Bahnplanung. Mit Hilfe eines Graphen-Suchverfahrens kann ein kürzester Pfad zum Ziel schnell gefunden werden.

3 Globale Bahnplanung

Sobald die Umgebung exploriert wurde und eine topologische Karte zur Verfügung steht, ist der Roboter imstande, einen Navigationsauftrag zu erledigen. Das Problem wird formuliert, indem die Start- und Zielpunkte definiert werden. Ein möglichst kurzer Pfad soll dabei gefunden werden, um eine schnelle Zielnavigation zu gewährleisten. Hier wird die topologische Karte der Umgebung eingesetzt.

Die Besonderheit der Darstellung besteht darin, daß das Diagramm nicht kontinu-ierlich, sondern nur in relevanten Punkten aufgebaut wird. Der maximale Abstand zwi-schen den Nachbarpunkten wird durch die Robotergröße bestimmt. Jedem Punkt wird ein Basisabstand zugeordnet, der dem maximalen Bewegungsradius entspricht. Bezüg-lich dieser Umgebungsdarstellung kann das Problem der Suche nach dem kürzesten Pfad wie folgt formuliert werden: Es muss eine Menge an Punkten bestimmt werden, die zwischen Start- und Zielpunkt liegen, bei denen die Summe der Abstände zwischen benachbarten Punkten (die Pfadlänge) minimal ist. Für die Suche kann ein einfaches Breitensuche-Verfahren eingesetzt werden.

Da die topologische Darstellung auch von großen Räumen sehr kompakt ist, dauert die Suche sehr kurze Zeit. Die Visualisierung des Suchprozesses wird an einem Bei-spiel in Abb. 3, links gezeigt. Der gefundene Pfad (Abb. 3, rechts) ist zwar der Beste innerhalb der „Voronoi-Trajektorien", stellt aber noch nicht die kürzeste Trajektorie zur Zielnavigation dar. Dazu muß auch die Größe der Räume in der Umgebung berück-sichtigt werden. Das entsprechende Verfahren kann mit Hilfe der Abb. 4 erläutert wer-den. Durch d wird die Entfernung eines Punktes von der Gerade zwischen Startpunkt P_1 und zu prüfendem Punkt P_i (hier P_5) bezeichnet, der „freie" Radius R wird aus der topologischen Karte bestimmt, und r bezeichnet den Sicherheitsradius des Robo-

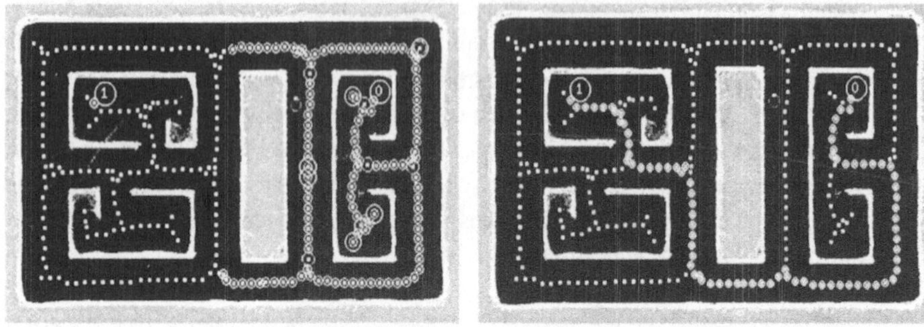

Abbildung 3. Links: Suche nach kürzestem Weg, rechts: der gefundene Weg

ters. Es wird eine Pfadsegmentierung vorgenommen, um einen Weg auf mehrere gerade kollisionsfreie Strecken aufzuteilen. Dabei werden beginnend vom Startpunkt P_1 weitere Punkte (in der Abbildung für P_5) des „Voronoi"-Diagramms geprüft: wird die Bedingung (2)

$$r + d \geq R \tag{2}$$

für alle dazwischen liegenden Punkte (P_2-P_4) erfüllt, bedeutet das, daß der Roboter eine gerade Strecke zwischen dem Startpunkt und diesem Punkt kollisionsfrei zurücklegen kann. Sobald diese Bedingung nicht erfüllt wird, wird ein kritischer Punkt als der vorherige Diagrammpunkt definiert. Diese Vorgehensweise wird sukzessive wiederholt bis der ganze Pfad segmentiert wird. Dadurch wird eine minimale Anzahl der topologischen Punkte (lokaler Zielknoten), die eine kollisionsfreie Fahrt zum globalen Ziel ermöglichen, bestimmt.

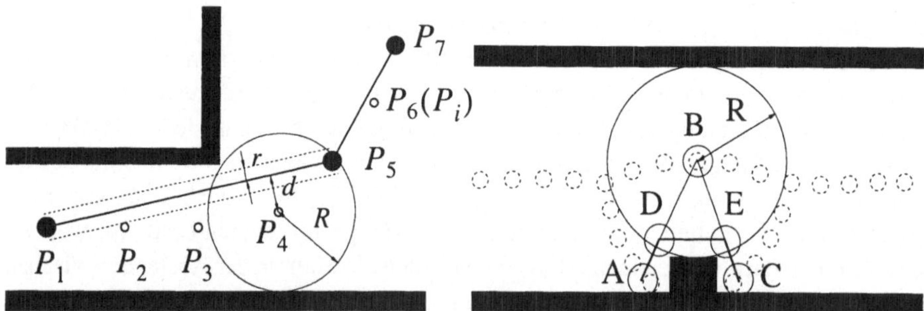

Abbildung 4. Links: Bestimmung von kritischen Punkten im Pfad, rechts: Pfadbearbeitung

Da die Pfadknoten (außer Start- und Zielpunkten) sich auf dem Voronoi-Diagramm befinden, kann es manchmal vorkommen, daß nicht immer die beste lokale Verbindung (Pfad ABC, Abb. 4) generiert wird. In diesem Fall wird der betroffene Pfadpunkt B verworfen und stattdessen werden neue Punkte D, E an den lokalen Strecken BA und BC unter Berücksichtigung des Basisabstandes R und des Roboterradius hinzugefügt. Hierfür werden alle Pfadknoten geprüft: die Bearbeitung ist nur dann sinnvoll, wenn die Robotergröße viel kleiner als der Basisabstand ($r \ll R$) ist und der Winkel zwischen lokalen Strecken extrem spitz ($\angle ABC \ll 90°$) ist.

Nach der Bearbeitung stellt der gefundene Pfad eine Menge an lokalen Zielen dar, die mit direkten kollisionsfreien Strecken verbunden sind. Werden diese lokalen Zielpunkte nacheinander erreicht, wird die Aufgabe der globalen Zielnavigation damit gelöst.

4 Ergebnisse der Arbeit

Das beschriebene Pfadplanungsverfahren ist frei von den Nachteilen, die mit einer topologischen Segmentierung der Umgebung [Thrun96], (Abb. 5) verbunden sind.

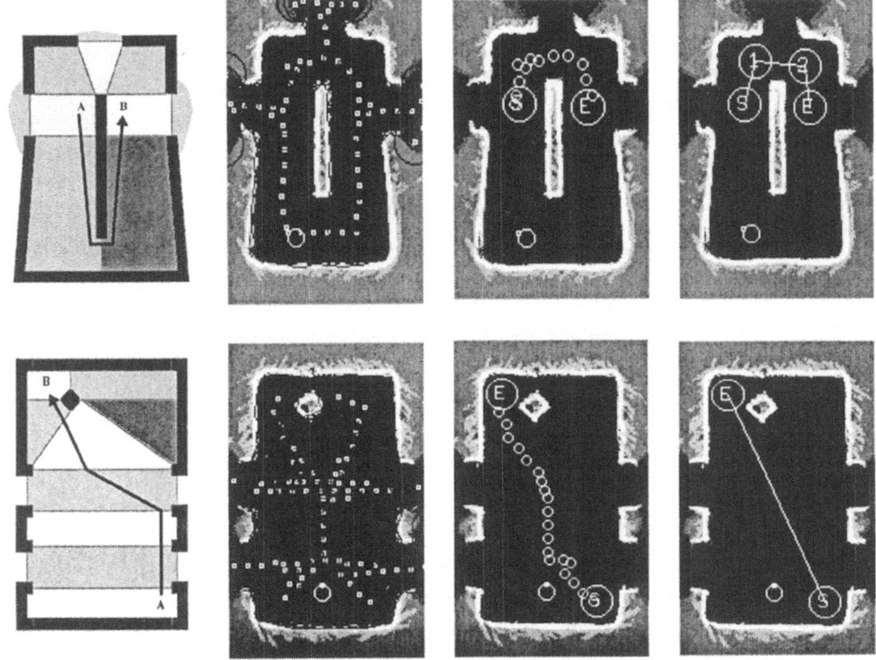

Abbildung 5. Pfadplanung mit Beispielen aus [Thrun96], die gemäß dem Autor ein nicht optimales Ergebnis lieferten (links): in beiden Fällen wird mit der beschriebenen globalen Pfadplanung der kürzeste Weg zum Ziel gefunden (rechts)

Das Verfahren findet in jedem Fall einen kürzesten Weg zum Ziel. In Abb. 6 unten wird das beschriebene globale Pfadplanungsverfahren an einigen Beispielen demonstriert. Alle Komponenten des beschriebenen Verfahrens sind seit Dez. 2000 auf den mobilen Robotern RWI-B21 „Colin" und „Robin" (RWI B-21) implementiert und funktionieren im täglichen praktischen Einsatz zuverlässig. Die globale Pfadplanung mit topologischen Karten vergleichbarer Komplexität benötigt auf den Robotern sehr kurze Zeit (10-50ms) und ist damit echtzeitfähig.

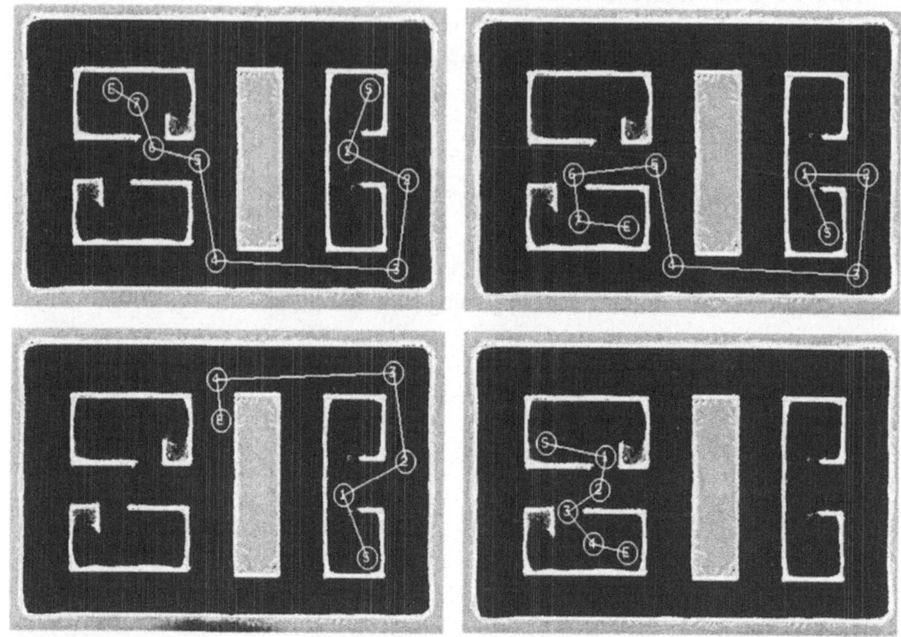

Abbildung 6. Beispiele der globalen Pfadplanung

Literatur

[Mojaev01]   A. Mojaev. Umgebungswahrnehmung, Selbstlokalisation und Navigation mit einem mobilen Roboter. *Dissertation, Universität Tübingen, WSI, Feb. 2001, Shaker Verlag*, ISBN 3-8265-8820-7, 2001

[Aurenh00]   F. Aurenhammer and R. Klein. Voronoi Diagrams. *In Handbook of Computational Geometry, Sack, J.-R. and Urrutia, J.*, pp. 201-290, Elsevier Science Publishers B.V. North-Holland, Amsterdam, 2000

[Mahkovic98] R. Mahkovic and T. Slivnik. Generalized Local Voronoi Diagram of Visible Region. *Proceedings of the IEEE International Conference on Robotics and Automation (ICRA-98)*, Leuven, Belgium, pp. 349-355, May, 1998

[Nagatani98] K. Nagatani, H. Choset and S. Thrun. Towards Exact Localization without Explicit Localisation with the Generalized Voronoi Graph. *Proceedings of the IEEE International Conference on Robotics and Automation (ICRA-98)*, Leuven, Belgium, pp. 342-348, May, 1998

[Thrun96]   S. Thrun and A. Buecken. Learning Maps for Indoor Mobile Robot Navigation. *Computer Science Department, Carnegie Mellon University, TR CMU-CS-96-121*, Pittsburgh, PA, 1996

Konsistente Karten aus Laserscans

Thomas Röfer

Bremer Institut für Sichere Systeme, TZI, FB3, Universität Bremen,
roefer@tzi.de

Zusammenfassung. Im Projekt *Bremer Autonomer Rollstuhl* [8] (vgl. Abb. 1) werden Verfahren entwickelt, die ältere und behinderte Personen bei der Benutzung von Rollstühlen unterstützen. Diese reichen vom *Fahrassistenten*, der Kollisionen vermeidet und einfache Verhalten zur Verfügung stellt, über den *Routenassistenten*, der amnestischen Patienten hilft, sich zurechtzufinden, bis zum vollautomatischen Navigieren in Gebäuden. Für letzteres wurde ein Verfahren entwickelt, mit dem der Rollstuhl mit Hilfe eines Laserscanners Karten aufbauen und für die Selbstlokalisation nutzen kann. Dieses trägt den Anforderungen einer Anwendung im Reha-Bereich Rechnung, insbesondere der ungenauen Odometrie des verwendeten Rollstuhls und der Tatsache, dass u.a. aus finanziellen Gründen nur ein 180°-Laser-Entfernungsmesser verwendet werden kann.

1   Stand der Forschung

Ein verbreitetes Verfahren zum Aufbau von Karten für die Selbstlokalisation mobiler autonomer Systeme ist die so genannte Scanüberdeckung. Diese wird verwendet, um den räumlichen Versatz zwischen jeweils zwei Positionen zu bestimmen, an denen Scans von einem Laser-Entfernungssensor aufgenommen wurden [1][5][6]. Alternativ können die Scanpunkte auch in lokalen Rasterkarten akkumuliert werden, um diese Raster danach zu überdecken [7]. Der hier vorgestellte Ansatz zum Aufbau von Karten basiert auf den Arbeiten von Weiß *et al.* [10], d.h. er nutzt aus den Scanpunkten gewonnene Histogramme, um die Scans einander zuzuordnen. Der ursprüngliche Ansatz wurde dazu erheblich erweitert [2], u.a. um einen Sensor mit einem Öffnungswinkel von 180° (statt 360°) nutzen zu können:

Abbildung 1. Der Bremer Autonome Rollstuhl „Rolland"

Der Scanüberdecker nutzt ein Projektionsfilter [6], zerlegt die Laserscans in Geradensegmente und verwendet Histogramme unterschiedlicher Granularität.

Folgt man der Spatial Semantic Hierarchy [3], so müsste ein Roboter zuerst topologisches Wissen über seine Umgebung erwerben, um später eine konsistente metrische Beschreibung generieren zu können. Die einzig bekannte Implementierung dieses Ansatzes auf einem realen Roboter [4] setzt leider eine sehr speziell beschaffene Umgebung voraus, um die topologische Struktur aufbauen zu können. In [6] wird ein

Verfahren vorgestellt, das aus vorab aufgezeichneten Laserscans eine konsistente Karte erzeugt, für einen Echtzeitbetrieb aber zu langsam ist. Ein in [9] vorgestellter probabilistischer Ansatz zur Generierung konsistenter Karten arbeitet hingegen in Echtzeit, aber nur, wenn selten neue Sensormessungen zu integrieren sind.

2 Vorteile der Scanüberdeckung

Das in [2] vorgestellte Verfahren zur Scanüberdeckung bestimmt den räumlichen Versatz der Aufnahmepositionen zweier Scans. Der in diesem Beitrag vorgestellte Ansatz zur Kartografierung basiert auf dieser Methode, könnte aber auch mit anderen Techniken der Scankorrelation verwendet werden. Die Grundidee ist, dass, sobald man eine Methode hat, um den räumlichen Versatz zwischen jeweils zwei Scanpositionen zu bestimmen, diese auch mehrfach hintereinander eingesetzt werden kann, um somit den metrischen Versatz auch über größere Distanzen relativ zu einer Anfangsposition errechnen zu können. Im Vergleich zu einer rein odometrischen Pfadintegration kann damit eine wesentlich größere Genauigkeit erreicht werden: Die Odometrie basiert auf der Annahme, dass sich die Bewegung eines mobilen Systems exakt in den Umdrehungen seiner Räder widerspiegelt, was aber aus verschiedenen Gründen (z.B. durchdrehende Räder, Schlupf auf Teppichböden, druckabhängige Durchmesser von Luftreifen usw.) selten der Fall ist. Die hier vorgestellte Methode nutzt hingegen externe Strukturen als Referenz, wodurch die eigentliche Bewegung des Systems in jedem Fall präzise erfasst werden kann. Allerdings werden – ähnlich wie bei der Pfadintegration – viele kleine räumliche Versatzstücke aufsummiert, wodurch ebenfalls eine Akkumulation von Fehlern entstehen kann. Es gibt zwei Möglichkeiten, diese Fehler zu reduzieren: Zum einen können, wegen der großen Messreichweite eines Laserscanners, Scans überdeckt werden, die von Positionen aus aufgenommen wurden, die mehrere Meter voneinander entfernt sind. Von den resultierenden großen Versatzstücken wird eine wesentlich geringere Anzahl für eine Kartografierung benötigt, wodurch ein viel kleinerer Positionsfehler aufsummiert wird.

Zum anderen, und im Gegensatz zur Odometrie, bietet die Scanüberdeckung die Möglichkeit, akkumulierte Fehler wieder zu korrigieren. Werden die korrelierten Scans zusammen mit ihren korrigierten Aufnahmepositionen in einer Karte gespeichert, dann kann diese Karte genutzt werden, um zu erkennen, dass der Rollstuhl in einen bereits kartografierten Teil der Umgebung zurückkehrt. Dadurch kann der Positionsfehler nicht mehr beliebig anwachsen. Stattdessen bleibt er unterhalb einer bestimmten Grenze, die sich aus der längsten Distanz ergibt, die das mobile System in seiner Einsatzumgebung zurücklegen kann, ohne in bekanntes Gebiet zurückzukehren.

3 Repräsentation der Karte

Die Karte wird durch eine Liste repräsentiert. Jeder Eintrag der Liste enthält einen Laserscan, seine korrigierte metrische Aufnahmeposition und einen so genannten *Frame of Reference* (FoR). Der FoR ist ein Wert, der anfangs mit der bereits von dem mobilen System zurückgelegten Strecke initialisiert wird. Daher kann durch Vergleich der FoRs zweier Scans festgestellt werden, wie viel Strecke zwischen ihren Aufnahmepositionen zurückgelegt wurde. Diese Distanz kann sich stark von der euklidischen Entfernung der Positionen unterscheiden, z.B. wenn der Rollstuhl wieder an denselben Ort zurückkehrt. Der FoR wird verwendet, um den Suchraum bei der Korrelation von Scans zu beeinflussen, z.B. wird angenommen, dass der akkumulierte Positionsfehler zwischen Scans mit sehr ähnlichen FoRs nur gering ist, weshalb die bei der Überdeckung untersuchten maximalen Verschiebungen klein gehalten werden können und Fehlzuordnungen vermieden werden.

4 Kartografierung

Zu Beginn der Kartografierung wird die aktuelle Position mit $(x, y, \theta) = (0, 0, 0)$ initialisiert und der Wegstreckenzähler auf 0 gesetzt. Ein erster Scan wird aufgenommen und in die Karte eingefügt.

Für jeden weiteren aufgenommenen Scan wird die Karte nach einer geeigneten Menge an *Referenzscans* durchsucht. Der neue Scan wird der Reihe nach mit diesen Referenzen korreliert, bis einer erfolgreich überdeckt werden konnte. Eine Überdeckung ist erfolgreich, wenn die Korrelationsfunktion für den „besten" Versatz einen deutlich höheren Wert liefert als für den zweitbesten. Der dafür erforderliche Schwellenwert hängt von der Differenz der FoRs der beiden Scans ab, je weiter sie auseinander liegen, desto deutlicher muss das Korrelationsergebnis sein. Ist eine Überdeckung gefunden, kann die Aufnahmeposition des aktuellen Scans anhand des ermittelten Versatzes korrigiert werden, d.h. auch die geschätzte Position des mobilen Systems selbst. Da kontinuierlich Scans aufgenommen und verarbeitet werden, wird somit die Schätzung der aktuellen Position ständig korrigiert.

Allerdings ist es auch möglich, dass die Überdeckung mit allen gewählten Referenzscans misslingt, da diese über keine ausreichenden Ähnlichkeiten mit dem aktuellen Scan verfügen. In diesem Fall wird der letzte erfolgreich überdeckte Scan, d.h. der Scan, der vor dem aktuellen aufgenommen wurde, in die Karte eingefügt und die Auswahl der Referenzscans wird wiederholt.

5 Auswahl der Referenzscans

Es gibt drei Kriterien für die Auswahl der Referenzscans:

Alter FoR. Der Wert des FoR eines Scans sollte so klein wie möglich sein, da der FoR so etwas wie das Alter eines Scans angibt. Bei alten Scans kann sich erst ein geringerer Positionsfehler akkumuliert haben als bei jüngeren und daher sind alte Scans bessere Kandidaten, um als Referenz für einen neuen Scan zu dienen.

Große Überlappung. Um zwei Scans erfolgreich überdecken zu können, ist es vorteilhaft, wenn deren Scanpunkte eine große Überlappung aufweisen, also über große Strecken dieselben Objekte der Umgebung abbilden. Die Überlappung wird durch die Anwendung eines Projektionsfilters [6] auf die Scanpunkte beider Scans bestimmt.

Das Verhältnis der Anzahl der verbliebenen Punkte zur ursprünglichen Anzahl ist ein gutes Maß für die Überlappung. Da die Anwendung eines Projektionsfilters allerdings eine rechenaufwendige Operation ist (zumindest wenn man sie für jeden neuen Scan auf alle Scans in der Karte durchführt), wurde ein drittes Kriterium zur Reduktion der Menge potentieller Kandidaten als Vorauswahl für Referenzscans eingeführt:

Räumliche Nähe. Nur Scans, die in einem Umkreis von weniger als 10 m von dem neuen Scan aufgenommen wurde, kommen als Referenzscans in Frage. Dies ist auch sinnvoll, da die Reichweite des Laserscanners begrenzt ist und es somit unwahrscheinlich ist, von noch weiter voneinander entfernten Aufnahmepositionen Scans zu erhalten, die ausreichend große Gemeinsamkeiten aufweisen.

Die drei Kriterien werden folgendermaßen kombiniert: Zuerst werden nur Scans ausgesucht, die innerhalb des Maximalradius um die aktuelle Position aufgenommen wurden. Dann wird für jede Richtung (aus Sicht des mobilen Systems) der Scan mit der größten Überlappung mit dem aktuellen Scan bestimmt. Diese Scans werden nach ihrem FoR, d.h. nach ihrem Alter, sortiert und dann so lange in der Reihenfolge vom ältesten bis zum jüngsten mit dem aktuellen Scan korreliert, bis eine Überdeckung erfolgreich ist.

6 Konsistenz

Immer wenn der Rollstuhl in ein Gebiet zurückkehrt, das bereits kartografiert ist, d.h. wenn er einen Zyklus schließt, wird ein Referenzscan aus dieser Rückkehrregion ausgewählt, da dieser älter als jeder Scan innerhalb des Zyklus ist. Wegen des großen Unterschieds der FoRs des zuletzt im Zyklus verwendeten Referenzscans und des Referenzscans in dem Rückkehrgebiet werden bei der Überdeckung viel größere räumliche Verschiebungen überprüft. Da dabei ein größeres Risiko für eine falsche Zuordnung besteht, muss das Korrelationsergebnis ein sehr eindeutiges Maximum haben, um akzeptiert zu werden. Das verwendete Verfahren zur Scanüberdeckung [2] bestimmt die rotatorische und die zwei translatorischen Verschiebungen nacheinander. Solange immer derselbe Referenzscan verwendet wird, wird es toleriert, falls sich der zweite translatorische Versatz nicht eindeutig bestimmen lässt, z.B. die Verschiebung entlang eines Ganges. Stattdessen wird dabei auf die Odometrie vertraut. Wird aber ein Zyklus geschlossen, muss die Überdeckung in allen drei Dimensionen erfolgreich sein.

Beim Zyklenschluss muss der akkumulierte Fehler entlang der Scans, die innerhalb der Schleife aufgenommen wurden, verteilt werden. Diese Scans haben einen FoR, der größer als der FoR des Referenzscans im Rückkehrgebiet ist und kleiner als der des bisher verwendeten. Der Fehler wird unter diesen Scans in zwei Schritten aufgeteilt: Zuerst wird der Rotationsfehler verteilt, indem die Verdrehung zwischen nacheinander aufgenommenen Scans mit unterschiedlichen FoRs geringfügig geändert wird, wobei ihr relativer translatorischer Versatz erhalten bleibt, wie z.B. beim Geradebiegen einer Büroklammer (vgl. Abb. 2a, b). Der Versatz zwischen Scans mit gleichen FoRs wird nicht geändert. Danach werden die translatorischen Fehler in x- und y-Richtung verteilt (vgl. Abb. 2b, c). Wieder bleibt der Versatz zwischen Scans

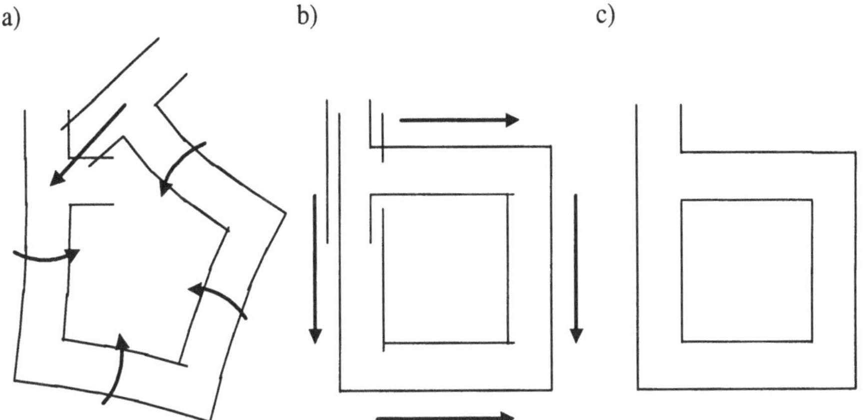

Abbildung 2. Verteilung des Fehlers: a) Rotationsfehler. b) Translationsfehler. c) Ergebnis

mit gleichen FoRs unverändert. Die Korrekturen werden nicht gleichmäßig durchgeführt, stattdessen werden sie durch einen Unsicherheitsfaktor gewichtet, der während der Scankorrelation berechnet und mit den Scans zusammen in der Karte gespeichert wurde. Nach der Fehlerverteilung werden die FoRs aller korrigierten Scans auf den FoR des Anfangs des Zyklus gesetzt, d.h. die Schleife wird nun als konsistent angesehen und daher haben alle Scans denselben FoR. Dadurch wird u.a. auch verhindert, dass die korrigierten lokalen metrischen Relationen später wieder zerstört werden, z.B. während des Schließens einer weiteren Schleife, die den aktuellen Zyklus enthält.

7 Ergebnisse

Der auf dem Bremer Autonomen Rollstuhl eingesetzte Pentium III-600 PC ist in der Lage, mehr als 14 Korrekturen der geschätzten Position pro Sekunde zu bestimmen. Da diese hohe Aktualisierungsrate aber eigentlich gar nicht benötigt wird, verbleibt noch ausreichend Rechenleistung für weitere Applikationen auf dem Rollstuhl. Zum Vergleich: Auf einem ähnlich schnellen Computer würde die Methode von Mojaev und Zell [7] nur etwa fünf Korrekturen pro Sekunde durchführen können, obwohl sie auf einen verhältnismäßig kleinen Rotationsfehler von unter 4° seit der letzten Positionskorrektur angewiesen ist, was zumindest der Bremer Autonome Rollstuhl nicht gewährleisten kann.

Der Kartografierungsprozess ist in Abb. 3 dargestellt. Die kartografierte Etage (die zweite Ebene des Mehrzweckhochhauses der Universität Bremen) hat eine Größe von etwa 50 m × 50 m. Der Rollstuhl wurde manuell ein Strecke von etwa 200 m Länge entlang gesteuert. Beginnend in dem in Abb. 3a dargestellten oberen horizontalen Korridor durchfuhr der Rollstuhl die Schleife im Uhrzeigersinn bis er fast wieder die Startposition erreichte. Wie in Abb. 3a zu sehen ist, hatte sich bereits eine kleine Abweichung zwischen den beiden aufeinandertreffenden Gängen akkumuliert. Diese wurde korrigiert, als der Rollstuhl die Einmündung passierte und damit den Kreis schloss. Das Ergebnis ist in Abb. 3b zu sehen. Außerdem ist dargestellt, wie die Erzeugung der Karte fortgesetzt wurde, während der Rollstuhl zur zentralen Kreuzung fuhr, dort nach links einbog und dann dem linken Zyklus im Uhrzeigersinn folgte. Er

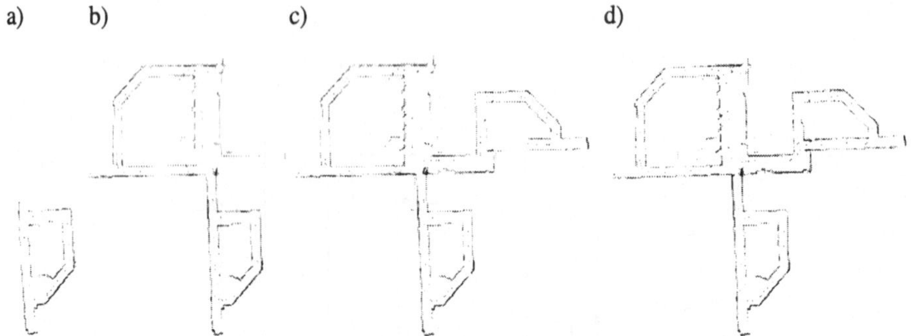

Abbildung 3: Vier Zwischenergebnisse beim Kartografieren einer Etage

kehrte zur zentralen Kreuzung zurück und bog erneut nach links ab, d.h. er fuhr in den rechten Teil der dargestellten Etage. In diesem Moment war es dem Algorithmus nicht möglich, die Rückkehr in bekanntes Gebiet zu bemerken, weil die Überlappung der in der Karte gespeicherten Scans mit dem aktuellen Scan zu klein war. Da der Rollstuhl diesen Bereich in entgegen gesetzten Fahrtrichtungen durchquert hat, werden von dem verwendeten 180°-Laserscanner unterschiedliche räumliche Bereiche erfasst. Daher wurden von Abb. 3b zu Abb. 3c keine Korrektur durchgeführt. Die Fahrt wurde durch die kleine Schleife auf der rechten Seite fortgeführt, wieder im Uhrzeigersinn. In Abb. 3d ist das Resultat der Kartografierung dargestellt, nachdem der Rollstuhl zu seiner Startposition zurückgekehrt ist. Dabei wurde der innerhalb der rechten Schleife akkumulierte Fehler ausgeglichen und auch die Abweichung an der zentralen Kreuzung korrigiert. Dies demonstriert auch, dass der Algorithmus das „Zyklus im Zyklus"-Problem lösen kann.

Während der Fahrt hat der Sick-Laserscanner 9403 Scans an den PC geliefert (etwa 30 Scans pro Sekunde). 4208 davon konnten verarbeitet werden, d.h. der Algorithmus war schnell genug, um fast jeden zweiten Scan zu nutzen. Von diesen 4208 wurden 122 in die Karte eingefügt. Nur diese Scans sind in Abb. 3d dargestellt.

Zum besseren Vergleich zeigt Abb. 4 zwei weitere Karten, die von dem Verfahren erzeugt wurden. Sie wurden beide in einer anderen Etage desselben Gebäudes erstellt, allerdings wurden beide entlang unterschiedlicher Fahrtstrecken generiert. Abbildung 4a zeigt die beiden unterschiedlichen Routen: Die in Abb. 4b dargestellte Karte wurde entlang der durchgängig gezeichneten Strecke erzeugt, die in Abb. 4c gezeigte entlang der gestrichelten Route. Wie man sieht, unterscheiden sich die Karten nur geringfügig.

8   Zusammenfassung und Ausblick

Der Beitrag präsentierte einen Ansatz, der aus den Messungen eines 180°-Laserscanners konsistente Karten in Echtzeit erstellt. Während der Kartografierung werden akkumulierte Fehler beim Schließen von Zyklen korrigiert. Das Verfahren ist schnell und robust.

In Zukunft soll die Methode auch für größere Umgebungen eingesetzt werden. Erste Versuche mit einer 2 km langen Fahrt, bei der Teile des Bremer Campus vermessen wurden, sind sehr viel versprechend. Außerdem soll untersucht werden, wie

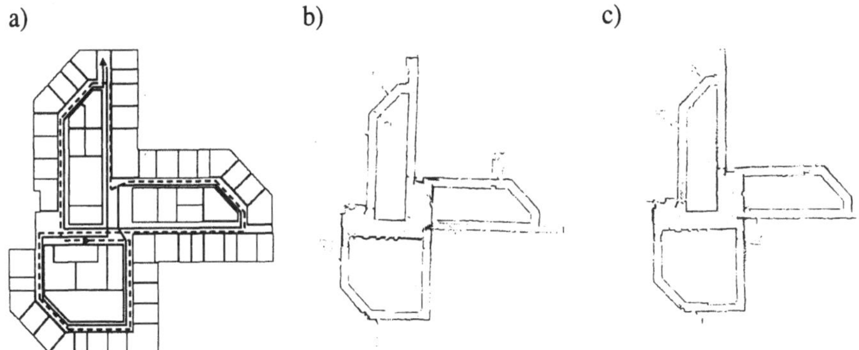

Abbildung 4. Zwei Karten derselben Etage, die entlang verschiedener Routen erzeugt wurden

die Gewichtung bei der Verteilung der akkumulierten Fehler am besten zu wählen ist. Ziel ist dabei, zeitaufwändige Berechnungen zu vermeiden und somit die Echtzeitfähigkeit des Ansatzes beizubehalten.

Literatur

[1] Gutmann, J.-S., Nebel, B. (1997). Navigation mobiler Roboter mit Laserscans. In: Autonome Mobile Systeme 13. Informatik aktuell. Springer. Berlin, Heidelberg, New York.

[2] Kollmann, J., Röfer, T. (2000). Echtzeitkartenaufbau mit einem 180°-Laser-Entfernungssensor. In: Dillmann, R., Wörn, H., von Ehr, M. (Hrsg.): Autonome Mobile Systeme 2000. Informatik aktuell. Springer. 121-128.

[3] Kuipers, B. J., Byun, Y.-T. (1991). A robot exploration and mapping strategy based on a semantic hierarchy of spatial representations. In: Journal of Robotics and Autonomous Systems 8. 47-63.

[4] Lee, W. Y. (1996). Spatial Semantic Hierarchy for a Physical Robot. PhD thesis. University of Texas at Austin.

[5] Leonard, J., Durrant-Whyte, H. F., Cox, I. J. (1990). Dynamic Map Building for an Autonomous Mobile Robot. In: Proc. IEEE Int. Workshop on Intelligent Robots and Systems. 89-95.

[6] Lu, F., Milios, E. (1997). Robot Pose Estimation in Unknown Environments by Matching 2D Range Scans. In: Journal of Intelligent and Robotic Systems 18:3. 249-275.

[7] Mojaev, A., Zell, A. (1998). Online-Positionskorrektur für mobile Roboter durch Korrelation lokaler Gitterkarten. In: Wörn, H., Dillmann, R., Henrich, D. (Hrsg.): Autonome Mobile Systeme. Informatik aktuell. Springer. 93-99.

[8] Röfer, T., Lankenau, A. (2000). Architecture and Applications of the Bremen Autonomous Wheelchair. In Wang, P. (Ed.): Information Sciences 126:1-4. Elsevier Science BV. 1-20.

[9] Thrun, S., Burgard, W., Fox, D. (2000). A real-time algorithm for mobile robot mapping with applications to multi-robot and 3D mapping. In: Proc. of the Int. Conf. on Robotics and Automation 2000 (ICRA-2000).

[10] Weiß, G., Wetzler, C., von Puttkamer, E. (1994). Keeping Track of Position and Orientation of Moving Indoor Systems by Correlation of Range-Finder Scans. In: Proc. of the IROS '94. Munich, Germany. 595-601.

Absolute Lokalisation mobiler Roboter durch Codierungen mit künstlichen Landmarken

Torsten Rupp, Paul Levi, Dejan E. Lazic

Forschungszentrum Informatik (FZI)
Forschungsbereich Mobilitätsmanagement und Robotik
Haid-und-Neu-Str. 10-14
76131 Karlsruhe
rupp;levi;lazic@fzi.de

Zusammenfassung Für die zuverlässige Navigation mobiler Roboter in der Industrie und im Servicebereich ist die Lageschätzung (Lokalisation) eine grundlegende Voraussetzung. Zwei Aspekte sind dabei von Bedeutung: die kontinuierliche Lageschätzung im laufenden Betrieb und die initiale Lageschätzung nach dem Systemstart. In diesem Beitrag wird ein Verfahren vorgestellt, das die initiale Lage des Roboters mit Hilfe künstlicher Landmarken bestimmt. Als Landmarken werden gleich artige, nicht-codierte Reflektoren verwendet, die mit einem Laserscanner erfaßt werden. Auf eine aufwendige Anpassung der Einsatzumgebung soll verzichtet werden. Zur eindeutigen Bestimmung der Lage und zur Korrektur von Meßfehlern werden die Landmarken mit Hilfe eines fehlererkennenden und -korrigierenden Codes in der Einsatzumgebung plaziert. Das Verfahren wurde auf dem institutseigenen mobilen Roboter *James* implementiert und in einer Büroumgebung getestet. Die Ergebnisse zeigen ein hohe Zuverlässigkeit für die Lageschätzung auch bei großen Fehlern in der Landmarkenerfassung.

1   Einführung

Für den Einsatz eines mobilen Roboters in der Industrie und im Servicebereich ist die Lokalisation, d.h. die Bestimmung von Position und Orientierung, eine unverzichtbare Grundfunktion für die Bewegung des Roboters. Zur Lokalisation mobiler Systeme sind in der Forschung viele Ansätze untersucht worden [1], aber nur wenige dieser Systeme sind soweit entwickelt worden, daß sie auf einem realen System einsetzbar sind. Die Lokalisation mit Landmarken ist ein Ansatz, der ein breites Einsatzspektrum bietet. Die Vermessung der Landmarken, die Berechnung von Lageschätzungen und die Fusion mit Odometriedaten sind erprobte Techniken. Es lassen sich künstliche Landmarken, wie Radiomarken oder Reflektoren, mit oder ohne Codierung oder natürliche Landmarken, wie Ecken oder Wände, zur Lokalisation verwenden. Für die Lokalisation müssen die mit dem Sensorsystem gemessene Landmarken bekannten Landmarken einer Karte zugeordnet werden. Dieses Problem ist als Korrespondenzproblem bekannt. Mit codierten Landmarken kann dieses Problem direkt gelöst werden [5], jedoch wird dann ein aufwendiges Sensorsystem zur Erfassung der Codes benötigt. Steht eine ungefähre Lageschätzung zur Verfügung, so kann das Korrespondenzproblem mit einem Interpretationsbaum [7] oder durch Vergleich von Landmarkentripeln gelöst werden [8]. Diese ist direkt nach dem Systemstart im allgemeinen jedoch nicht verfügbar. In der Literatur befassen sich nur wenige Veröffentlichungen ansatzweise mit diesem Thema. In dieser Arbeit wird ein Verfahren für die Startup-Lokalisation vorgestellt. Hierzu werden Anordnungen von nicht-codierten künstlichen Landmarken verwendet, die durch Verfahren aus der Codierungstheorie optimiert werden. Die konkreten Plazierungen der Landmarken werden daraus automatisch.

Der weitere Aufbau der Arbeit ist wie folgt gegliedert: In Kapitel 2 wird der Ansatz für die Berechnung von Landmarkenclusteranordnungen für die Lokalisation mobiler Roboter vorgestellt. Kapitel 3 geht dann auf die Lokalisation näher ein. In Kapitel 4 werden dann die Versuchsergebnisse vorgestellt. Eine Zusammenfassung und ein Ausblick in Kapitel 5 auf die zukünftig angestrebten Entwicklungen schließen den Beitrag ab.

2 Lokalisation mit Codierungen von Landmarkenclustern

Für die Identifikation eines Bereichs (Zelle) der Einsatzumgebung und für die Berechnung einer initialen Lageschätzung nach dem Systemstart wird die Einsatzumgebung mit Codierungen versehen, die aus unterschiedlichen Anordnungen von künstlichen Landmarken (einfache nicht-codierte Reflektorstreifen) bestehen. Zu den Landmarken werden die relativen Abstände und Winkel mit einem Laserscanner vermessen. Jeder Teilbereich der Einsatzumgebung kann anhand der eineindeutigen Landmarkenanordnung identifiziert werden. Die Einsatzumgebung wird dazu in nichtüberlappende *konvexe Zellen* eingeteilt (siehe Abb. 1).

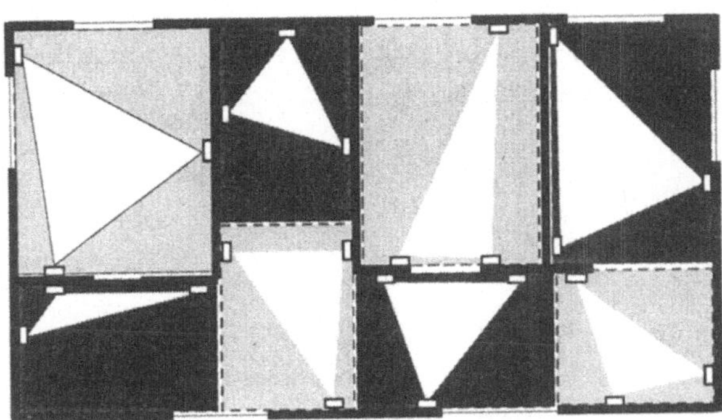

Abbildung1. Einteilung der Einsatzumgebung in M=8 konvexe Zellen (gestrichelte Linien). Jede Zelle ist mit N=3 Landmarken ausgestattet, die jeweils ein Identifikationspolygon bilden (weiße Dreiecke).

In jeder Zelle gibt es freie Wandbereiche, die für die Plazierung von künstlichen Landmarken zur Verfügung stehen. Nicht-konvexe Räume werden durch Unterteilung in konvexe Teilbereich zerlegt. Jede Zelle wird mit N Landmarken ausgestattet. Ist die Anordnung der Landmarken einer Zelle paarweise verschieden von allen anderen Zellen, so kann die Zelle identifiziert werden. Durch den Einsatz von fehlererkennenden und fehlerkorrigierenden Codierungen wird die Zuverlässigkeit bei der Zellidentifikation verbessert.

Für die Zellidentifikation müssen lageinvariante Eigenschaften der Landmarkenanordnungen verwendet werden. Hierfür wird jeder Landmarkenanordnung einer Zelle ein Identifikationspolygon zugewiesen (siehe Abb. 2). Die Innenwinkel δ_n und die Kantenlängen λ_{ij} sind lageinvarianten Eigenschaften des Identifikationspolygons.

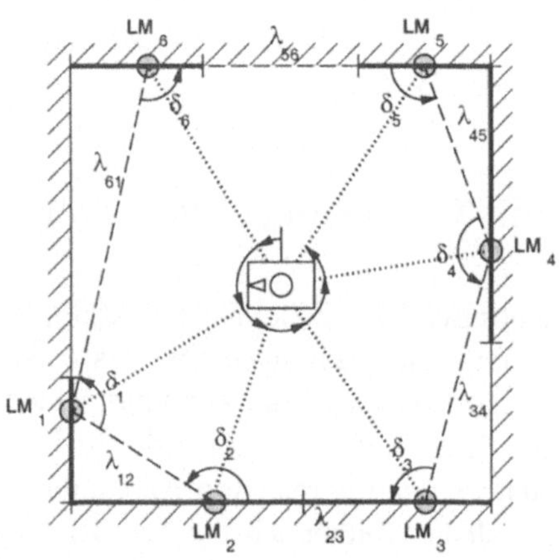

Abbildung2. Zelle mit Identifikationspolygon: Innenwinkeln δ_n und Kantenlängen λ_{ij}.

Der *Identifizierungscode* $IC(N, M)$ einer Zelle mit N Landmarken aus einer Menge von M Zellen ist definiert durch

$$IC(N, M) = \mathbf{c}_1, \cdots, \mathbf{c}_M \tag{1}$$

Ein Codewort $\mathbf{c}_m$ ist gegeben durch:

$$\mathbf{c}_m = (c_{m1}, \cdots, c_{mN}) \tag{2}$$

mit

$$c_{nm} = \frac{\delta_n}{A} \qquad A = \sum_{n=1}^{N} \delta_n = (N-2)\pi \qquad \delta_n \in (0, \pi) \tag{3}$$

Es gilt

$$\sum_{n=1}^{N} c_{nm} = 1 \qquad m = 1, \cdots, M \tag{4}$$

Die M Codeworte von $IC(N, M)$ sind N-dimensionale Radiusvektoren, deren Endpunkte auf der Oberfläche einer N-dimensionalen Hyperebene liegen. Können zwei unterschiedliche Landmarkentypen unterschieden werden, so kann jedem Innenwinkel des Identifikationspolygons zusätzlich ein Vorzeichen zugeordnet werden. Die Codeworte dieses Identifikationscodes mit Orientierung $OIC(N, M)$ liegen auf der Oberfläche eines regelmäßigen N-dimensionalen Polyeders mit dem Ursprung als Zentrum. Das Polyeder wird von einer N-Einheitskugel $\underline{S}_n$ umschlossen [2]. Für $N = 3$ entspricht das Polyeder einem regelmäßigen Oktaeder.

Für eine größtmögliche Unterscheidbarkeit der Codeworte und damit eine hohe Robustheit gegen Meßfehler wird in der Codierungstheorie der minimale euklidische Abstand der Codeworte maximiert [3]. Es werden daher Codeworte gesucht mit der Eigenschaft

$$\max_{IC} \min_{i<j} \left(d_{ij} = \|c_i - c_j\| \right) \qquad \text{mit} \qquad \|c_i - c_j\| = \sqrt{\sum_{n=1}^{N} (c_{in} - c_{jn})^2} \tag{5}$$

Dieses Optimierungsproblem besitzt eine geometrische Interpretation in der Theorie der Kugelpackungen [6]. Gleichung 5 entspricht der Anordnung von M Kugeln der Dimension N-1 auf einer N-dimensionalen Hyperebene eingeschränkt auf den ersten Quadranten durch Gleichung 3, so daß alle (N-1)-dimensionale Kugeln denselben und maximalen Radius besitzen. Für Codeworte aus $OIC(N, M)$ liegen die (N-1)-dimensionalen Kugeln auf der Oberfläche eines regelmäßigen N-dimensionalen Polyeders.

Packungsprobleme auf der Oberfläche einer N-dimensionalen Hypereinheitskugel $\underline{S}_n$ sind in der Codierungstheorie ausgiebig untersucht worden. Um Methoden aus der Codierungstheorie auf das vorliegende Optimierungsproblem anwenden zu können, werden die Codeworte aus $OIC(N, M)$ in einen sphärischen Identifizierungscode mit Orientierung $SOIC(N, M)$ umgewandelt. Die M Codeworte entsprechen dann M sphärischen Scheiben mit Radius r auf der Oberfläche der N-dimensionalen Einheitskugel $\underline{S}_n$. Optimale sphärische Identifikationscodes $BSIC(N, M)$ bzw. optimale sphärische Identifikationscodes mit Orientierung $BSOIC(N, M)$ entsprechen einer Packung von Scheiben mit Radius r_{max} auf $+\underline{S}_n$ bzw. $\underline{S}_n$ (siehe Abb. 3). Für die sphärischen Codes $BSOIC(N, M)$ gilt

$$c_{nm} = \sqrt{\frac{\delta_n}{(N-2)\pi}} \tag{6}$$

Für eine Reihe von Codes aus $BSOIC(N, M)$ sind theoretische oder gut approximierte Lösungen bekannt, beispielsweise für $M = N + 1$. Optimale Lösungen entsprechen regelmäßigen Simplexen mit $M = 2N$ [3]. Durch die Einschränkungen auf die freien Wandsegmente für die Plazierung von Landmarken steht für die

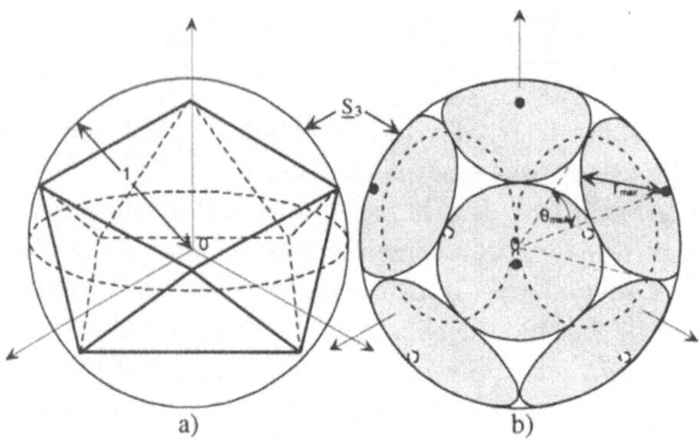

Abbildung3. $BSOIC(3,8)$ im Archimedeskörper (links) und optimale Kugelpackung auf der Oberfläche von $\underline{S}_3$ mit $r_{max} = 0.60778$ (rechts).

Codeworte aus $BSOIC(N, M)$ nur ein Teil der Oberfläche von $\underline{S}_n$ zur Verfügung. Optimale Simplex-Codes lassen sich daher nicht direkt anwenden. Verfahren für optimale Kugelpackungen auf eingeschränkten Hyperkugeln $\underline{S}_n$ sind bisher nicht bekannt geworden. Aus diesem Grund wurde in dieser Arbeit ein neuer iterativer Optimierungsalgorithmus auf Basis vorhergehender Arbeiten entwickelt [4]. Für die Optimierung eines einzelnen Codeworts c_i wird die Summe $\mathbf{F}$ der Abstossungsvektoren zu anderen Codeworten c_j bestimmt durch

$$\mathbf{F} = \sigma \sum_{i \neq j} \frac{\mathbf{c}_i - \mathbf{c}_j}{\|c_i - c_j\|^e} \tag{7}$$

mit einem großen Exponenten e. Der Summenvektor wird verwendet, um das Codeworte c_i zu verschieben und so den minimalen Abstand iterativ zu vergrößern. Als Startkonfiguration wird eine Menge von zufälligen Codeworten gewählt, die einer bzgl. der freien Wandsegmente gültigen Landmarkenanordnung entspricht. In jedem Optimierungsschritt wird überprüft, ob sich wieder eine gültige Landmarkenanordnung ergibt. Der Algorithmus bricht ab, sobald sich der minimale Abstand der Codeworte nicht mehr weiter vergrößern läßt. Der Dämpfungsfaktor σ vermeidet Divergenz und chaotisches Verhalten. Da es lokale Optima gibt, wird eine größere Anzahl (> 1000) von Startkonfiguration untersucht. Abb. 4 zeigt Beispiele für Kugelpackungen mit $BSIC(3,8)$ und $BSOIC(3,8)$. Die Codeworte aus $BSOIC(N, M)$ besitzen durch die potentiell größere Kugeloberfläche einen größeren Abstand als die Codeworte aus $BSIC(N, M)$. Codeworte aus $BSOIC(N, M)$ tolerieren daher einen größeren Fehler bei der Landmarkenerfassung.

3 Lokalisation

Zur Detektion der Landmarken wird ein Laserscanner eingesetzt, der relative Abstände und Winkel zu sichtbaren Landmarken bestimmt. Die Landmarken

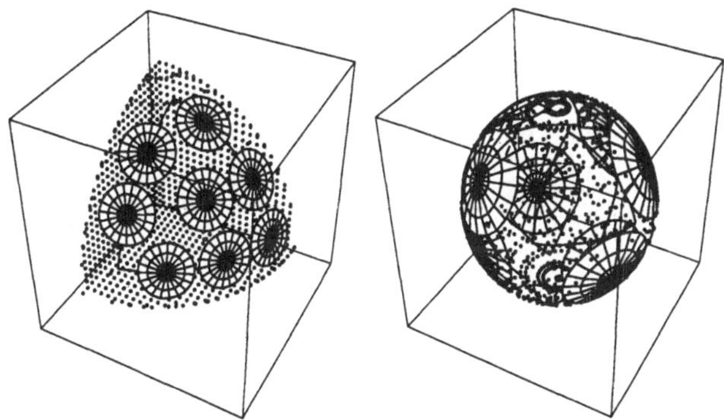

Abbildung4. Optimierte Kugelpackungen mit Codes aus $BSIC(3,8)$ (links) und $BSOIC(3,8)$ (rechts).

bestehen aus Reflektorstreifen (200x50mm). Aus den Meßdaten α_i, d_i wird das detektierte Codeworte $\mathbf{y}$ bestimmt, indem das Identifikationspolygon mit dem Codewort $\mathbf{c}_m$ aus den Innenwinkel $\hat{\delta}_n$ rekonstruiert wird durch

$$LM_i = \begin{bmatrix} \cos(\alpha_i)d_i \\ \sin(\alpha_i)d_i \end{bmatrix}$$

$$\lambda_{i,j} = \|LM_i, LM_j\|_2 \qquad \hat{\delta}_i = \mathrm{acos}(\frac{\lambda_{i,i+1}^2 + \lambda_{i-1,i}^2 - \lambda_{i-1,i+1}^2}{2\lambda_{i,i+1}\lambda_{i-1,i}})$$

(8)

Das detektierte Codeworte $\mathbf{y}$ ergibt sich zu

$$\mathbf{y} = (y_1, \cdots, y_N) \qquad y_n = \sqrt{\frac{\hat{\delta}_n}{(N-2)\pi}} \tag{9}$$

Im allgemeinen entspricht das detektierte Codeworte $\mathbf{y}$ keinem gültigen Codewort. Zur Decodierung wird daher das nächstliegende gültige Codewort $\hat{\mathbf{c}}$ ausgewählt. Nach der Decodierung ist die Zelle, in der sich der Roboter befindet und die Zuordnung gemessener Landmarken zu Landmarken in der Karte bis auf N Rotationen der Landmarken bekannt. Die Berechnung der Lage erfolgt dann mit einem Standardverfahren [7].

4 Optimierung und Versuchsergebnisse

Das vorgestellte Lokalisationsverfahren wurde auf dem Institutsroboter *James* implementiert und evaluiert. Es wurden Experimente in drei unterschiedlichen Einsatzumgebung mit $M \in \{1,4,7\}$ Zellen und $N \in \{3,4,5,6\}$ Landmarken durchgeführt. In den Experimenten wurde an verschiedenen Meßpositionen die maximal zulässige Toleranz in der Landmarkendetektion bestimmt, so daß die Decodierung der Zelle noch korrekt erfolgt. Abb. 4 zeigt ein Beispiel der möglichen Landmarkentoleranz bei einer Codierung mit $M = 4$ Zellen und $N = 3$

Landmarken. Die Toleranzschranken bewegen sich für die 13 Meßpositionen zwischen $8cm$ und $90cm$. Insgesamt wurde bei einigen Versuchen ein Toleranzbereich bis zu $3m$ ermittelt. Die Evaluierung zeigt die Leistungsfähigkeit der eingesetzten Codierungen mit Landmarken bei großen Fehlern in der Landmarkenerfassung.

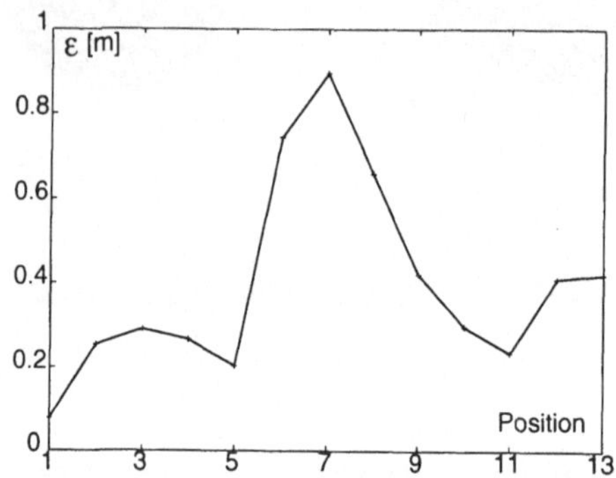

Abbildung5. Beispiel einer zulässige Toleranz in der Landmarkenerfassung bei einer Codierung mit $BSOIC(3,4)$.

5 Zusammenfassung und Ausblick

In dieser Arbeit wurde ein neues System zur Lokalisation mobiler Roboter auf der Basis von Codierungen mit künstlichen Landmarken vorgestellt. Die Codierungen ermöglichen die Lösung des Startup-Problems und die automatische Plazierung künstlicher Landmarken. Die Einsatzumgebung wurde dazu in einzelne konvexe Zellen unterteilt und für jede Zelle ein optimierter eineindeutiger Code bestimmt. Die Codes werden durch eine Transformation auf Punkte an der Oberfläche einer Hyperkugel und Maximierung der Abstände berechnet. In der Codierungstheorie ist dieses Problem als Kugelpackungsproblem bekannt. Für die Plazierung der Landmarken anhand der Codeworte werden zusätzliche Einschränkungen, wie Türen und Fenster, die nicht für die Plazierung von Landmarken zur Verfügung stehen, berücksichtigt. Für die Maximierung der Codewortabstände wurde ein neuer iterativer Algorithmus eingesetzt. Der vorgestellte Ansatz wurde auf dem Institutsroboter *James* implementiert und evaluiert.

Im nächsten Schritt soll untersucht werden, welches effiziente Verfahren für die Decodierung eingesetzt werden kann, wenn der Roboter an einer Position Landmarken von mehreren Codeworten erfassen kann. Darüber hinaus soll untersucht werden, wie sich der Ansatz bei einer großen Anzahl von Räumen und Landmarken verhält. Hierfür soll das System während einer Messe unter realen Bedingungen erprobt und die Leistungsfähigkeit des Verfahrens analysiert werden.

Literatur

1. Borenstein J.; Everett, H. R.; Feng, L.: "Where am I? Sensors and Methods for Mobile Robot Positioning", University of Michigan, USA, 1996.
2. Coxeter, H. S. M.: "Regular Polytopes", Methuen & Co. LTD, London, 1948.
3. Flores, I., Grey, L.: "Optimisation of Reference Signals for Character Recognition Systems", IRE Trans. On Electronic Computers, S. 54-61, 1960.
4. Lazic, D. E., Bece, T., Krstajic, P. J.: "On the Construction of the Best Spherical Code by Computing the Fixed Point", IEEE International Symposium on Information Theory, Abstract of papers (invited long paper), S. 74, Ann Arbor, Michigan, USA, 1986.
5. Lazic, D. E., Hamson, F. J.: "Error Control in Position Determination of Autonomous Robots", Preprints of the International Symposium on Communication Theory & and Applications, Charlotte Mason College, Lake District, United Kingdom, S. 343-347, 1993.
6. Toth, F. L.: "Lagerungen in der Ebene auf der Kugel und im Raum", Springer Verlag, Berlin, 1953.
7. Hanebeck, U. D.: "Lokalisierung eines mobilen Roboters mittels effizienter Auswertung von Sensordaten und mengenbasierter Zustandsschätzung", Dissertation, Lehrstuhl für Steuerungs- und Regelungstechnik der Technischen Universität München, Fortschrittsberichte VDI, Reihe 8, Nr. 643, VDI Verlag Düsseldorf, Deutschland, 1997.
8. Atiya, Sami: "Navigation von mobilen Robotern mit Hilfe bildgebender Sensoren: ein Mengenbasierter Ansatz", Dissertation, Sicherheitstechnische Regelungs- und Meßtechnik an der Bergischen Universität Wuppertal, Fortschrittberichte VDI, Reihe8, Nr. 456, VDI Verlag Düsseldorf, Deutschland, 1995.

Bestimmung eines kürzesten Weges unter Berücksichtigung der Benutzerintention

Christian Schlegel, Thomas Kämpke

Forschungsinstitut für anwendungsorientierte Wissensverarbeitung FAW
Postfach 2060, D-89081 Ulm, Germany
{schlegel, kaempke}@faw.uni-ulm.de

Zusammenfassung *Ein benutzerspezifizierter Pfad wird effizient in einen prinzipiell identischen aber kürzesten Pfad transformiert. Die Bewegungskommandierung für mobile Plattformen wird so auf eine intuitive und koordinatenfreie Vorgabe reduziert. Ungenauigkeiten bei der Pfadvorgabe (per Touchscreen oder Maus) werden so kompensiert, daß der resultierende Pfad sowohl sinnvoll ist als auch dem intendierten Weg nahe kommt. Der Ansatz wurde auf einer RWI B21 Plattform getestet.*

Schlüsselwörter: Intentionserkennung, Mensch-Maschine-Schnittstelle.

1 Problemstellung

Die Interaktion von Mensch und mobilen Systemen wirft die Frage auf, wie die Bewegung eines mobilen Systems an die Vorgabe eines Benutzers oder gar an dessen intendierte Vorgabe angepaßt werden kann. Zur Pfadspezifikation wird eine Methode vorgestellt, welche dem Benutzer ein beträchtliches Maß an Nachlässigkeit zugesteht. Ein mobiles System soll in einem zweidimensionalen Arbeitsraum von einem Ort zu einem anderen kommandiert werden. Neben Start- und Zielvorgabe kann der Benutzer koordinatenfrei einen Weg andeuten, beispielsweise auf einem *Touchscreen*. Anstatt den vorgegebenen Weg so exakt wie möglich abzufahren, soll der Roboter den *intendierten* Pfad abfahren. So darf die Vorgabe beispielsweise Zick-Zack-Bewegungen beinhalten, welche vom Roboter nicht ausgeführt werden sollen.

Das hiesige Verfahren unterscheidet sich von Ansätzen zur Pfadvorgabe in graphbasierten Umgebungen [5] sowie von Vermeidungen für Neuplanungen in dynamischen Umgebungen [2]. Der vorliegende Ansatz schließt an aktuelle Entwicklungen im Bereich grafischer Benutzerschnittstellen wie *active matrix boards*, virtueller Tafeln [6] und Umgang mit digitaler Tinte [3] an.

Die prinzipiell unterschiedlichen kürzesten Pfade aus Abbildung 3 sind in Abbildung 4 skizziert, Zuordnungen in Abbildung 5. Die entsprechende Transformation basiert auf der Kombination von Sichtbarkeitskonzepten und homeomorphen Abbildungen. Der kürzeste intendierte Weg ergibt sich dadurch, daß die Pfadvorgabe wie ein Gummiband gespannt wird, wobei keine Hindernisse durchdrungen werden analog zur Kurvendeformation in der Differentialgeometrie [4] und Funktionentheorie [1, p. 50].

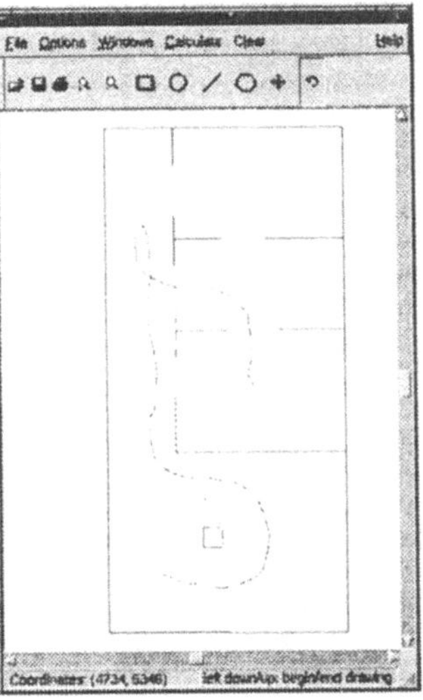

Abbildung 1. Benutzervorgabe (durchgezogen) und Intention (gepunktet).

Abbildung 2. RWI B21 Plattform in realer Umgebung, vgl. Abbildung 1.

2 Der Algorithmus

Jedes Hindernis aus einer Menge $\mathcal{O}$ besteht aus einer beliebige Polylinie $O = \{o_1, o_2, \ldots, o_n\}$, wobei Linienüberschneidungen und punktförmige Hindernisse erlaubt sind. Auch die Pfadvorgabe $U = \{u_1, u_2, \ldots, u_m\}$ ist eine Polylinie.

Definition 1 (Gültiger Pfad). *Eine Polylinie $P = \{p_1, p_2, \ldots, p_n\}$ wird* gültiger *Pfad genannt, wenn kein Hindernis $O \in \mathcal{O}$ geschnitten oder berührt wird und keine zwei aufeinanderfolgende Punkte p_i und p_{i+1} identisch sind.*

Definition 2 (Ausführbarer Pfad). *Eine Polylinie $P = \{p_1, p_2, \ldots, p_n\}$ wird* ausführbarer *Pfad genannt, wenn kein Hindernis $O \in \mathcal{O}$ geschnitten wird und keine zwei aufeinanderfolgende Punkte p_i und p_{i+1} identisch sind.*

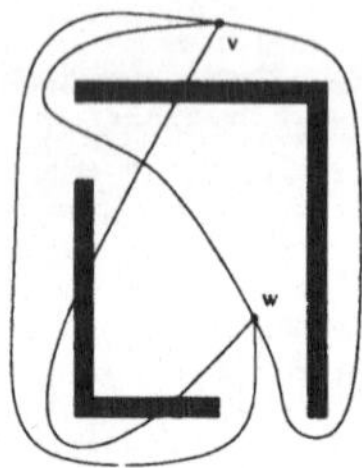

Abbildung 3. Vier Pfadvorgaben von denen drei ausführbar sind.

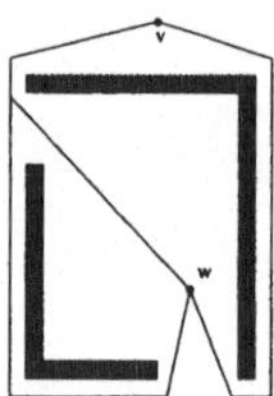

Abbildung 4. Drei Pfade, die Hindernisse auf *verschiedenen* Seiten passieren.

Zur Vorgabe U wird der homeomorphe, kürzeste Pfad $R = \{r_1, \ldots, r_l\}$ bestimmt, wobei folgende Bedingungen eingehalten werden müssen:

- $u_1 = r_1$ und $u_m = r_l$.
- U ist ein gültiger Pfad.
- R ist ein ausführbarer Pfad.
- R ist homeomorph zu U, d.h. das Innere des geschlossenen Pfades $U \circ R$ ist leer.
- R ist der kürzeste derartige Pfad.

Kanten einer Polylinie werden im folgenden mit $a, b, \ldots$ bezeichnet. Eine Linie $\overline{ab}$ wird ohne die Endpunkte als (ab) und bei Einschluß der Endpunkte als $[ab]$ bezeichnet. Zwei verbundene Linien $[ab]$ und $[bc]$ werden zu $[abc]$ abgekürzt. $\|ab\|$ ist die Länge von $[ab]$ und $\|abc\|$ ist identisch mit $\|ab\| + \|bc\|$. Der Winkel zwischen $[ab]$ und $[ac]$ mit a als Scheitel ist $\angle(ab, ac)$, vgl. [8].

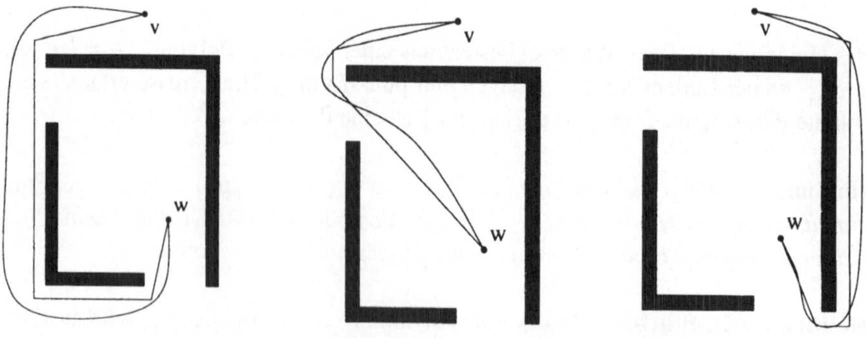

Abbildung 5. Vorgegebene und intendierte kürzeste Pfade.

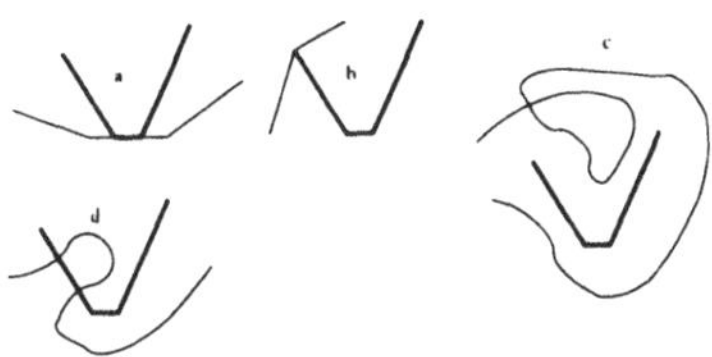

Abbildung 6. *Gültiger* Pfad (c), *ausführbare* Pfade (a, b), weder gültiger noch ausführbarer Pfad (d).

2.1 Die Grundidee

Im hindernisfreien Arbeitsraum ist ein kürzerer Ersatz für zwei Linien $[u_i u_{i+1}]$ und $[u_{i+1} u_{i+2}]$ offensichtlich die direkte Verbindung $[u_i u_{i+2}]$. Die wiederholte Anwendung dieser Kürzung terminiert mit dem kürzesten Pfad. Bei Vorhandensein von Hindernissen muss formalisiert werden, welche Pfade als äquivalent angesehen werden.

Definition 3 (Homeomorph). *Zwei Pfade* $P_1(v, w)$ *und* $P_2(v, w)$ *zwischen zwei unterschiedlichen Punkten* v *und* w *werden* homeomorph *genannt, wenn das Innere des geschlossenen Pfades* $P_1(v, w) \circ P_2(v, w)$ *kein Hindernis enthält.*

Homeomorphe Pfade können stetig ineinander überführt werden, ohne daß die Deformation durch ein Hindernis zwischen den Pfaden gestört wird. Alle Paare von Pfaden in Abbildung 5 sind homeomorph. Für aufeinanderfolgende Liniensegmente wird nun eine kürzere, homeomorphe Verbindung angegeben, vgl. Abbildung 7.

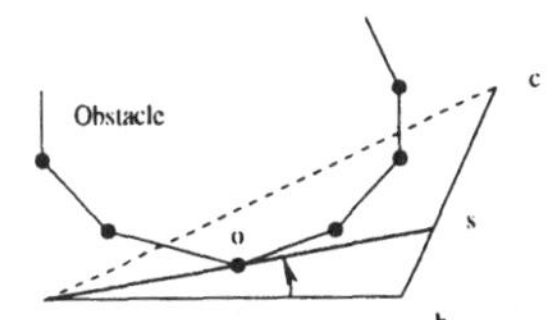

Abbildung 7. Homeomorphen Abkürzung für $[abc]$ durch Überstreichung von $[ab]$ nach $[ac]$.

Lemma 1. *Für alle durch* a, b, c *gebildeten Dreiecke mit* s *auf* (bc) *gilt die Ungleichung* $\|abc\| > \|asc\| > \|ac\|$.

Die Fläche zwischen $[ab]$ und $[ac]$ wird überstreichen, bis man an ein Hindernis stößt. Die Suchbewegung ist äquivalent zu der eines in a fixierten Gummibandes, dessen freies Ende von b nach c bewegt wird, bis ein Hindernis O berührt wird. Wenn s den Punkt bezeichnet, der auf $[bc]$ bei der ersten Berührung eines Hindernisses erreicht wird, ist das Dreieck $\triangle_{abs}$ frei von Hindernissen. Daher wird a, b, c durch die kürzere homeomorphe Verbindung a, o, s, c ersetzt.

Nur Ecken linienförmiger Hindernisse und nicht Linien selbst sind zur Bestimmung kleinster Überstreichungswinkel zu betrachten. Die Berechnung des kleinsten Überstreichungswinkels ist äquivalent zur Durchschreitung freier Fläche:

Lemma 2. *Bezeichne $\mathcal{O}$ eine Menge von Hindernissen im Dreieck $\triangle_{abc}$, α den Winkel $\alpha = \min_{i=1,\ldots,n} |\angle(ab, ao_i)|$ und s den Schnittpunkt der Geraden durch a und o mit $[bc]$. Dann ist $\triangle_{abs}$ hindernisfrei.*

Dies resultiert in einem Algorithmus zum Auffinden eines kürzesten zu einer Benutzervorgabe homeomorphen Pfades, vgl. Abbildung 8. Details werden im folgenden erläutert.

```
repeat
      select any given triangle △abc from the current path
      check all obstacles in triangle △abc to find the
        obstacle with the smallest angle α
      if such an obstacle exists
          replace a, b, c by a, o, s, c
      else
          replace a, b, c by a, c
      end if
until no replaceable triangle is left
```

Abbildung 8. Kernalgorithmus.

2.2 Tunneln, Umwickeln, Loslösen

Umwickelt die Vorgabe ein Hindernis, so ist der intendierte Pfad teilweise identisch mit der konvexen Hülle des Hindernisses und umfaßt somit einige der Eckpunkte. Analoges gilt für punktförmige Hindernisse. Dies erfordert, die Wickelrichtung bei erstmaligem Berühren des Hindernisses als sog. *Spin* abzulegen.

Definition 4 (Spin). *Für eine Kante p eines Pfades P und ein Hindernis $O \in \mathcal{O}$ bezeichnet $spin_p$ die Wickelrichtung von p wie folgt.*

$$spin = \begin{cases} -1 & : \quad \text{mathematisch negativ} \\ 0 & : \quad \text{kein Spin, Kante nicht auf } O \\ +1 & : \quad \text{mathematisch positiv.} \end{cases}$$

Abbildung 9 zeigt, daß Ignorieren des Spins zu falschen Ergebnissen führen kann. Wird ein kürzerer Pfad für $[abc]$ gesucht, so führt dies zunächst zum Austausch von a, b, c durch a, o, s, c. Die Ersetzung von o, s, c durch o, c fährt auf das Dreieck $\triangle_{aoc}$. Ohne Berücksichtigung des Spins würde nun fälschlicherweise a, o, c durch a, c ersetzt. Wird o das erste Mal entdeckt – das geschieht bei Betrachtung des Dreiecks $\triangle_{abc}$ –, wird die Orientierung von $\triangle_{abc}$ als Spin an o angefügt. Gleichheit des Spins von o mit der Orientierung von $\triangle_{aoc}$ bedeutet, daß keine weitere Kürzung vorgenommen werden kann.

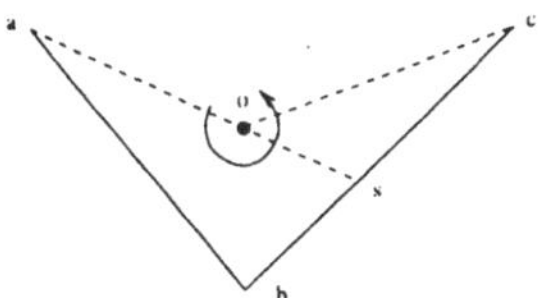

Abbildung 9. Durchtunneln von Hindernissen bei Ignoranz des Spins.

Die ggf. mehrfache Umwicklung eines Hindernisses in einer Vorgabe erfordert die Ermittlung der Anzahl von Umrundungen durch den intendierten Weg. Hierzu werden Winkel zwischen aufeinanderfolgenden Wegsegmenten mitgeführt, wenn diese an einem Hindernis abgelenkt werden.

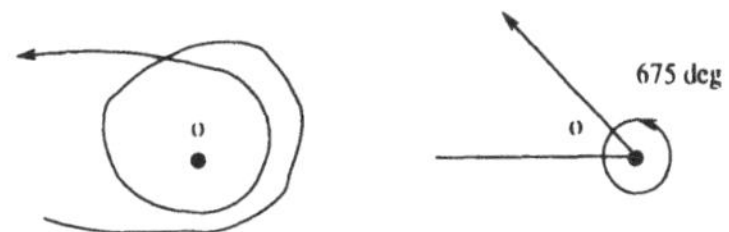

Abbildung 10. Umwickeln eines Hindernisses.

Berechnungen der Eckpunktwinkel φ sind offensichtlich. Sie müssen nur für Eckpunkte berechnet werden, welche auf einem Hindernis liegen, da nur diese einen Pfad ablenken können. Diese haben einen Spin ungleich Null.

Das Loslösen von einem Hindernis kann bei Ersetzen eines Dreiecks durch eine kürzere Verbindung notwendig werden. Ein Ablösen ist jedoch nur möglich, wenn der Pfad nicht um das Hindernis gewickelt ist bzw. wenn er nicht mehr durch das Hindernis abgelenkt wird.

2.3 Der komplette Algorithmus

Der vollständige Algorithmus hat eine Zeitkomplexität von $O(nm)$, wobei n die Anzahl der Ecken in der Benutzervorgabe und m die Anzahl der Ecken der Hindernisse bezeichnet. Der Algorithmus ist in diesem Fall optimal [8].

3 Anwendungen und Ausblick

Der Algorithmus wird auf einer RWI B21 Plattform eingesetzt, um Zwischenwegepunkte für das Navigationssystem [7] zu generieren. Diese werden in Form von kreisförmigen Regionen angefahren, wobei die Bewegungsführung selbständig genügend Abstand von Hindernissen hält, so daß resultierende Pfade, welche sich an Hindernisse anlehnen, keine Probleme verursachen. Durch Nutzung eines *Touchscreens* kann der Roboter so auch von Personen ohne Vorkenntnisse bezüglich seiner Bedienung und unbelastet von Koordinatensystemen kommandiert werden. Sogar komplexe Intentionen wie das Fahren eines Slalomkurses können einfach spezifiziert werden, vgl. Abbildung 11. Derartige Verfahren stellen einen wichtigen Schritt in Richtung benutzer-

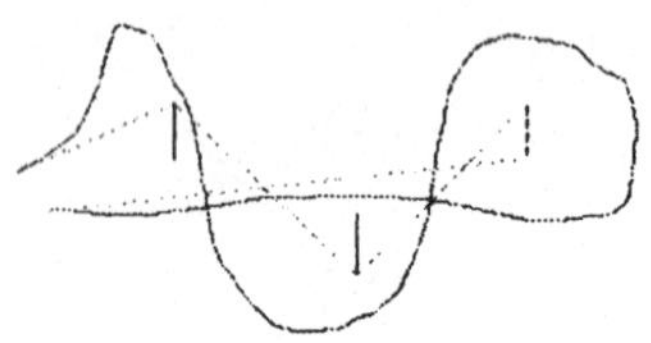

Abbildung 11. Slalom.

freundlicher und intuitiver Mensch-Maschine-Schnittstellen für komplexe mobile Plattformen dar. Als Erweiterung sollen zu einem bestimmten Maße auch ungültige Vorgaben sinnvoll interpretiert werden.

Literatur

1. H. Behnke and F. Sommer. *Theorie der analytischen Funktionen einer komplexen Veränderlichen.* Springer, Berlin, 1976.
2. O. Brock and O. Khatib. Real-time replanning in high-dimensional configuration spaces using
   sets of homotopic paths. In *Proc. Int. Conf. on Robotics and Automation (ICRA),* 2000.
3. P. Cohen et al. Multimodal interaction for 2d and 3d environments. *Computer Graphics and
   Applications,* pages 10–13, July/August 1999.
4. H. W. Guggenheimer. *Differential geometry.* Dover, New York, 1997.
5. T. Kämpke. Interfacing graphs. *Journal of Machine Graphics and Vision (MGV),* 9:797–824,
   2000.
6. C. Maggioni and H. Röttger. Virtual touchscreen – a novel user interface made of light – principles, metaphores and experiences. In *Proc. 8th Int. Conf. on Human-Computer Interaction
   (HCI),* volume 1, pages 301–305, Munich, 1999. Lawrence Erlbaum, London.
7. C. Schlegel. Fast local obstacle avoidance under kinematic and dynamic constraints for a
   mobile robot. In *Int. Conf. on Intelligent Robots and Systems (IROS),* pages 594–599, Victoria,
   Canada, 1998.
8. C. Schlegel and T. Kämpke. Trajectory specification from imprecise information. Technical
   report, FAW Ulm, 2001. (to appear).